CIÊNCIA & RELIGIÃO:
FUNDAMENTOS PARA
O DIÁLOGO

ALISTER MCGRATH
COLEÇÃO FÉ, CIÊNCIA & CULTURA

CIÊNCIA & RELIGIÃO: FUNDAMENTOS PARA O DIÁLOGO

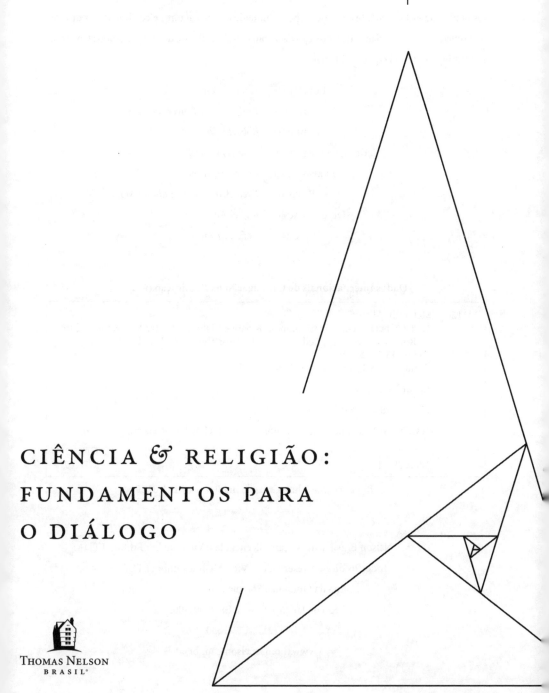

Thomas Nelson
BRASIL

Título original: *Science & Religion: A New Introduction*

Copyright © 2020 por Aliester E. McGrath Edição original por Wiley-Blackwell. Todos os direitos reservados. Copyright de tradução © Vida Melhor Editora Ltda., 2020.

Os pontos de vista desta obra são de responsabilidade de seus autores e colaboradores diretos, não refletindo necessariamente a posição da Thomas Nelson Brasil, da HarperCollins Christian Publishing ou de sua equipe editorial.

PUBLISHER	*Samuel Coto*
EDITORES	*André Lodos Tangerino e Bruna Gomes*
TRADUÇÃO	*Roberto Covolan*
PRODUÇÃO EDITORIAL	*Marcelo Cabral*
PREPARAÇÃO	*Marcelo Cabral*
REVISÃO	*Lucas Domingues e Eliana Moura*
DIAGRAMAÇÃO	*Rafael Alt*
CAPA	*Rafael Brum*

Dados Internacionais de Catalogação na Publicação (CIP)

M112c McGrath, Alister
    1.ed. Ciência e religião : fundamentos para o diálogo / Alister McGrath; tradução
    de Roberto Covolan. – 1.ed. – Rio de Janeiro: Thomas Nelson Brasil, 2020.
    352 p.; 15,5 x 25 cm.
    Título original : Science & Religion

    Inclui bibliografia.

    ISBN : 978-65-56891-19-4

    1. Ciência. 2. Cristianismo. 3. Cultura. 4. Fé. I. Covolan, Roberto. II. Título.

                     CDD 215
10/2020-01   CDU 2-9

Bibliotecária: Aline Graziele Benitez – CRB-1/3129

Thomas Nelson Brasil é uma marca licenciada à Vida Melhor Editora LTDA.

Todos os direitos reservados . Vida Melhor Editora LTDA.

Rua da Quitanda, 86, sala 218 — Centro

Rio de Janeiro, RJ — CEP 20091-005

Tel.: (21) 3175-1030

www.thomasnelson.com.br

Sumário

Apresentação da coleção 9
Prefácio à terceira edição original 11
Prefácio à edição brasileira 13

1 Ciência e Religião: explorando uma relação 15

Por que estudar ciência e religião?, 16
O tabuleiro de xadrez: a diversidade da ciência e da religião, 22
Os quatro modelos de Ian Barbour da relação entre ciência e religião, 24
    Conflito, 26
    Independência, 27
    Diálogo, 29
    Integração, 30
Quatro maneiras de imaginar a relação entre ciência e religião, 32
    Ciência e religião oferecem perspectivas distintas sobre a realidade, 33
    Ciência e religião envolvem níveis distintos de realidade, 34
    Ciência e religião oferecem mapas distintos da realidade, 35
    Os Dois Livros: duas abordagens complementares da realidade, 36

2 Começando: alguns marcos históricos 41

Por que estudar história?, 43
    Inventando a "guerra" entre ciência e religião, 45
    A "falácia essencialista" sobre ciência e religião, 49
    Dissipando mitos sobre ciência e religião, 51
    A importância da interpretação bíblica, 55
A emergência da síntese medieval, 56
Copérnico, Galileu e o Sistema Solar, 59
Newton, o universo mecânico e o deísmo, 68
Darwin e as origens biológicas da humanidade, 76
O "Big Bang": novos insights sobre as origens do universo, 86

3 Religião e a filosofia da ciência.. 97

Fato e ficção: Realismo e Instrumentalismo, 99

Realismo, 100

Idealismo, 103

Instrumentalismo , 105

Teologia e debates sobre realismo, 108

Explicação, ontologia e epistemologia:

métodos de pesquisa e investigação da realidade, 110

Um estudo de caso sobre explicação: Nancey Murphy
sobre o "fisicalismo não redutivo", 114

O que significa explicar algo?, 117

Abordagens ônticas e epistêmicas da explicação, 119

Religião e explicação, 121

Philip Clayton sobre explicação em religião, 125

Como decidimos qual é a melhor explicação?, 126

"Lógica da descoberta" e "Lógica da justificação", 127

Inferência à melhor explicação, 130

Um estudo de caso: Darwin e a seleção natural, 132

Escolha de teoria e religião, 135

Verificação: positivismo lógico, 136

Falsificação: Karl Popper, 139

Mudança de teoria em ciência: Thomas S. Kuhn, 144

4 Ciência e a filosofia da religião.. 153

Ciência, religião e provas da existência de Deus, 155

Argumentos filosóficos tradicionais para a existência de Deus, 158

As cinco vias de Tomás de Aquino, 159

O argumento Kalam, 164

Um estudo de caso: o argumento biológico de
William Paley a partir do design, 166

A ambiguidade da "prova": justificação na ciência e na teologia, 173

A ação de Deus no mundo, 177

Deísmo: Deus age através das leis da natureza, 178

Tomismo: Deus age por causas secundárias, 181

Teologia do Processo: Deus age através da persuasão, 184

Teoria Quântica: Deus age através da indeterminação, 188

Milagres e leis da natureza, 191

Crítica dos milagres por David Hume, 192

Keith Ward sobre milagres, 196

Wolfhart Pannenberg sobre milagres, 197

Ateologia natural? Argumentos evolutivos
de desmistificação contra Deus, 199

Teologia natural: é Deus a "melhor explicação" do nosso universo?, 202

Uma metaquestão: criação e uniformidade da natureza, 211

5 Modelos e analogias em ciência e religião 225

O uso de modelos nas ciências naturais, 229

O modelo cinético dos gases, 233

Complementaridade: luz enquanto onda e partícula, 237

Raciocínio analógico: Galileu e as montanhas da Lua, 241

Usando modelos científicos de forma crítica:
o princípio da seleção natural de Darwin, 243

O uso de modelos e metáforas na teologia cristã, 247

Tomás de Aquino sobre a Analogia Entis ("Analogia do Ser"), 248

Ian T. Ramsey sobre o modelo da economia divina, 250

Arthur Peacocke sobre a aplicação teológica de modelos e analogias, 253

Sallie McFague sobre metáforas na teologia, 255

Usando modelos religiosos de forma crítica: criação, 257

Usando modelos religiosos de forma crítica: teorias da expiação, 260

Modelos e mistério: os limites da representação da realidade, 263

Ian Barbour sobre modelos em ciência e religião, 270

6 Ciência e religião: alguns dos principais debates contemporâneos 279

Filosofia moral: as ciências naturais podem estabelecer valores morais?, 280

Evolução e ética: o debate sobre darwinismo e moralidade, 282

Neurociência e ética: Sam Harris sobre a paisagem moral, 284

Filosofia da ciência: a realidade está limitada
ao que as ciências podem revelar?, 288

Filosofia da religião: teodiceia em um mundo darwiniano, 295

Teologia: transumanismo, "imagem de Deus" e identidade humana, 301
Matemática: a ciência e a linguagem de Deus, 307
Física: o "princípio antrópico" tem significado religioso?, 311
Biologia evolutiva: podemos falar em "design" na natureza?, 316
Psicologia da religião: o que é religião, afinal?, 322
Ciência cognitiva da religião: a religião é "natural"?, 331
Conclusão, 338

Índice 346

Coleção fé, ciência e cultura

Há pouco mais de sessenta anos, o cientista e romancista britânico C. P. Snow pronunciava na *Senate House*, em Cambridge, sua célebre conferência so- bre "As Duas Culturas" – mais tarde publicada como "As Duas Culturas e a Revolução Científica" –, em que, não só apresentava uma severa crítica ao sistema educacional britânico, mas ia muito além. Na sua visão, a vida intelectual de toda a sociedade ocidental estava dividida em *duas culturas*, a das ciências naturais e a das humanidades,[1] separadas por "um abismo de incompreensão mútua" para enorme prejuízo de toda a sociedade. Por um lado, os cientistas eram tidos como néscios no trato com a literatura e a cultura clássica, enquanto os literatos e humanistas – que furtivamente haviam passado a se autodenominar *intelectuais* – revelavam-se completos desconhecedores dos mais basilares princípios científicos. Esse conceito de *duas culturas* ganhou ampla notoriedade, tendo desencadeado intensa controvérsia nas décadas seguintes.

O próprio Snow retornou ao assunto alguns anos mais tarde no opúsculo traduzido para o português como "As Duas Culturas e Uma Segunda Leitura", em que buscou responder às críticas e questionamentos dirigidos à obra original. Nesta segunda abordagem, Snow amplia o escopo de sua análise ao reconhecer a emergência de uma *terceira cultura*, na qual envolveu um apanhado de disciplinas – história social, sociologia, demografia, ciência política, economia, governança, psicologia, medicina e arquitetura –, que, à exceção de uma ou outra, incluiríamos hoje nas chamadas ciências humanas.

---

1 Entenda-se "humanidades" aqui como o campo dos estudos clássicos, literários e filosóficos.

O debate quanto ao distanciamento entre essas diferentes culturas e formas de saber é certamente relevante, mas nota-se nessa discussão a "presença de uma ausência". Em nenhum momento são mencionadas áreas tais como teologia ou ciências da religião. É bem verdade que a discussão passa ao largo desses assuntos, sobretudo por se dar em ambiente em que laicidade é dado de partida. Por outro lado, se a ideia de fundo é diminuir distâncias entre diferentes formas de cultivar o saber e conhecer a realidade, faz sentido ignorar algo tão presente na história da humanidade – por arraigado no coração humano – quanto a busca por Deus e pelo transcendente?

Ao longo da história, testemunhamos a existência quase inacreditável de polímatas, pessoas com capacidade de dominar em profundidade várias ciências e saberes. Leonardo da Vinci talvez tenha sido o mais célebre dentre elas. Como esta não é a norma entre nós, a especialização do conhecimento tornou-se uma estratégia indispensável para o seu avanço. Se por um lado, isso é positivo do ponto de vista da eficácia na busca por conhecimento novo, é também algo que destoa profundamente da unicidade da realidade em que existimos.

Disciplinas, áreas de conhecimento e as *culturas* aqui referidas são especializações necessárias em uma era em que já não é mais possível – nem necessário – deter um repertório enciclopédico de todo o saber. Mas, como a realidade não é formada de compartimentos estanques, precisamos de autores com capacidade de traduzir e sintetizar diferentes áreas de conhecimento especializado, sobretudo nas regiões de interface em que essas se sobrepõem. Um exemplo disso é o que têm feito respeitados historiadores da ciência ao resgatar a influência da teologia cristã da criação no surgimento da ciência moderna. Há muitos outros.

Assim, é com grande satisfação que apresentamos a coleção *Fé, Ciência e Cultura*, através da qual a editora Thomas Nelson Brasil disponibilizará ao público leitor brasileiro um rico acervo de obras que cruzam os abismos entre as diferentes culturas e modos de saber, e que certamente permitirá um debate informado sobre grandes temas da atualidade, examinados a partir da perspectiva cristã.

Marcelo Cabral e Roberto Covolan
Editores

Prefácio à terceira edição original

O estudo integrado de ciência e religião reúne duas das forças mais significativas – e diferentes – da cultura humana. O notável aumento de livros e documentários de televisão que tratam de Deus e física, espiritualidade e ciência, e dos grandes mistérios da natureza e destino humanos é um sinal claro do crescente interesse nessa área. Muitas faculdades, seminários e universidades oferecem agora cursos que tratam da área de ciência e religião, geralmente atraindo audiências amplas e gratificadas. Este livro apresenta um estudo desse campo, oferecendo uma janela para alguns de seus temas e debates mais interessantes.

Com base em palestras ministradas a estudantes da Universidade de Oxford durante o período de 2014 a 2019, este livro pretende ser acessível e envolvente, encorajando seus leitores a aprofundar seus temas. Ele se propõe a introduzir esse fascinante campo mediante a suposição de que seus leitores não têm conhecimento detalhado sobre ciências naturais ou teologia. Os principais temas e questões do estudo de religião e das ciências naturais são cuidadosamente explorados e explicados sem fazer suposições irrealistas sobre o que os leitores provavelmente já devem saber.

Meu próprio interesse no campo de ciência e religião remonta ao início dos anos de 1970. Comecei meus estudos na Universidade de Oxford estudando química, com especialização em teoria quântica, antes de obter um doutorado em biofísica molecular. Depois disso, estudei teologia em Oxford e Cambridge, concentrando-me particularmente na interação histórica entre ciência e religião, especialmente durante os séculos 16 e 19. Espero que minha própria experiência de relacionar essas duas áreas de estudo seja de valor para outras pessoas que procuram fazer o mesmo.

Este livro representa uma revisão significativa da primeira e da segunda edições desta obra, respondendo aos comentários de muitos leitores. Essa revisão se apresenta na forma de alterações feitas tanto na estrutura quanto no conteúdo, com o objetivo de tornar o livro útil e proveitoso ao abordar questões consideradas importantes e representativas no campo. Tanto o autor quanto a editora terão prazer em receber mais comentários e críticas, o que será útil para o desenvolvimento de edições futuras deste trabalho.

Alister E. McGrath
Universidade de Oxford
Setembro 2019

Prefácio à edição brasileira

Muito do que ocorre ao nosso redor ou que, de uma forma ou de outra, determina nossas circunstâncias está presente em nossas casas, trabalhos e lazer, sem que disso tenhamos consciência. Nem sempre imediatamente identificável, a ciência contemporânea impacta nossa vida cotidiana de modo direto e inevitável, sobretudo através de inovações tecnológicas e da miríade de novos dispositivos eletrônicos que utilizamos habitualmente. Poucos suspeitam, mas seus *smartphones* fazem uso intensivo da mecânica quântica através de bilhões de transistores e outros elementos semicondutores. Poderíamos lembrar também a eletrônica e a ótica avançadas embutidas nas câmeras digitais desses mesmos *smartphones*, assim como o uso da Teoria da Relatividade, de Einstein, na determinação de sua localização precisa via GPS, ou ainda considerar a complexa ciência por trás das diferentes técnicas de *touch screen*. Na palma de nossas mãos, temos acesso a séculos de esforços e desenvolvimentos científicos, que agora influenciam nossas vidas de forma determinante.

Da mesma forma, em outros setores da vida – na área médica, por exemplo – estamos em contato com aspectos avançados da ciência dos quais não nos damos conta. Quem imagina que os exames de PET Scan envolvem uma partícula de antimatéria, o pósitron, ou que a tomografia por ressonância magnética envolve métodos de física quântica nuclear? Inocentemente, continuamos levando a vida como se a ciência fosse algo distante, que acontece apenas em laboratórios de grandes instituições de pesquisa.

Se essa influência marcante da ciência se dá de forma tão sutil em aspectos como esses, que são extremamente práticos e concretos, como seria em relação àqueles mais impalpáveis, como as nossas crenças filosóficas e religiosas? Ademais, como nossas diversas perspectivas e cosmovisões impactam nosso modo de fazer ciência e enxergar o mundo natural? O que a visão particular do cristianismo tem a oferecer às ciências hoje, em pleno século 21?

O trabalho magistral que Alister McGrath, professor de Oxford e diretor do Ian Ramsey Centre – uma das instituições mais importantes do mundo no tratamento acadêmico à relação entre ciência e religião, executa neste livro é o de ir tecendo diante de nossos olhos a complexa rede de relações que se estabeleceram entre ciência e religião desde que a filosofia natural começou, incipientemente, a ser conduzida em direção ao que hoje chamamos "método científico".

Não obstante a dificuldade que muitos têm hoje de encontrar conexões relevantes entre ciência e religião – isso quando não declaram que estão em uma guerra interminável –, McGrath descreve como a ciência foi gestada dentro de uma forte *imaginação teológica* e como muito de seus métodos, modelos e analogias continuam carregando suas antigas raízes.

Desde o lançamento de sua trilogia *Uma Teologia Científica*, McGrath tem sido um dos mais importantes autores em todo o mundo a pautar o diálogo entre ciência e religião. Reconhecendo que cada ciência particular, por um lado, e a teologia, por outro, são definidas por sua própria linguagem, métodos e normas, ele propõe, com convicção, que existem profundas conexões entre essas duas forças. Afinal de contas, se o Deus Trino é o criador de todas as coisas, *inclusive daquelas estudadas pelas ciências naturais*, deve existir uma série de relações frutíferas entre a boa ciência e a boa teologia.

A presente tradução é baseada na terceira edição da obra, totalmente revista e ampliada, que apresenta o resultado maduro do trabalho de toda a vida de McGrath. Com uma habilidade ímpar de navegar temas tão diversos, como filosofia da ciência, ciências cognitivas, cosmologia, teoria evolutiva, doutrina da criação, trindade, cristologia, entre outros, o autor nos oferece um verdadeiro banquete sobre o campo de ciência e religião.

Esta obra é o lugar definitivo para professores, estudantes universitários, padres, pastores, seminaristas e público leigo interessado ingressarem no rico, multifacetado e profundo diálogo intelectual entre ciência e religião. A Associação Brasileira de Cristãos na Ciência (ABC[2]), em parceria com a Thomas Nelson Brasil, celebra a publicação desta obra seminal, que certamente servirá de texto-base aos interessados nessa área nos anos porvir.

Marcelo Cabral e Roberto Covolan
Editores

CAPÍTULO 1

Ciência e Religião:
explorando uma relação

eligião e ciência são duas das forças culturais e intelectuais mais significativas e interessantes no mundo de hoje. O campo da relação entre ciência e religião, que este livro pretende apresentar, propõe-se a explorar o que esses dois parceiros de conversação podem aprender um com o outro e onde divergem. Muitos pensadores importantes da época do Renascimento usavam a metáfora dos "Dois Livros de Deus" como uma maneira de visualizar esse processo de permitir que a ciência e a fé religiosa iluminassem a realidade. Muitos acreditavam que era possível e importante ler o "Livro da Natureza" e o "Livro das Escrituras" lado a lado e permitir que eles se informassem e se enriquecessem mutuamente. Embora a invenção da ideia de uma guerra permanente entre ciência e religião no final do século 19 tenha levado muitos a questionar essa abordagem, o descrédito acadêmico dessa metanarrativa de "guerra", que já estava bem-estabelecido no início do século 21, suscitou um novo interesse em encontrar formas de recuperar e reformular esse diálogo. Como disse Albert Einstein em sua famosa observação: "A ciência sem religião é manca, a religião sem ciência é cega".

POR QUE ESTUDAR CIÊNCIA E RELIGIÃO?

Muitas pessoas são atraídas a estudar a relação entre ciência e religião porque é uma área interdisciplinar – em outras palavras, ela oferece uma

CIÊNCIA E RELIGIÃO: EXPLORANDO UMA RELAÇÃO

visão mais rica e grandiosa do nosso mundo e da nossa humanidade do que seria possível a qualquer um desses parceiros de diálogo por conta própria. Nem a ciência nem a religião podem fornecer uma descrição total da realidade. A ciência não responde a todas as perguntas que possamos fazer sobre o mundo. Nem a religião. No entanto, juntas elas podem nos oferecer uma visão estereoscópica da realidade negada àqueles que se limitam à perspectiva de apenas uma disciplina.

O filósofo espanhol José Ortega y Gasset é um dos muitos a argumentar que, para levar uma vida realizada, os seres humanos precisam mais do que a descrição parcial da realidade que a ciência oferece. Precisamos de um "panorama geral", uma "ideia integral do universo". Qualquer filosofia de vida, qualquer maneira de pensar sobre as questões que realmente importam, de acordo com Ortega, acabará indo além da ciência – não porque haja algo de errado com a ciência, mas justamente porque ela é tão focada e específica em seus métodos:

A verdade científica é caracterizada pela precisão e certeza de suas previsões. Mas a ciência alcança essas qualidades admiráveis à custa de permanecer no nível das preocupações secundárias, deixando intocadas as questões últimas e decisivas.[1]

Albert Einstein fez uma observação semelhante sobre os pontos fortes e os limites das ciências naturais, abrindo a possibilidade de alguma forma de diálogo ou sinergia intelectual para permitir a travessia das fronteiras intelectuais em busca de novos entendimentos:

O método científico não pode nos ensinar nada além de como os fatos estão relacionados e condicionados um ao outro. [...] No entanto, é igualmente claro que o conhecimento daquilo que é não abre a porta diretamente para o que deveria ser. Pode-se ter o conhecimento mais claro e completo do que é, e ainda assim não ser capaz de deduzir disso qual deve ser o objetivo de nossas aspirações humanas.[2]

---

1 José Ortega y Gasset, 'El origen deportivo del estado'. *Citius, Altius, Fortius*, 9, 1–4 (1967): 259–276; pp. 259–260.
2 Albert Einstein, *Ideas and Opinions*. [Ideias e Opiniões] New York: Crown Publishers, 1954, pp. 41–42.

O estudo da interação entre religião e ciências naturais continua a ser influenciado pelo modelo de "conflito", o que leva alguns cientistas e pessoas religiosas a necessariamente vê-las como travando um combate mortal. Ciência e religião estariam, assim, em guerra entre si, e essa guerra continuaria até que um deles fosse eliminado. Embora essa visão tenda a ser associada particularmente a cientistas ateus dogmáticos, como Peter Atkins (nascido em 1940) ou Richard Dawkins (nascido em 1941), também é encontrada entre os religiosos. Alguns cristãos e muçulmanos fundamentalistas, por exemplo, veem a ciência como uma ameaça à sua fé. Um bom exemplo disso pode ser encontrado nas críticas à evolução feitas por protestantes conservadores, que a veem minando a sua interpretação particular dos relatos bíblicos da criação.

Exploraremos as origens desse modelo de "conflito" na interação entre ciência e religião mais adiante nesta obra. No entanto, embora permaneça influente na cultura, ele não é visto pelos historiadores da ciência como confiável ou defensável, e não é mais levado a sério pelos estudos históricos. Certamente, é verdade que existem tensões entre a ciência e a religião; porém o relacionamento entre elas é muito mais complexo do que isso. De qualquer forma, a ciência agora parece estar se abrindo a questões religiosas, ao invés de fechar-se a elas ou declará-las sem sentido. Cada vez mais se reconhece que as ciências naturais têm levantado questões que apontam para além de si e transcendem sua capacidade de respondê-las.

Comentando sobre a busca científica pelas origens do universo, o astrônomo Robert Jastrow observa como a ciência moderna parece acabar fazendo exatamente as mesmas perguntas que as colocadas nas gerações anteriores pelos pensadores religiosos:

> Não se trata de mais um ano, outra década de trabalho, uma outra medida ou outra teoria; neste momento, parece que a ciência jamais será capaz de levantar a cortina do mistério da criação. Para o cientista que viveu pela sua fé no poder da razão, a história termina como um pesadelo. Ele escalou as montanhas da ignorância; está prestes a conquistar os picos mais altos; quando ele se alça sobre a última rocha, é recebido por um bando de teólogos que estão sentados lá há séculos.[3]

---

3 Robert Jastrow, *God and the Astronomers*. [Deus e os astrônomos] New York: Norton, 1978, pp. 115–116.

CIÊNCIA E RELIGIÃO: EXPLORANDO UMA RELAÇÃO 19

Conforme este livro irá sugerir, ciência e religião são capazes de interagir em um diálogo significativo sobre algumas das grandes questões da vida. No entanto, o termo "diálogo" é facilmente entendido como uma conversa acolhedora e não crítica, muitas vezes tendendo a uma agradável, mas injustificada assimilação de ideias. Essa não é a visão defendida nesta obra. Esse tipo de diálogo precisa ser robusto e desafiador, investigando questões profundas e potencialmente ameaçadoras sobre a autoridade e os limites de cada participante e de cada disciplina. Um diálogo é caracterizado pelo que muitos chamam agora de "virtude epistêmica", exigindo que cada participante leve o outro a sério, tentando identificar seus pontos fortes e fracos, ao mesmo tempo que deseja aprender com o outro e enfrentar seus próprios limites e vulnerabilidades.

O diálogo entre ciência e religião começa por perguntar se, de que maneira e até que ponto essas duas parceiras de conversa podem aprender uma com a outra. Dada a importância cultural, tanto da ciência quanto da religião, a exploração de como elas se relacionam tem potencial tanto de conflito quanto de enriquecimento mútuo. Apesar dos riscos para os dois lados, continua valendo a pena. Por quê? Três razões são frequentemente apresentadas para esse julgamento.

1. Nem a ciência nem a religião podem reivindicar uma descrição total da realidade. Certamente é verdade que alguns de um lado, outros do outro, propuseram visões grandiosas de sua disciplina, entendendo-se capazes de responder a todas as perguntas sobre a natureza do universo e o significado da vida – como, por exemplo, na noção de Richard Dawkins de "darwinismo universal". Esses, no entanto, não são considerados representativos pelos seus pares. Nem a noção de "magistérios não interferentes", desenvolvida por autores como Stephen Jay Gould, propondo que ciência e religião ocupam domínios ou áreas de competência bem-definidos, que não se sobrepõem ou se cruzam. Dessa forma, nenhuma conversa seria necessária – nem mesmo possível.

Talvez seja melhor considerar ciência e religião como operando em seus próprios níveis distintos, frequentemente refletindo sobre questões semelhantes, mas respondendo a elas de maneiras diferentes. De fato, alguns cientistas declaram ter dispensado a religião (caso evidente do recente "ateísmo científico"), assim como há ativistas religiosos que afirmam ter dispensado a ciência (caso evidente do moderno "criacionismo" americano). No entanto, essas são apenas posições extremas dentro de um espectro de possibilidades. A maioria sugeriria que a ciência não responde – e não tem como responder – a todas as perguntas que possamos fazer sobre o mundo. Nem a religião. No entanto, juntas, elas podem oferecer uma visão estereoscópica da realidade, negada àqueles que se limitam à perspectiva de uma só disciplina. O diálogo entre ciência e religião nos permite apreciar identidades, forças e limites distintos de cada parceiro da conversa. Também nos oferece uma compreensão mais profunda das coisas do que a religião ou a ciência poderiam oferecer por si só.

2. Tanto a ciência quanto a religião estão preocupadas em encontrar o sentido das coisas. Embora muitas religiões, incluindo o cristianismo, almejem a transformação da situação humana, a maioria também associa isso a oferecer uma explicação do mundo e dos seres humanos. Por que as coisas são do jeito que são? Que explicações podem ser oferecidas para o que observamos? Qual seria a "visão mais ampla" que nos ajuda a entender nossas observações e experiências? As explicações científicas e religiosas geralmente assumem formas diferentes, mesmo quando refletem sobre as mesmas observações. Embora exista um risco óbvio nessa simplificação, é útil pensar na ciência fazendo perguntas sobre o "como", enquanto a religião faz perguntas sobre "por que". A ciência procura esclarecer mecanismos; as religiões procuram explorar questões de significado.

Essas abordagens não precisam ser vistas como concorrentes ou mutuamente incompatíveis. Elas operam em diferentes níveis. Enquanto alguns cientistas afirmam que não podemos ir além de entender como as coisas acontecem, outros argumentam que precisamos responder ao que o filósofo da ciência Karl Popper chamou de "questões últimas" – como o significado da vida. Uma das discussões mais influentes sobre esse ponto é encontrada na obra clássica do psicólogo social Roy Baumeister, *Meanings of Life* [Significados da vida] (1993). Para Baumeister, a busca humana por significado concentra-se em uma série de necessidades humanas básicas, como propósito, eficácia e valor próprio. Por que estou aqui? Posso fazer diferença? Eu realmente importo? A ciência pode *informar* as respostas dadas a essas perguntas, mas não as *determina*.

3. Nos últimos anos, houve um aumento significativo na conscientização da comunidade científica sobre os problemas mais amplos levantados por sua pesquisa e os limites impostos à capacidade dessa comunidade de respondê-los. Um exemplo óbvio diz respeito a questões éticas. A ciência é capaz de determinar

CIÊNCIA E RELIGIÃO: EXPLORANDO UMA RELAÇÃO

o que é certo e o que é errado? Muitos cientistas afirmam que sua disciplina é fundamentalmente amoral – isto é, que o método científico não se estende a questões morais.

Isso não significa que os cientistas não tenham interesse em questões morais; a questão é que a maioria dos cientistas reconhece que suas disciplinas não podem criar ou sustentar valores morais – um ponto ao qual retornaremos mais adiante neste volume. Por exemplo, considere o argumento de Stephen Jay Gould em seu importante ensaio "Nonmoral Nature":

> Nosso fracasso em discernir um bem universal não registra falta de discernimento ou criatividade, mas apenas demonstra que a natureza não contém mensagens morais enquadradas em termos humanos. A moralidade é um assunto para filósofos, teólogos, estudantes de humanidades, de fato para todas as pessoas que pensam. As respostas não serão lidas passivamente da natureza; elas não surgem e não podem surgir dos dados da ciência. O estado factual do mundo não nos ensina como nós, com nossas capacidades para o bem e o mal, devemos alterá-lo ou preservá-lo da maneira mais ética possível.[4]

Isso levou a um crescente interesse em abordagens dialogais para tais questões. Os cientistas naturais parecem cada vez mais dispostos a complementar os entendimentos científicos do mundo com perspectivas adicionais que permitam ou incentivem o aprimoramento ético, estético e espiritual de suas abordagens. A religião está sendo vista cada vez mais como um importante parceiro de diálogo, permitindo que as ciências naturais se envolvam com questões levantadas por pesquisas científicas, mas não respondidas através delas. Os debates sobre a ética da biotecnologia, por exemplo, geralmente levantam questões importantes que a ciência não pode responder – como quando é que uma "pessoa" humana vem à existência ou o que constitui uma qualidade de vida aceitável.

---

4 Stephen Jay Gould, 'Nonmoral Nature.' [Natureza amoral] *Natural History*, 91 (1982): 19–26.

O TABULEIRO DE XADREZ: A DIVERSIDADE DA CIÊNCIA
E DA RELIGIÃO

Muitos expressam, com razão, uma preocupação com a coerência do campo de interação entre ciência e religião. Acaso ele é conceitualmente integrado, ou é apenas uma massa crescente de debates e discussões desconectadas, reunidas por uma questão de conveniência sob a estrutura frouxa de "ciência e religião"? É razoável levantar essa questão, dada a diversidade de ciências e religiões individuais e a multiplicidade de suas possíveis interações.

O termo "ciência" é frequentemente usado para designar o empreendimento empírico e teórico global que está por trás ou está envolvido nas várias disciplinas científicas – como química, biologia e psicologia. No entanto, essas são *ciências* individuais, que têm seus próprios métodos de pesquisa, histórias e comunidades profissionais de interpretação e aplicação. O uso acrítico do termo mais geral "ciência" nivela o cenário das ciências naturais, deixando de fazer justiça à especificidade de cada ciência individual.

"Religião" não é uma categoria bem-definida, e, portanto, resiste a uma definição rigorosa. Estudiosos que trabalham no campo da psicologia da religião e de outras abordagens empíricas do pensamento e comportamento religiosos se acham constantemente frustrados com a falta de uma definição empírica consensual de religião. Para citar um problema óbvio: se religião é definida em termos de crença em um deus ou deuses, isso exclui uma das principais religiões – o budismo. Religião não é um conceito empírico, mas uma noção socialmente construída. Podemos concordar que existem "religiões" individuais – como o islamismo, o judaísmo e o budismo, mas isso não significa que exista alguma categoria essencial universal da "religião" que cada uma delas apresenta à sua própria maneira.

Há agora um consenso geral de que é seriamente equivocado considerar as várias tradições religiosas do mundo como variações do mesmo tema. No início dos anos de 1960, por exemplo, o estudioso islâmico canadense Wilfred Cantwell Smith argumentava que as religiões não têm nenhuma característica definitória comum que seja capturada e expressa pelo termo ou categoria subjacente de "religião". Em vez disso, dizia Smith,

CIÊNCIA E RELIGIÃO: EXPLORANDO UMA RELAÇÃO 23

o conceito de "religião" foi concebido por estudiosos ocidentais modernos e superposto a uma variedade de fenômenos, criando assim a impressão enganosa de algum conceito universal subjacente de "religião".

Também é importante compreender que, além de diferenças claras entre as religiões do mundo, também existem variações significativas nas tradições religiosas individuais, como o cristianismo. Protestantes conservadores e católicos liberais provavelmente têm visões muito diferentes da teoria da seleção natural de Charles Darwin. Assim, pode um deles sozinho ser identificado como "a visão cristã", que seja vista, de alguma forma, como normativa dentro de uma religião? Ou devemos aprender a reconhecer uma diversidade de pontos de vista dentro de uma única tradição religiosa? Talvez a abordagem mais sensata seja simplesmente respeitar a integridade das tradições e movimentos religiosos dentro dessas tradições, em vez de tentar homogeneizar suas ideias ou forçá-las a adotar algum molde comum artificial. A complexidade do budismo moderno, do cristianismo, do islamismo e do judaísmo é tal, que seria intelectualmente precário generalizá-los sem reconhecer o debate e a diversidade dentro deles.

Entretanto, talvez a dificuldade mais óbvia no campo de ciência e religião seja que ele designa um escopo tão amplo, que corre o risco de se tornar sem sentido e inútil. Qual ciência? Qual religião? Se o campo de "ciência e religião" pretende representar todas as ciências e todas as religiões, torna-se incontrolável e incoerente, dada a diversidade e complexidade de disciplinas científicas específicas e tradições religiosas específicas.

Ao discutir esse ponto com os estudantes de Oxford, achei a analogia de um tabuleiro de xadrez útil. Um tabuleiro de xadrez tem vários espaços (mais precisamente, 64), mas nem todos estão ocupados. O campo de ciência e religião, pelo menos em teoria, oferece uma vasta gama de possibilidades intelectuais – como a relação entre budismo e psicologia ou islamismo e biologia. No entanto, nem todas essas possibilidades atraíram atenção intelectual. Alguns espaços estão cheios de pesquisadores, acadêmicos e leitores interessados; outros estão praticamente vazios. Exemplos de áreas de interesse altamente povoadas nesse campo incluem:

- As ciências naturais e argumentos para a existência de Deus.
- O significado do darwinismo para a crença religiosa.

Ainda assim, outras áreas, apesar de claramente serem de interesse intelectual, permanecem pouco estudadas. O cristianismo continua sendo a tradição religiosa cujos engajamentos com a ciência foram mais amplamente discutidos na comunidade de "ciência e religião", e muitos espaços altamente povoados no tabuleiro de xadrez envolvem especificamente essa tradição religiosa, particularmente em relação a questões históricas, como a relação do cristianismo e as origens da revolução científica na Europa Ocidental.

O modelo do tabuleiro de xadrez nos ajuda a visualizar o extenso campo da interação entre ciência e religião e a identificar os espaços que têm dominado a discussão dentro do campo – e que, portanto, precisam ser incluídos neste livro. Dado que esta obra se destina a servir como livro didático, é claramente importante mapear seu conteúdo tanto com relação às atividades acadêmicas quanto às de interesse popular nesse campo. Assim, esta obra envolve as posições mais povoadas do tabuleiro de xadrez, embora reconheça que há outras áreas de legítimo interesse intelectual que ainda não conseguiram a atenção que merecem.

OS QUATRO MODELOS DE IAN BARBOUR
DA RELAÇÃO ENTRE CIÊNCIA E RELIGIÃO

Então, como entendemos o relacionamento geral entre ciência e religião? Quais modelos estão disponíveis quando tentamos imaginar seus possíveis relacionamentos? Uma das descrições mais influentes das abordagens da relação entre ciência e religião deve-se a Ian G. Barbour (1923–2013), pioneiro de estudos no campo de ciência e religião. Muitos argumentam que o surgimento do campo "ciência e religião" como uma área própria de estudo data de 1966, quando foi publicada a obra histórica de Barbour, *Issues in Science and Religion* [Questões em ciência e religião]. Barbour nasceu em 5 de outubro de 1923 em Pequim, China, e inicialmente concentrou seus estudos no campo da física, obtendo seu doutorado na Universidade de Chicago, em 1950. Sua primeira nomeação acadêmica foi no Kalamazoo College, Michigan, como professor de física. No entanto, ele tinha um forte interesse em religião, que conseguiu seguir através de estudos na Universidade de Yale, concluindo o bacharelado em divindade em 1956. Ele atuou por muitos anos em vários cargos, incluindo chefe do departamento de religião e professor de física no Carleton College, Northfield, Minnesota (1955-1981). Finalmente, assumiu a cátedra Winifred e Atherton Bean como professor de ciências, tecnologia e sociedade nessa faculdade (1981-1986). Ele veio a falecer em 2013.

A preocupação característica de Barbour em relacionar ciência e religião, desenvolvida durante a década de 1960, levou à publicação do livro pelo qual ele é mais conhecido – *Issues in Science and Religion* (1966) [Questões em ciência e religião]. Esse livro refletiu sua experiência de ensino nas áreas de ciência e religião – interesses de ensino que ele foi capaz de manter durante a maior parte de sua carreira acadêmica. Nos anos de 1970, Barbour desenvolveu ainda mais seus interesses através de um programa sobre ética, políticas públicas e tecnologia, que identificou e discutiu uma série de questões religiosas. *Issues in Science and Religion* é amplamente considerado como um livro dotado de autoridade, escrito com clareza e erudição, que apresentou muitas pessoas às questões fascinantes associadas a esse campo. Desde então, Barbour tornou-se autor ou editou uma série de obras que tratam de questões sobre a interface entre ciência e religião (principalmente *Religion in an Age of Science* [Religião na era da ciência], que apareceu em 1990, com base nas *Gifford Lectures* [Palestras Gifford] dadas por ele na Universidade de Aberdeen, em 1989). Ele é amplamente considerado o decano do diálogo nesse campo e foi homenageado pela Academia Americana de Religião em 1993. Barbour recebeu o Prêmio Templeton para o Progresso da Religião em 1999, em reconhecimento aos seus esforços para criar um diálogo entre os mundos da ciência e da religião.

Barbour desempenhou um papel enorme, catalisando o surgimento desse campo específico e tendo considerável influência pessoal na modelagem de sua dinâmica – incluindo aí a formulação de uma tipologia influente das possíveis relações entre ciência e religião. A tipologia de Barbour quanto às "maneiras de relacionar ciência e religião" surgiu pela primeira vez em 1988 e continua sendo amplamente usada, apesar de algumas debilidades óbvias. Barbour lista quatro tipos amplos de relações: conflito, independência, diálogo e integração. A seguir, definiremos e ilustraremos o esquema quádruplo de Barbour, antes de observarmos algumas questões que demandam exploração adicional.

Conflito

Historicamente, o entendimento mais significativo da relação entre ciência e religião é o de "conflito" ou talvez até "guerra". Esse modelo, fortemente confrontativo, continua a ser profundamente influente no nível popular, mesmo que seu apelo tenha diminuído consideravelmente em um nível mais acadêmico. "A guerra entre ciência e teologia na América Colonial existe principalmente nas mentes dos historiadores dados a clichês" (Ron Numbers). Esse modelo dominante foi exposto em duas obras influentes publicadas no final do século 19: *History of the Conflict between Religion and Science* [História do conflito entre religião e ciência], de John William Draper (1874), e *History of the Warfare of Science with Theology in Christendom* [História da guerra da ciência com a teologia na cristandade], de Andrew Dickson White (1896). O mais conhecido representante dessa abordagem, no final do século 20, é Richard Dawkins, segundo o qual "a fé é um dos grandes males do mundo, comparável ao vírus da varíola, mas mais difícil de erradicar". Para Dawkins, ciência e religião são implacavelmente opostas.

No entanto, esse modelo não se restringe a cientistas antirreligiosos. É altamente difundido dentro de grupos religiosos conservadores no cristianismo e no islamismo, que são muitas vezes virulentamente hostis à ideia de evolução biológica. O criacionista Henry M. Morris (1918–2006) publicou uma continuada crítica da moderna teoria evolutiva com o título *The Long War against God* [A longa guerra contra Deus] (1989). Em um prefácio elogioso ao livro, um pastor batista conservador declara que: "O evolucionismo moderno é simplesmente a continuação da longa guerra de Satanás contra Deus". Morris até mesmo nos convida a imaginar Satanás concebendo a ideia de evolução como um meio de destronar Deus.

Ainda assim, muitos dos episódios históricos tradicionalmente colocados nessa categoria ou tidos como representantes de sua manifestação, podem ser interpretados de outras maneiras. A controvérsia de Galileu do século 17, por exemplo, ainda é apresentada como um exemplo clássico de "ciência contra a religião", embora seja agora reconhecida como uma questão muito mais complexa e cheia de nuanças. Da mesma forma, a teoria da evolução de Darwin é frequentemente apresentada na mídia popular

CIÊNCIA E RELIGIÃO: EXPLORANDO UMA RELAÇÃO

como antirreligiosa em natureza e intenção, mesmo que o próprio Darwin tenha sido inflexível ao afirmar que não era. De fato, em 1889, o teólogo anglicano Aubrey Moore observou que: "o darwinismo apareceu e, sob o disfarce de um inimigo, fez o trabalho de um amigo". A questão de saber se a ciência e a religião estão em conflito, com demasiada frequência, parece repousar sobre complexas questões de interpretação, muitas vezes deixadas de lado por quem procura respostas simples e *slogans* capciosos.

Mais importante, o modelo de conflito está sendo cada vez mais visto como um modo de pensar caracteristicamente ocidental, fundamentado nas histórias específicas e nas normas culturais implícitas das nações ocidentais, particularmente os Estados Unidos. Os pesquisadores observaram que a relação entre ciência e religião em culturas não ocidentais – como a Índia – é entendida de uma maneira muito diferente (e muito mais positiva). Pesquisas recentes indicam que a abordagem geral que Barbour designa como "independência" (veja abaixo) é dominante entre cientistas na América do Norte e Europa Ocidental, enquanto uma abordagem mais colaborativa ou dialogal é dominante nas comunidades científicas da Ásia.

Embora alguns comentaristas culturais ocidentais considerem o modelo de "conflito" normativo, não se trata disso. É simplesmente uma opção dentro de um espectro de possibilidades, que se tornou influente como resultado de um conjunto de circunstâncias históricas, em vez de ser algo que tenha a ver com a natureza essencial da ciência ou da religião. Além disso, o modelo de "conflito" mantém sua credulidade em grande parte devido a conflitos decorrentes de questões muito específicas – principalmente o ensino de evolução nas escolas e questões de modificação terapêutica de genes.

Independência

A controvérsia darwiniana fez com que muitos desconfiassem do modelo de "guerra" ou "conflito". Em primeiro lugar, isso foi visto como historicamente questionável. No entanto, em segundo lugar, havia uma preocupação crescente em impedir que qualquer alegado "conflito" danificasse a ciência ou a religião. Isso levou muitos a insistir que os dois campos deviam ser considerados completamente independentes um do outro. Essa abordagem insiste em que a ciência e a religião devem ser vistas como campos de estudo ou esferas da realidade independentes e autônomos, com suas próprias regras e linguagens distintas. A ciência tem pouco a dizer sobre crenças religiosas e a religião tem pouco a dizer sobre o estudo científico.

Essa abordagem é encontrada na declaração de política da Academia Nacional Americana de Ciências, de 1981, que estabelece: "Religião e ciência são domínios do pensamento humano separados e mutuamente exclusivos, cuja apresentação no mesmo contexto leva à má compreensão tanto da teoria científica quanto da crença religiosa". Isso também é encontrado no modelo de Stephen Jay Gould de "magistérios não interferentes" (ou NOMA: *Non-overlapping magisteria*), que defende a afirmação do respeito mútuo e o reconhecimento de diferentes metodologias e domínios de interpretação entre ciência e religião:

> Acredito, de todo o coração, em concordância respeitosa e até amorosa entre nossos magistérios – na solução NOMA. NOMA representa uma posição baseada em princípios morais e intelectuais, não em mera atitude diplomática. A solução NOMA serve também a ambos os lados. Se a religião não pode mais fazer afirmações cabais sobre a natureza de conclusões factuais sob o magistério da ciência, os cientistas não podem reivindicar uma percepção mais elevada da verdade moral a partir de qualquer conhecimento superior da constituição empírica do mundo. Essa humildade mútua tem importantes consequências práticas em um mundo de paixões tão variadas.[5]

Uma variante dessa abordagem é dada pelo teólogo americano Langdon Gilkey (1919–2004). Em sua obra de 1959, *Maker of Heaven and Earth* [Criador do céu e da terra], Gilkey argumenta que a teologia e as ciências naturais representam maneiras independentes e diferentes de abordar a realidade. As ciências naturais estão preocupadas em fazer perguntas sobre o "como", enquanto a teologia faz perguntas relacionadas ao "por que". As primeiras lidam com causas secundárias (ou seja, interações dentro da esfera da natureza), enquanto esta última lida com causas primárias (ou seja, origem e propósitos fundamentais da natureza).

---

5 Stephen Jay Gould, 'Nonmoral Nature.' [Natureza amoral] *Natural History*, 91 (1982): 19–26.

CIÊNCIA E RELIGIÃO: EXPLORANDO UMA RELAÇÃO　　29

Esse modelo de independência atrai muitos cientistas e teólogos porque lhes dá liberdade de acreditar e pensar no que eles prezam em seus próprios campos ("magistérios", para usar a expressão de Gould), sem forçá-los a relacionar esses magistérios entre si. Entretanto, como Ian Barbour aponta, isso inevitavelmente compartimenta a realidade. "Não experienciamos a vida tão nitidamente dividida em compartimentos separados; nós a experienciamos em sua totalidade e interconectividade antes de desenvolvermos disciplinas específicas para estudar seus diferentes aspectos". Em outras palavras, esses círculos não podem evitar algum grau de sobreposição e interação; eles não são completamente separados.

Diálogo

Uma terceira maneira de entender a relação entre ciência e religião é vê-las engajadas em um diálogo, levando a uma melhor compreensão mútua. Como comentou o falecido papa João Paulo II em 1998: "A Igreja e a comunidade científica irão inevitavelmente interagir; as suas opções não incluem o isolamento". Então, que forma a interação entre elas pode assumir? Como elas podem se complementar? Para João Paulo II, a resposta era clara: "A ciência pode purificar a religião do erro e da superstição; a religião pode purificar a ciência da idolatria e dos falsos absolutos. Cada uma delas pode introduzir a outra num mundo mais vasto, num mundo em que ambas podem florescer".

Esse ponto foi desenvolvido pelo "Grupo do Diálogo" de cientistas e bispos católicos nos Estados Unidos, ao declarar que: "Ciência e religião podem oferecer *insights* complementares sobre tópicos complexos como as biotecnologias emergentes". Vemos aqui um reconhecimento de que as limitações morais impostas às ciências naturais em virtude do caráter amoral do método científico levam a uma compreensão da necessidade de suplementar a discussão científica com outras fontes. Voltaremos a essa discussão mais adiante nesta obra.

Esse diálogo respeita a identidade distinta de seus participantes, enquanto explora pressupostos e suposições compartilhadas. Ian Barbour considera esse modelo provavelmente o mais satisfatório do possível leque de abordagens. Também é encontrado nos escritos recentes de John Polkinghorne, que aponta uma série de paralelos significativos entre os dois magistérios. Por exemplo, tanto a ciência quanto a religião envolvem pelo menos algum grau de julgamento pessoal, na medida em que ambas lidam com dados que são "impregnados de teoria". Da mesma forma, ambas envolvem uma série do que pode ser chamado suposições "fiduciárias" – por exemplo, que o universo é racional, coerente, ordenado e um todo. Uma preocupação semelhante está na base de *Enriching Our Vision of Reality* [Enriquecendo nossa visão da realidade] (2016), de Alister E. McGrath, que visa aprimorar o rigor intelectual da teologia cristã por meio de um extenso diálogo com as ciências naturais, especialmente em relação a questões de métodos de investigação e representação da realidade.

Integração

Uma quarta compreensão da maneira pela qual a ciência e a religião interagem pode ser encontrada nos escritos do teólogo britânico Charles Raven (1885–1964). Em *Natural Religion and Christian Theology* [Religião natural e teologia cristã] (1953), Raven argumenta que os mesmos métodos básicos tinham que ser usados em todos os aspectos da busca humana por conhecimento, seja religioso ou científico. "O principal processo é o mesmo, se estamos investigando a estrutura de um átomo ou um problema na evolução animal, um período da história ou a experiência religiosa de um santo". Raven resiste vigorosamente a qualquer tentativa de dividir o universo em componentes "espirituais" e "físicos", e insiste em que devemos "contar uma única história que trate todo o universo como uno e indivisível". Barbour é muito simpático a essa abordagem e vê a filosofia do processo como um catalisador para esse processo de integração. Uma perspectiva semelhante é encontrada nos escritos mais tardios de Arthur Peacocke, que interpreta a evolução como o modo preferido de criação de Deus.

É importante notar que Barbour tende a apresentar essas quatro opções como estágios em uma jornada intelectual de descoberta, talvez análoga ao clássico de John Bunyan, *The Pilgrim's Progress* [O progresso do peregrino]. O viajante intelectual pode começar com Conflito, seguido por um breve e insatisfatório flerte com a Independência, e finalmente encontrar um local de descanso satisfatório no Diálogo ou em alguma forma de Integração. Os modelos de Conflito e Independência estão *errados*, argumenta Barbour, enquanto as abordagens de Diálogo e Integração estão *corretas*.

CIÊNCIA E RELIGIÃO: EXPLORANDO UMA RELAÇÃO

Inevitavelmente, aqueles que estão interessados em tentar encontrar uma descrição confiável e imparcial das possibilidades acharão as pressuposições de Barbour um pouco inquietantes nesse ponto e se perguntarão se abordagens menos prescritivas podem estar disponíveis.

Então, que dificuldades são levantadas por essa taxonomia simples? O mais óbvio é que ela é inadequada para fazer justiça à complexidade da história. Como Geoffrey Cantor e Chris Kenny apontam em uma crítica ponderada à abordagem de Barbour, a história testemunha uma série de complicações que não podem ser incorporadas em taxonomias simplistas. É difícil refutar esse ponto. O esquema quádruplo de Barbour é útil precisamente porque é muito simples. No entanto, sua simplicidade pode ser uma fraqueza, tanto quanto uma força.

Mais seriamente, o modelo é puramente intelectual em sua abordagem, dizendo respeito sobretudo a como as ideias são sustentadas. E os aspectos sociais e culturais da questão, que desempenham um papel tão importante em qualquer tentativa de entender como a interação entre ciência e religião funciona na prática, seja no passado ou no presente? Tem havido uma tendência crescente em estudos recentes de desviar a análise de uma abordagem puramente intelectual à interação entre ciência e religião, a fim de considerar suas dimensões simbólicas e sociais, nas quais a interação é muito mais diversificada.

Além disso, o contexto histórico geralmente precisa ser examinado de perto. Tensões e conflitos presumidos entre ciência e religião, como a controvérsia de Galileu, costumam ter mais a ver com políticas papais, lutas pelo poder eclesiástico e questões de personalidade do que com tensões fundamentais entre fé e ciência. Os historiadores da ciência deixaram claro que a interação entre ciência e religião é determinada principalmente pelas especificidades de suas circunstâncias históricas e apenas secundariamente pelas respectivas temáticas. Não existe paradigma universal para a relação entre ciência e religião, seja teórica ou historicamente.

O caso das atitudes cristãs em relação à teoria da evolução no final do século 19 torna esse ponto particularmente evidente. Como o geógrafo e pesquisador de história intelectual David Livingstone demonstrou em seu estudo inovador sobre a recepção do darwinismo em dois contextos muito diferentes – Belfast, na Irlanda do Norte, e Princeton, em Nova Jersey, questões e personalidades locais foram frequentemente de importância decisiva na determinação do resultado, em vez de quaisquer princípios teológicos ou científicos fundamentais.

No entanto, apesar de suas limitações, o quadro estabelecido por Barbour continua sendo útil como meio de abordar o campo dos estudos de ciência e religião. Representa uma descrição útil de possíveis abordagens, mas não pode se esperar muito dele em termos de uma análise rigorosa das questões. Talvez possa ser pensado como um esboço útil do terreno, e não como um mapa detalhado e preciso.

Esse esboço foi estendido por outros que trabalham no campo, como Ted Peters, para quem dez abordagens podem ser discernidas, quatro das quais se baseiam na suposição de conflito entre ciência e religião e seis outras apresentando abordagens que pressupõem uma trégua ou mesmo uma potencial parceria entre elas. Peters as descreve da seguinte maneira:

> As quatro primeiras presumem conflito ou mesmo guerra: (1) cientificismo; (2) imperialismo científico; (3) autoritarismo teológico; e (4) controvérsia da evolução. Seis modelos adicionais assumem uma trégua, ou até mais: eles buscam parceria: (5) os Dois Livros; (6) as Duas Linguagens (separação; independência); (7) aliança ética; (8) diálogo levando à interação mútua criativa; (9) naturalismo; e (10) teologia da natureza.[6]

QUATRO MANEIRAS DE IMAGINAR A RELAÇÃO
ENTRE CIÊNCIA E RELIGIÃO

Relacionamentos complexos costumam ser melhor representados visual ou imaginativamente. Analogias e metáforas são úteis na exploração de limites disciplinares, no mapeamento de estruturas complexas e na estruturação de possíveis relacionamentos. Nesta seção, consideraremos quatro maneiras de imaginar a relação entre ciência e religião. As três primeiras não fazem suposições religiosas; a quarta é baseada em algumas suposições

---

6 Ted Peters, 'Science and Religion: Ten Models of War, Truce, and Partnership.' *Theology and Science*, 16, n. 1 (2018): 11–53.

CIÊNCIA E RELIGIÃO: EXPLORANDO UMA RELAÇÃO

cristãs, tornando-a útil para aqueles que trabalham com esse modo de pensar, embora talvez seja menos útil para aqueles que não compartilham suas principais suposições teológicas. A seguir, consideraremos quatro maneiras de visualizar ou imaginar a relação entre ciência e religião. Elas não são "modelos", como essa palavra é normalmente usada, mas são lentes ou esquemas que nos permitem visualizar possíveis relacionamentos.

Ciência e religião oferecem perspectivas distintas sobre a realidade

A primeira analogia nos convida a ver a ciência e a religião como oferecendo perspectivas distintas sobre uma realidade complexa. Explorarei essa abordagem, conforme apresentada nos escritos de Charles A. Coulson,[7] um dos pioneiros no diálogo entre ciência e religião. Coulson foi professor de química teórica na Universidade de Oxford e autor de *Science and Christian Belief* [Ciência e fé cristã] (1955), uma narrativa influente sobre a relação entre as ciências naturais e o cristianismo.

Coulson era um alpinista entusiasmado e ilustrou sua abordagem com a montanha escocesa Ben Nevis. Ele convidou seus leitores a se juntarem a ele em um passeio imaginativo por essa montanha e a refletir sobre como a montanha aparecia quando vista de diferentes ângulos de abordagem. Vista do Sul, a montanha se apresenta como uma "enorme encosta gramada"; do Norte, como "contrafortes rochosos". Visitantes regulares da montanha estão familiarizados com essas diferentes perspectivas. "Cada um olha para a montanha; cada um vê certas coisas e cada um tenta descrever seu encontro com a montanha em termos que fazem sentido. Cada um deles imagina uma linguagem adequada para seu objetivo específico". A estrutura complexa de Ben Nevis não pode ser entendida completamente a partir de um único ângulo de abordagem. "Diferentes pontos de vista da mesma realidade parecerão diferentes, mas ambos serão válidos". Uma descrição completa exige que essas diferentes perspectivas sejam reunidas e integradas em uma única imagem coerente. O todo é a soma dessas múltiplas perspectivas.

Era uma analogia simples e facilmente aplicada à relação entre ciência e fé. A principal visão de Coulson é que "pontos de vista diferentes produzem

---

7 C. A. Coulson, *Christianity in an Age of Science.* [Cristianismo na era da ciência] London: Oxford University Press, 1953, pp. 19–21.

descrições diferentes". Um cientista, um poeta e um teólogo oferecem uma perspectiva distinta da realidade complexa de nossa experiência. Cada um descreve o que vê usando sua própria linguagem e imagens distintas. Para Coulson, isso mostra a necessidade de uma imagem geral, cumulativa e integrada da realidade, com a ciência e a religião oferecendo suas próprias perspectivas, cada uma das quais *válida*, mas *incompleta*.

A experiência humana da realidade é complexa e há espaço para abordagens científicas e religiosas para apreender essa realidade. "Os dois mundos são um só, embora vistos e descritos em termos apropriados; apenas o homem que não possa – ou não queira – olhar de mais de um ponto de vista reivindica uma autoridade exclusiva para sua própria descrição". Coulson reconhecia que alguns cientistas e teólogos alegavam que suas próprias ideias representavam um monopólio da verdade. Sua opinião, no entanto, era de que os dois ofereciam ideias parciais, que precisavam ser entrelaçadas em uma imagem mais completa e confiável.

Essa é uma abordagem útil. No entanto, ela oferece um relato um tanto raso da realidade. Muitos argumentam que a realidade é algo com multicamadas e que cada uma dessas camadas precisa ser explorada de maneira distinta, adaptada às suas características. Isso nos leva diretamente à segunda abordagem que precisamos considerar.

Ciência e religião envolvem níveis distintos de realidade

O físico teórico Werner Heisenberg é um dos muitos cientistas influentes a enfatizar que não é possível falar "*do* método científico". Cada disciplina científica desenvolve seus próprios métodos de pesquisa, apropriados às suas tarefas de pesquisa e ao campo de investigação. "Precisamos lembrar que o que observamos não é a própria natureza, mas a natureza conforme revelada por nossos métodos de investigação."[8] O argumento de Heisenberg sugere que a necessidade científica de usar uma multiplicidade de métodos de pesquisa leva a uma pluralidade correspondente de perspectivas ou *insights* sobre a realidade, que, portanto, precisam ser entretecidas de alguma maneira para dar origem à melhor representação integral possível da natureza.

---

8 Werner Heisenberg, *Physik und Philosophie*. [Física e Filosofia] Stuttgart: Hirzel, 2007, p. 85.

Heisenberg reconhece tanto a complexidade do mundo natural quanto da experiência humana, oferecendo uma descrição disso que reconhece uma pluralidade de abordagens e resultados intelectuais. Heisenberg foi capaz de acomodar arte e religião dentro de sua abordagem geral, distinguindo-as das ciências naturais, embora afirmasse sua legitimidade cultural e distinção intelectual. Arte, ciência e religião resultaram de diferentes métodos e deveriam ser vistas como parte de um maior engajamento humano com a realidade, o que requer múltiplos métodos de pesquisa.

Esse quadro referencial [de distintos níveis de realidade] oferece algumas possibilidades importantes para identificar os "produtos do conhecimento" distintos, tanto da ciência quanto da religião. Respeita a diferença entre ciência e religião, evitando qualquer tentativa de confundi-las ou misturá-las; no entanto, sustenta que é possível reunir os diferentes níveis de conhecimento que elas produzem. Como consideraremos em vários pontos desta obra, as ciências naturais estão preocupadas principalmente com a compreensão de como as coisas *funcionam*, enquanto a religião está mais preocupada com o que elas *significam*. Esses aspectos representam diferentes níveis de envolvimento com a existência humana. No entanto, eles podem ser reunidos para proporcionar uma compreensão mais completa e rica da natureza distinta da humanidade.

Ciência e religião oferecem mapas distintos da realidade

Uma terceira abordagem é encontrada nos escritos da filósofa britânica Mary Midgley, que frequentemente discorria sobre a relação entre as ciências naturais e outras disciplinas. Midgley argumentava que o projeto de analisar as questões mais importantes da vida exigia que várias ferramentas conceituais diferentes tivessem que ser usadas em conjunto para revelar o quadro completo da existência humana. Um único método de investigação iluminará apenas alguns aspectos do nosso mundo. Limitar-nos aos métodos das ciências naturais em geral, ou de uma ciência natural (como a física) em particular, leva ao que Midgley chama de "visão bizarramente restritiva de significado".[9]

---

9 Mary Midgley, *Wisdom, Information, and Wonder: What Is Knowledge For?* [Sabedoria, Informação e Maravilhamento: Para que serve o conhecimento?] London: Routledge, 1995, p. 199.

Midgley argumenta, portanto, que precisamos desenvolver "múltiplos mapas" da realidade. Nenhuma abordagem única é adequada para fazer justiça ao mundo natural. Precisamos de "muitas janelas" para uma realidade complexa, se quisermos representá-la adequadamente, em vez de reduzi-la a uma perspectiva privilegiada. Considere um atlas, que nos fornece muitos mapas da mesma região – por exemplo, América do Norte ou Europa. Mas por que precisamos de tantos mapas para representar uma região? Um não seria suficiente? A resposta de Midgley é simples: porque diferentes mapas fornecem informações diferentes sobre a mesma realidade.

Um mapa físico da Europa mostra as características da paisagem. Um mapa político mostra as fronteiras de seus estados-nação. O ponto de Midgley é que cada mapa é projetado para responder a um conjunto específico de perguntas. Que idioma é falado aqui? Quem governa esse território? Cada mapa sonda a região, respondendo certas perguntas sobre ela – e não outras. Se queremos obter uma compreensão abrangente do nosso mundo, precisamos encontrar uma maneira de reuni-los todos. Podemos sobrepô-los, para que suas informações possam ser totalmente integradas. Um mapa por si só não pode nos dizer tudo o que queremos saber. Ele pode nos ajudar a entender parte de uma imagem maior – mas, para ver a imagem completa, precisamos de vários mapas. Cada mapa responde a uma pergunta diferente – e cada uma dessas perguntas é importante. A ciência mapeia nosso mundo em um nível, explicando como ele funciona; a religião mapeia nosso mundo em outro nível, explicando o que ele significa.

Os Dois Livros: duas abordagens complementares da realidade

Finalmente, nos voltamos para uma maneira de visualizar a relação entre as ciências naturais e o cristianismo, que emergiu durante o Renascimento Europeu e contribuiu muito para incentivar o surgimento da ciência, mostrando como ela era consistente com um modo de pensar religioso. A metáfora dos "Dois Livros de Deus" nos convida a imaginar a natureza e a Bíblia cristã como textos originários do mesmo autor, os quais demandam interpretação. A metáfora dos "Dois Livros de Deus" foi amplamente usada para manter a distinção entre ciências naturais e teologia cristã, por um lado, e para afirmar sua capacidade de interação positiva, por outro. Ambos, argumentava-se, foram escritos por Deus; ambos revelam Deus, de maneiras diferentes e em diferentes extensões. Esses dois livros podem ser lidos individualmente; mas também podiam ser lidos lado a lado, cada um iluminando o outro.

Essa metáfora desempenhou várias funções importantes durante o surgimento das ciências naturais, entre 1500 e 1750. A obra *Institutas da Religião Cristã* (1559), de João Calvino, foi elaborada para ajudar os cristãos a discernir o "panorama geral" da fé cristã, que, segundo Calvino, encorajava explicitamente um diálogo entre as ciências naturais e a teologia, reconhecendo os paralelos e as divergências entre os Dois Livros. "O conhecimento de Deus, que é claramente mostrado na ordem do mundo e em todas as criaturas, é ainda mais claro e familiarmente explicado na Palavra".[10] Mais tarde, as confissões de fé reformadas – como a Confissão Belga – afirmaram que o universo é apresentado diante de nós como um "belo livro", projetado para nos encorajar a "refletir sobre as coisas invisíveis de Deus". Para Calvino, a Bíblia esclareceu e ampliou esse conhecimento de Deus, estabelecendo-o em um fundamento mais confiável.

A metáfora dos "Dois Livros de Deus" baseia-se na crença fundamental de que o Deus que criou o mundo é também o Deus que é revelado *na* e *pela* Bíblia cristã. Sem esse pressuposto subjacente e informativo, os "Dois Livros" não precisam ser vistos como conectados de forma alguma. O elo entre eles está fundamentado na crença teológica cristã em um Deus criador que é revelado na Bíblia. A metáfora cristã dos "Dois Livros" procurou reunir os vários elementos do conhecimento humano, vendo isso como uma virtude cultural e um dever espiritual. Como já foi observado muitas vezes, uma das motivações para o estudo científico sério da natureza era a profunda sensação de que isso enriqueceria a apreciação do cristão pela beleza e sabedoria de Deus como criador.

A analogia dos "Dois Livros" de Deus enfatiza, portanto, que o mundo natural e a fé cristã são distintos, e que eles não devem ser confundidos ou assimilados. Cada um tem seus próprios tópicos e métodos distintos de investigação, representação e sistematização. Ainda assim, esses dois livros se relacionam, cada um enriquecendo o outro. A investigação do mundo natural requer um método, a interpretação da Bíblia requer outro. No entanto,

---

10 João Calvino, *Institutas da Religião Cristã*, I.x.1.

essas duas disciplinas distintas são capazes de se iluminar mutuamente e enriquecer a compreensão de seus leitores sobre o significado da natureza. A metáfora cria uma expectativa de diálogo significativo, mesmo que limitado, entre ciência e cristianismo, fundamentado em uma visão teológica – isto é, que Deus é o autor de cada um desses dois livros.

Já neste capítulo, nos referimos a alguns marcos históricos na interação entre ciência e religião. No próximo capítulo, exploraremos quatro desses marcos em mais detalhes, preparando o cenário para algumas das discussões nas seções posteriores.

SUGESTÕES DE LEITURA

Barbour, Ian G. *Issues in Science and Religion* [Questões em Ciência e Religião]. Englewood Cliffs, NJ: Prentice Hall, 1966.

Cantor, Geoffrey, Chris Kenny. "Barbour's Fourfold Way: Problems with His Taxonomy of Science– Religion Relationships." *Zygon*, 36, n. 4 (2001): 765–781.

Coulson, C. A. *Science and Christian Belief* [Ciência e fé cristã]. London: Oxford University Press, 1955.

Dallal, Ahmad S. *Islam, Science, and the Challenge of History* [Islã, ciência e o desafio da história]. New Haven, CT: Yale University Press, 2010.

Ecklund, Elaine Howard, David R. Johnson, Christopher P. Scheitle, Kirstin R. W. Matthew, Steven W. Lewis. "Religion among Scientists in International Context: A New Study of Scientists in Eight Regions." *Socius*, 2 (2016): 1–9.

Evans, John H., Michael S. Evans. "Religion and Science: Beyond the Epistemological Conflict Narrative." *Annual Review of Sociology*, 34 (2008): 87–105.

Fitzgerald, Timothy. "A Critique of Religion as a Cross-Cultural Category." *Method and Theory in the Study of Religion*, 9, n. 2 (1997): 91–110.

Freely, John. *Aladdin's Lamp: How Greek Science Came to Europe through the Islamic World* [A lâmpada de Aladim: como a ciência grega chegou à Europa através do mundo islâmico]. New York: Alfred A. Knopf, 2009.

Gould, Stephen Jay. "Nonoverlapping Magisteria." *Natural History*, 106 (1997): 16–22.

Hardin, Jeff, Ronald L. Numbers, Ronald A. Binzley. *The Warfare between Science and Religion: The Idea That Wouldn't Die* [A guerra entre ciência e religião: a ideia que não morre]. Baltimore: Johns Hopkins University Press, 2018.

Harrison, Peter. "'Science' and 'Religion': Constructing the Boundaries." *Journal of Religion*, 86, n.1 (2006): 81–106.

Harrison, Victoria. "The Pragmatics of Defining Religion in a Multi-Cultural World." *International Journal for Philosophy of Religion*, 59 (2006): 133–152.

Howell, Kenneth J. God's *Two Books: Copernican Cosmology and Biblical Interpretation in Early Modern Science* [Cosmologia copernicana e interpretação bíblica na ciência moderna]. Notre Dame, IN: University of Notre Dame Press, 2002.

Iqbal, Muzaffar. *Studies in the Making of Islamic Science: Knowledge in Motion* [Estudos na construção da ciência islâmica: conhecimento em movimento]. Burlington, VT: Ashgate, 2012.

Livingstone, David N. "Darwinism and Calvinism: The Belfast-Princeton Connection." *Isis*, 83 (1992): 408–428.

McGrath, Alister E. *Enriching Our Vision of Reality: Theology and the Natural Sciences in Dialogue* [Enriquecendo nossa visão da realidade: teologia e ciências naturais em diálogo]. London: SPCK, 2016.

McGrath, Alister E. "Multiple Perspectives, Levels, and Narratives: Three Models for Correlating Science and Religion," editado por Louise Hickman e Neil Spurway. *Forty Years of Science and Religion* [Quarenta anos de ciência e religião] Newcastle: Cambridge Scholars, 2016, pp. 10–29.

Peters, Ted. "Science and Religion: Ten Models of War, Truce, and Partnership." *Theology and Science*, 16, n. 1 (2018): 11–53.

Potochnik, Angela. "Levels of Explanation Reconceived." *Philosophy of Science*, 77, n. 1 (2010): 59–72.

Stolz, Daniel A. *The Lighthouse and the Observatory: Islam, Science, and Empire in Late Ottoman Egypt* [O farol e o observatório: Islã, ciência e império no Egito otomano tardio]. Cambridge: Cambridge University Press, 2018.

Tanzella-Nitti, Giuseppe. "The Two Books Prior to the Scientific Revolution." *Annales Theologici*, 18 (2004): 51–83.

Walbridge, John. *God and Logic in Islam: The Caliphate of Reason* [Deus e lógica no Islã: o califado da razão]. Cambridge: Cambridge University Press, 2011.

Watts, Fraser, Kevin Dutton, eds. *Why the Science and Religion Dialogue Matters* [Por que o diálogo entre ciência e religião é importante]. Philadelphia: Templeton Foundation Press, 2006.

Obras sobre o legado de Ian Barbour

Cantor, Geoffrey, Chris Kenny. "Barbour's Fourfold Way: Problems with His Taxonomy of Science–Religion Relationships." *Zygon*, 36, n. 4 (2001): 765–781.

McFague, Sallie. "Ian Barbour: Theologian's Friend, Scientist's Interpreter." *Zygon*, 31, n. 1 (2005): 21–28.

Polkinghorne, John. *Scientists as Theologians: A Comparison of the Writings of Ian Barbour, Arthur Peacocke and John Polkinghorne* [Cientistas como teólogos: uma comparação dos escritos de Ian Barbour, Arthur Peacocke e John Polkinghorne]. London: SPCK, 1996.

Russell, Robert John (ed.) *Fifty Years in Science and Religion: Ian G. Barbour and His Legacy* [Cinquenta anos em ciência e religião: Ian G. Barbour e seu legado]. Aldershot: Ashgate, 2004.

Russell, Robert John. "Assessing Ian G. Barbour's Contributions to Theology and Science." *Theology and Science*, 15, n. 1 (2017): 1–4

CAPÍTULO 2

Começando:

alguns marcos históricos

Muitas pessoas são atraídas para estudar a relação entre ciência e religião porque ela envolve muitas das "grandes questões" de hoje – por exemplo, como viver uma vida boa e como habitar esse universo intrigante de maneira que tenha significado. Parte da empolgação desse campo é o fato de que ele estimula debates atualíssimos, envolvendo questões de relevância imediata. No entanto, muitos que estão explorando o campo de ciência e religião pela primeira vez se veem intrigados com a ênfase que muitas obras colocam em discussões e debates de épocas anteriores.

Por que estudar debates *do passado*, quando esses parecem irrelevantes para as preocupações contemporâneas? Por que olhar para o passado quando há tantas discussões importantes acontecendo no presente? Muitos cientistas naturais ressaltam que suas disciplinas estão se desenvolvendo tão rapidamente, que as ideias mais antigas ficam desatualizadas com uma velocidade alarmante, com artigos de pesquisa ficando desatualizados em menos de duas décadas. Estudar a história parece implicar em desengajar-se do mundo real e entrar em um mundo muito diferente, que tem pouca relação com o nosso. "O passado é um país estrangeiro: eles fazem as coisas de maneira diferente por lá" (L. P. Hartley).

Qualquer pessoa que deseje entender a interação entre ciência e religião precisa se familiarizar com, pelo menos, quatro grandes marcos históricos

COMEÇANDO: ALGUNS MARCOS HISTÓRICOS 43

– os debates astronômicos do século 16 e início do século 17, a ascensão da cosmovisão newtoniana no final do século 17 e durante o século 18, a controvérsia darwiniana do século 19 e os desenvolvimentos cosmológicos do século 20 relacionados às origens do universo. As questões levantadas por esses desenvolvimentos são encontradas repetidas vezes nos debates contemporâneos. Elas pairam sobre as discussões contemporâneas da relação entre ciência e fé em geral, mas também levantam questões específicas, muitas vezes relacionadas à interpretação bíblica, que continuam a ser debatidas até hoje. Memórias de debates anteriores constantemente afloram nas discussões atuais.

Este capítulo visa apresentar esses marcos históricos, indicando os principais pontos que levantam para discussão e sua importância para o nosso tempo. Como essas quatro discussões são constantemente mencionadas na literatura sobre o tema "ciência e religião" – assim como estão também no presente texto –, os leitores precisam estar familiarizados com as ideias e os desenvolvimentos básicos. Elas são, portanto, discutidas nesta seção inicial, juntamente com o surgimento da "síntese medieval", que muitos estudiosos consideram ter fornecido o contexto intelectual essencial para o advento das ciências naturais.

No entanto, muitos leitores desta obra, embora reconheçam a força prática desse ponto, ainda hão de querer perguntar por que deveriam se preocupar em estudar história. Antes de examinar esses quatro debates específicos, faremos uma pausa e refletiremos sobre o lugar da história na interação entre ciência e religião.

POR QUE ESTUDAR HISTÓRIA?

Qual é o sentido de olhar para o passado quando pretendemos falar sobre temas relativos à ciência e religião no século 21? Por que estudar debates de séculos atrás quando há tanto que é intelectualmente importante e interessante no presente? Essas são perguntas justas, que merecem respostas cuidadosas.

Qualquer discussão sobre a relação entre ciência e religião hoje tornou-se problemática pela influência persistente de controvérsias passadas, geralmente na forma de interpretações errôneas populares ou deturpações de episódios históricos multifacetados. Por exemplo, as tensões entre Galileu e a Igreja foram complicadas pela apologética institucional e pelo poder político das abordagens aristotélicas da ciência, especialmente na Universidade de Pádua. Estudos modernos desconstruíram com sucesso os relatos históricos populares de muitas dessas controvérsias, expondo a dinâmica de poder e as agendas culturais de muitos daqueles que procuram retratar a ciência e o cristianismo como engalfinhados em combates mortais.

Em uma série de estudos históricos importantes e influentes sobre ciência e religião, publicados na década de 1990 e nos anos seguintes, com foco especial no século 19, o estudioso de Oxford John Hedley Brooke afirmou que estudos sérios na história da ciência revelaram a "relação entre ciência e religião no passado como tão extraordinariamente rica e complexa, que teses gerais são difíceis de sustentar. A verdadeira lição acaba sendo a complexidade".[11] A análise de Brooke encontrou amplo apoio na comunidade acadêmica, mesmo que tenha demorado para filtrar as discussões populares. Peter Harrison assinalou mais recentemente que "o estudo das relações históricas entre ciência e religião não revela nenhum padrão simples",[12] como o mito da narrativa de "conflito", que consideraremos abaixo. No entanto, ele revela uma tendência geral: na maior parte do tempo, segundo Harrison, a religião *facilitou* a investigação científica.

Pesquisas históricas nas últimas três décadas deixaram claro que não há uma maneira "certa" ou privilegiada de entender a relação entre ciência e religião. Em vez disso, encontramos uma rica variedade de possibilidades, algumas das quais declaradas normativas por aqueles com interesses especiais no assunto. A tendência de essencializar a "ciência" e a "religião" levou muitos a negligenciar a importância do contexto histórico e cultural na formação de percepções sobre como o cristianismo e as ciências naturais devem – ou podem – se relacionar.

A seguir, veremos como o estudo da história da interação entre ciência e religião nos ajuda a entender seu relacionamento atual. Para explorar a importância desse ponto, começaremos considerando as origens da crença

---

11 John Hedley Brooke, *Science and Religion: Some Historical Perspectives* [Ciência e religião: algumas perspectivas históricas]. Cambridge: Cambridge University Press, 1991, p. 6.
12 Peter Harrison, 'Introdução,' em *The Cambridge Companion to Science and Religion* [publicado no Brasil como Ciência e Religião], editado por Peter Harrison. Cambridge: Cambridge University Press, 2010, pp. 1–18.

COMEÇANDO: ALGUNS MARCOS HISTÓRICOS

popular generalizada de que ciência e religião estão permanentemente em desacordo – o chamado modelo do "conflito" da interação entre ciência e religião. Isso ainda está profundamente enraizado no pensamento popular.

Inventando a "guerra" entre ciência e religião

A relação entre ciência e religião sempre foi complexa. Não há uma "narrativa principal" que descreva o relacionamento entre elas – como a narrativa notoriamente imprecisa do "conflito", mencionada acima, o qual postula que ciência e religião sempre estiveram envolvidas em uma luta de morte. É bem sabido que a revolução científica testemunhou tanto tensão quanto colaboração entre pontos de vista religiosos tradicionais e teorias científicas inovadoras.

Para ilustrar esse quadro complexo, consideremos a doutrina cristã da criação, que moldou o mundo intelectual da Europa Moderna e encorajou as pessoas a pensar em um universo regular e ordenado que refletisse a sabedoria de seu criador. O estudo intenso da ordem criada foi visto por muitos como um meio de obter uma apreciação maior da "mente de Deus". Havia, portanto, uma motivação religiosa positiva para a realização de pesquisas científicas. Porém, essa mesma doutrina tradicional da criação gerou tensões, especialmente quando a narrativa de Charles Darwin sobre as origens humanas começou a ganhar ascendência no final do século 19. A teoria de Darwin parecia questionar a validade de uma leitura literal dos capítulos iniciais do livro de Gênesis. Surgiram então tensões, que permanecem até hoje.

É importante compreender também que ciência é, quase por definição, uma atividade subversiva, desafiando todos os tipos de interesses estabelecidos e grupos de poder. O físico Freeman Dyson escreveu um importante ensaio intitulado "O cientista como rebelde", no qual destacou que muitos cientistas se viram envolvidos em uma "rebelião contra as restrições impostas pela cultura predominante local".

Isso pode ser facilmente ilustrado a partir da história da interação entre ciência e cultura. Para o matemático e astrônomo árabe Omar Khayyam (1048-1122), a ciência era uma rebelião contra as restrições intelectuais do Islã; para os cientistas japoneses do século 19, a ciência era uma rebelião contra o feudalismo persistente de sua cultura; para os grandes físicos indianos do século 20, sua disciplina era uma poderosa força intelectual dirigida contra a ética fatalista do hinduísmo (sem mencionar o imperialismo britânico, que era então dominante na região). Na Europa Ocidental, o avanço científico inevitavelmente envolvia confronto com a cultura da época – incluindo seus elementos políticos, sociais e religiosos. Como o Ocidente foi dominado pelo cristianismo, não surpreende que a tensão entre a ciência e a cultura ocidental tenha sido vista como um confronto entre a ciência e o cristianismo. De fato, a verdadeira tensão está entre inovação científica e tradicionalismo cultural.

Entretanto, apesar dessa clara ausência de qualquer metanarrativa normativa da relação entre religião e ciência, uma "estória" ganhou ascendência e, apesar de sua óbvia subdeterminação evidencial, continua a moldar as narrativas da mídia e as atitudes culturais – refiro-me ao modelo do "conflito". De acordo com o historiador da ciência Thomas Dixon,[13] o mito do "conflito" entre ciência e religião foi um mito interesseiro, inventado pelos racionalistas do Iluminismo no final dos anos de 1700, propagado pelos pensadores vitorianos no final dos anos de 1800, e hoje defendido por ateus "científicos" e por muitas vozes influentes que competem por autoridade na cultura popular ocidental. A ideia de que a história da relação entre ciência e religião é, em primeiro lugar, simples e, em segundo, marcada por um conflito perpétuo e necessário de ideias e métodos, foi amplamente refutada por historiadores da ciência, como Colin Russell:

> A crença comum de que [...] as relações reais entre religião e ciência ao longo dos últimos séculos foram marcadas por hostilidade profunda e duradoura [...] não é apenas historicamente imprecisa, mas na verdade uma caricatura tão grotesca que o que precisa ser explicado é como ela pôde ter alcançado algum grau de respeitabilidade.[14]

A pesquisa histórica mostrou tanto a falta de confiabilidade factual desse mito quanto os fatores sociais que o levaram a emergir e ganhar força

---

13 Thomas Dixon, *Science and Religion: A Very Short Introduction* [Ciência e Religião: Uma muito breve introdução]. Oxford: Oxford University Press, 2008, p. 9.
14 Colin A. Russell, 'The Conflict Metaphor and its Social Origins' [A metáfora do conflito e suas origens sociais]. *Science and Christian Belief*, 1 (1989): 3–26.

COMEÇANDO: ALGUNS MARCOS HISTÓRICOS 47

cultural. No século 18, uma sinergia notável se desenvolveu entre a religião e as ciências na Inglaterra. A "mecânica celeste" de Newton foi amplamente considerada como consistente com a – se não uma confirmação da – visão cristã de Deus como criador de um universo harmonioso. Muitos membros da *Royal Society* [Sociedade Real] de Londres – fundada para promover o entendimento e a pesquisa científicos – eram fortemente religiosos em suas perspectivas, e viam seus compromissos religiosos como enfatizando seu comprometimento com o avanço científico. A Associação Britânica para o Avanço da Ciência, fundada em 1831, foi igualmente positiva em suas atitudes em relação à religião, embora estivesse convencida da importância da liberdade de investigação e expressão científica. Durante o período de 1831 a 1865, nada menos que 41 clérigos da Igreja da Inglaterra haviam presidido as várias sessões da Associação Britânica. (Observe, no entanto, que entre 1866 e 1900 esse número caiu para três quando um novo profissionalismo emergiu na comunidade científica.)

Contudo, tudo isso mudou nas últimas décadas do século 19. O tom geral do encontro do final do século 19 entre a religião (especialmente o cristianismo) e as ciências naturais foi definido por duas obras americanas – *History of the Conflict between Religion and Science* [História do conflito entre religião e ciência] (1874), de John William Draper, e *Warfare of Science with Theology in Christendom* [*Guerra entre a ciência e a teologia na cristandade*] (1896), de Andrew Dickson White. Essas duas obras tiveram um papel importante na gestação das "guerras culturais" entre ciência e religião, que se tornaram uma característica tão distinta da cultura americana. É importante notar que ambas as obras apareceram após a publicação de *Origem das Espécies* de Charles Darwin, em 1859. O mito da "guerra" se originou algum tempo após a publicação do trabalho de Darwin, e não foi – como às vezes é sugerido – uma resposta direta a ele.

Como uma geração de historiadores já apontou, a noção de um conflito endêmico entre ciência e religião, tão agressivamente defendido por White e Draper, é ela própria socialmente determinada e criada nas amplas sombras de hostilidade em relação a clérigos e instituições da igreja. A interação entre ciência e religião foi influenciada mais por circunstâncias sociais do que por ideias específicas. O próprio período vitoriano tardio deu origem às pressões e tensões sociais que engendraram o mito do conflito permanente entre ciência e religião.

Uma mudança social significativa pode ser percebida por trás do surgimento desse modelo de "conflito". De uma perspectiva sociológica, o conhecimento científico era defendido por grupos sociais particulares com o intuito de promover seus próprios objetivos e interesses específicos. Havia uma crescente concorrência entre dois grupos na sociedade inglesa no século 19: o clero e os profissionais científicos. O clero era amplamente considerado uma elite no início do século 19, sendo o "pároco científico" um estereótipo social bem-estabelecido. Com o aparecimento do cientista profissional, no entanto, começou uma disputa pela supremacia, para determinar quem ganharia a ascendência cultural dentro da cultura britânica na segunda metade do século 19. O modelo de "conflito" tem suas origens nas condições específicas da Era Vitoriana: um grupo intelectual profissional emergente procurava remover o grupo que até então ocupava o lugar de honra.

O modelo de "conflito" entre ciência e religião ganhou destaque no momento em que cientistas profissionais desejavam se distanciar de seus colegas amadores e quando os padrões de mudança na cultura acadêmica exigiam demonstrar sua independência da igreja e de outros bastiões do *establishment*. A liberdade acadêmica exigia uma ruptura com a igreja; bastou então um pequeno passo para descrever a igreja como oponente do aprendizado e do avanço científico no final do século 19, e as ciências naturais como seus defensores mais fortes. Isso naturalmente levou a que incidentes anteriores – como o debate sobre Galileu – fossem lidos e interpretados à luz desse paradigma controlador da guerra entre ciência e religião.

A ideia de que ciência e religião estão em conflito permanente reflete claramente as agendas e preocupações de um período específico. No entanto, esse momento já passou, e sua agenda pode ser deixada de lado, permitindo uma avaliação mais informada e imparcial das coisas. O estudo da história nos permite explicar as origens desse entendimento profundamente problemático da relação entre ciência e religião e avaliar sua confiabilidade. Acima de tudo, nos permite ir além e construir abordagens mais informadas e positivas da interação desses dois distintos domínios do pensamento.

A "falácia essencialista" sobre ciência e religião

Alguns escritores consideram que a relação entre ciência e cristianismo – ou qualquer outra religião – é definida permanentemente, pelo menos em seus aspectos fundamentais, pela natureza essencial das duas disciplinas. Em outras palavras, ciência e religião são "reificadas" – ou seja, afirmadas como tendo alguma identidade essencial, em vez de serem moldadas por práticas. Argumenta-se que, uma vez compreendida a natureza essencial das duas disciplinas, seu relacionamento mútuo pode ser inferido logicamente. No entanto, isso ignora o fato óbvio de que ambos os termos "ciência" e "religião" têm um histórico de mudanças em seu uso. Ambos os termos têm uma fluidez conceitual que torna impróprio tentar defini-los rigidamente. Peter Harrison propôs de forma persuasiva que essa reificação da ciência e da religião é um desenvolvimento relativamente recente, e defendeu sua desconstrução. Para Harrison,[15] uma leitura histórica com mais nuanças é a chave para nos ajudar a "reconfigurar o relacionamento entre as entidades que agora chamamos de 'ciência' e 'religião'", reconhecendo que uma análise linguística nos ajuda a perceber que sua natureza problemática surge da linguagem em que são moldadas.

Visões essencialistas ou reificadas da ciência e da religião são encontradas principalmente em autores hostis à religião, como o estridente geneticista de Chicago, Jerry Coyne:

> A religião e a ciência estão envolvidas em certo tipo de guerra, uma guerra de entendimento, uma guerra sobre se deveríamos ter boas razões para o que aceitamos como verdadeiro. [...] Eu vejo isso como apenas uma batalha em uma guerra mais ampla – uma guerra entre racionalidade e superstição. Religião é apenas um certo tipo de superstição (outras incluem crenças em astrologia, fenômenos paranormais, homeopatia e cura espiritual), mas ela é a forma mais difundida e prejudicial de superstição.[16]

---

15 Peter Harrison, *Os Territórios da Ciência e da Religião*. Viçosa, MG: Ultimato, 2017.
16 Jerry A. Coyne, *Faith vs. Fact: Why Science and Religion are Incompatible* [Fé versus Fato: por que ciência e religião são incompatíveis]. New York: Viking, 2015, p. xii.

No entanto, a falácia essencialista não se limita àqueles que defendem o modelo de "guerra", sendo também encontrada nos escritos daqueles que argumentam que ciência e religião são essencialmente colaborativas.

Subjacente a esses relatos "essencialistas" da interação entre ciência e religião está o pressuposto de que cada um desses termos designa algo fixo, permanente e essencial. Isso significa que o relacionamento mútuo é determinado por algo essencial para cada uma das disciplinas, não sendo afetado pelas contingências da história da cultura. Porém, essa tendência de atribuir qualidades definidoras fixas e imutáveis à ciência e à religião foi contestada com sucesso por uma série de estudos históricos rigorosos. Eles têm demonstrado a diversidade, inconsistência ocasional e evidente complexidade de entendimentos no relacionamento mútuo entre ciência e religião desde cerca de 1500. Nenhuma descrição única ou "metanarrativa" pode ser oferecida para esse relacionamento, precisamente porque a variedade de relacionamentos que existiu reflete fatores sociais, políticos, econômicos e culturais predominantes.

Existem três dificuldades principais com essa abordagem "essencialista", todas mostradas por estudos históricos.

1. Trata "ciência" e "religião" como entidades essencialmente fixas e imutáveis, cuja relação é definida permanentemente pelas temáticas próprias de cada uma.

2. Pressupõe que esse relacionamento possa ser definido universalmente em termos das imagens de retórica de "guerra", que se tornaram populares durante o século 19, por razões que exploramos anteriormente. Isso é então usado como uma metanarrativa controladora, um prisma através do qual todos os engajamentos intelectuais relacionados ao longo da história devem ser vistos como permanentemente antagônicos.

3. Não faz distinção entre a instituição da igreja cristã e as ideias da teologia cristã, especialmente durante o final da Idade Média, e não reconhece que as decisões políticas da primeira se baseiam em considerações que pouco têm a ver com a segunda. Criticar as ideias principais da teologia cristã com base nas ações de certas figuras eclesiásticas medievais tardias é assumir uma conexão simples, direta e linear entre essas entidades, que raramente existiam na prática.

COMEÇANDO: ALGUNS MARCOS HISTÓRICOS

Dissipando mitos sobre ciência e religião

Certos estereótipos sobre ciência e religião continuam prevalecendo na cultura ocidental, frequentemente se baseando em mal-entendidos ou interpretações errôneas da história. O estudo da história ajuda a limpar o ar para o diálogo entre ciência e religião, neutralizando as percepções puramente negativas dessa relação, que muitas vezes são perpetuadas pela mídia. Um exemplo óbvio é a controvérsia em torno das visões de Galileu Galilei sobre o sistema solar. O caso Galileu é frequentemente retratado como mais uma ilustração da guerra perene entre ciência e religião. No entanto, as coisas eram muito mais complicadas.

Galileu e suas teorias heliocêntricas foram inicialmente bem-recebidas dentro dos círculos papais. Concorda-se geralmente que a reputação positiva que Galileu teve dentre os círculos eclesiásticos até uma data surpreendentemente tardia estava ligada ao seu relacionamento próximo com o favorito papal, Giovanni Ciampoli. Quando Ciampoli caiu da graça na primavera de 1632, Galileu encontrou-se em posição seriamente enfraquecida, talvez a ponto de ser fatalmente comprometido. Sem a proteção de Ciampoli, Galileu se tornou vulnerável àqueles que desejavam desacreditá-lo. Infelizmente, Galileu e suas teorias se entrelaçaram com a política papal e com os conflitos eclesiásticos mais amplos de sua época.

Um segundo exemplo de um relato estereotipado da relação entre ciência e religião, que pode ser desmontado por estudos históricos sérios, diz respeito ao famoso encontro da Associação Britânica em Oxford, em 30 de junho de 1860. O mito de que ciência e religião estão permanentemente em guerra é justificado através de um apelo a essa reunião da Associação Britânica, que colocou Samuel Wilberforce, bispo de Oxford, contra Thomas H. Huxley na questão da teoria da evolução de Darwin. Uma geração depois, esse debate foi elevado ao status icônico como exemplo clássico da "guerra da ciência e da religião". Entretanto, na última geração, os historiadores ofereceram um relato muito mais informado e equilibrado do encontro, que agora é visto sob uma luz muito diferente.

A imagem popular da derrota incontestável imposta por Huxley a um oponente religioso reacionário da evolução agora é geralmente vista como um mito criado pelos oponentes da religião organizada na década de 1890. Relatos revisionistas recentes da reunião põem em discussão narrativas exageradas e imprecisas de seu significado e oferecem uma reconstrução informada do debate, que explica melhor as evidências históricas à nossa disposição.

A Associação Britânica para o Avanço da Ciência estava programada para se reunir em Oxford em 1860. Como a *Origem das Espécies* de Charles Darwin havia sido publicada no ano anterior, era natural que esse assunto fosse discutido na reunião de 1860. O próprio Darwin não estava bem e não pôde comparecer à reunião. Huxley – então jovem – foi convidado em seu lugar. Samuel Wilberforce, bispo de Oxford, também foi convidado para falar. Ele havia sido vice-presidente da Associação Britânica no passado e era conhecido por estar familiarizado com as ideias e os escritos de Darwin. Embora fosse bispo de Oxford na época, ele não estava presente nessa reunião como representante da Igreja da Inglaterra.

Em seu discurso, Wilberforce expôs os principais temas do trabalho de Darwin, enfatizando que a discussão da Associação Britânica era sobre ciência, não religião. Em sua extensa revisão da *Origem das Espécies* de Darwin, publicada na *The Quarterly Review* no mesmo mês da reunião da Associação Britânica, Wilberforce deixou claro que não tinha "simpatia por aqueles que se opõem a quaisquer fatos ou supostos fatos da natureza ou qualquer inferência logicamente deduzida deles, porque eles acreditam que contradizem o que lhes parece ser ensinado por revelação".[17]

De acordo com uma lenda popular, que é reproduzida regular e acriticamente em muitas biografias mais antigas de Darwin, Wilberforce tentou ridicularizar a teoria da evolução sugerindo que ela implicava que os seres humanos haviam descendido recentemente de macacos. Huxley, ele teria perguntado, preferiria pensar sobre si como descendente de um macaco pelo lado de seu avô ou de sua avó? Ele teria sido devidamente repreendido por Huxley, que virara a mesa, mostrando-o como um clérigo ignorante e arrogante. Até a BBC perpetuou esse mito na década de 1970, representando um "jovem, bonito e heroico Huxley" triunfando sobre o mal-humorado vilão Wilberforce.

---

17 Esse comentário foi tirado da crítica de Wilberforce a *Origem das Espécies*, publicada no *The Quarterly Review*, 108 (*Julho* 1860): 225–264.

COMEÇANDO: ALGUNS MARCOS HISTÓRICOS 53

Essa demonização de Wilberforce repousa, em grande parte, na memória autobiográfica da senhora Isabella Sidgewick, publicada na *Macmillan's Magazine* em 1898. Esse relato idiossincrático é inconsistente com a maioria dos relatos publicados ou em circulação mais perto da época da reunião, quase quarenta anos antes, levantando algumas questões embaraçosas sobre a confiabilidade da memória da sra. Sidgewick. Uma resenha, publicada logo após o evento no *Athenaeum*, expressou o consenso de 1860 sobre Wilberforce e Huxley, que declarava: "cada um considerou os soldados adversários dignos de seu combate, e fizeram suas acusações e contra-acusações muito para sua própria satisfação e deleite de seus respectivos amigos".

O fato de Wilberforce ser bispo de Oxford claramente levou muitos a concluir que a religião estava na vanguarda do debate e que Wilberforce se opunha a Darwin por motivos religiosos. A evidência não apoia essa interpretação dos eventos. O debate foi principalmente sobre os méritos científicos da teoria de Darwin, e Wilberforce – que, deve-se enfatizar, estava presente na condição de ex-vice-presidente da Associação Britânica, e não de bispo da Igreja da Inglaterra – estava claramente bem-informado sobre o assunto. O próprio Darwin observou, depois de ler a resenha de Wilberforce sobre seu trabalho, que a resenha era "incomumente inteligente; ela destaca com habilidade todas as partes mais conjecturais e apresenta bem todas as dificuldades. Ela me questiona de maneira esplêndida".[18]

De fato, Wilberforce levantou várias preocupações científicas razoáveis sobre a teoria da seleção natural de Darwin em sua resenha. Wilberforce observou que, para começar, o registro fóssil não parecia testemunhar a existência passada de formas de transição. Outra preocupação mais significativa era relacionada à analogia de Darwin entre a criação seletiva de espécies domesticadas e o processo hipotético de "seleção natural". Certamente, era verdade, observou Wilberforce, que os criadores domésticos podiam controlar o processo de criação para produzir pombos com novas características. No entanto, as evidências sugeriam que, se esses pombos

---

18 Charles Darwin to Joseph Hooker, 20(?) July 1860; Francis Darwin, ed. *The Life and Letters of Charles Darwin* [A vida e as cartas de Charles Darwing] (3 vols). London: John Murray, 1887, vol. 2, p. 234.

fossem liberados na natureza, sua descendência logo retornaria ao tipo original. Suas novas características não eram estáveis ou sustentáveis ao longo do tempo (uma preocupação semelhante, deve-se notar, foi levantada pelo geólogo escocês Charles Lyell ao avaliar uma teoria da evolução anterior, de Jean-Baptiste Lamarck).

Fica bastante claro, na cuidadosa e perspicaz resenha publicada por Wilberforce sobre a *Origem das Espécies* de Darwin, que questões religiosas não apareciam com destaque em sua reflexão; a questão era o caso científico da evolução, não suas implicações ou complicações religiosas. Entretanto, isso não quer dizer que ele não tivesse preocupações religiosas com as ideias de Darwin. Muitas pessoas tinham dificuldades com a noção de continuidade que a teoria de Darwin parecia implicar entre os seres humanos e seus ancestrais animais – algo que foi sugerido na *Origem das Espécies*, mas que não foi declarado de forma mais explícita até sua obra *The Descent of Man* [A descendência do homem] (1871). No entanto, essas preocupações não equivalem a uma rejeição acrítica da teoria. Em vez disso, representam um reconhecimento de que havia outras questões que precisavam ser exploradas em relação à nova teoria de Darwin – algumas científicas, outras religiosas e outras éticas.

O historiador de Yale, Frank Turner, fez a importante observação de que o "conflito" vitoriano entre ciência e religião é melhor visto como um epifenômeno, em vez de um fenômeno em si. Surgiu de uma transformação social significativa no status, na organização e na prática das ciências naturais. No início do século 19, o clero inglês estava na vanguarda do estudo da história natural e das ciências da vida. No entanto sua abordagem essencialmente amadora estava sendo ultrapassada por novos padrões de profissionalismo. Aos olhos dessa crescente geração de cientistas profissionais, os cientistas clericais de Oxbridge [expressão que designa Oxford e Cambridge em conjunto] representavam o passado. O debate entre Wilberforce e Huxley não foi, como é frequentemente sugerido em descrições populares, um debate entre ateísmo e religião. Foi realmente um debate entre dois indivíduos que representavam visões bastante diferentes do lugar da ciência – um antigo amadorismo por parte do clero interessado e um novo profissionalismo localizado fora da Igreja da Inglaterra.

COMEÇANDO: ALGUNS MARCOS HISTÓRICOS

A importância da interpretação bíblica

Finalmente, podemos observar uma questão que se repete ao longo da história da interação entre ciência e religião: a importância da interpretação bíblica. Peter Harrison recentemente destacou a importância da Bíblia como catalisador para a revolução científica do século 17 no protestantismo, observando como as novas leituras da Bíblia que surgiram da Reforma Protestante desempenharam um papel fundamental na promoção do surgimento das ciências naturais.

> A Bíblia – seu conteúdo, as controvérsias que gerou, seu papel cambiante enquanto autoridade e, mais importante, a nova maneira pela qual foi lida pelos protestantes – desempenhou um papel central no surgimento das ciências naturais no século 17.[19]

Harrison observa como certas passagens da Bíblia (como as narrativas sobre a criação em Gênesis) passaram a ser lidas de uma maneira que sancionava e motivava a investigação científica.

O estudo de como os cristãos interpretaram a Bíblia nos últimos 2 mil anos mostra que uma diversidade de esquemas e convenções interpretativas foram empregadas e que variaram ao longo do tempo. A percepção de um conflito entre ciência e religião muitas vezes surgia quando avanços científicos eram vistos como conflitantes com os modos predominantes de interpretação bíblica – que muitas vezes precisavam ser questionados ou corrigidos. Dois exemplos ajudarão a destacar a importância desse ponto.

O debate copernicano centrou-se na questão de a Terra girar em torno do Sol (o modelo "heliocêntrico") ou o Sol em torno da Terra (o modelo "geocêntrico"). Uma ou duas passagens na Bíblia cristã pareciam apontar para a Terra estacionária e o Sol girando – por exemplo, referências ao Sol parado (Josué 10:13) ou aos fundamentos da Terra como "imóveis" (Salmos 93:1). Uma leitura de "senso comum" ou "literal" desses textos apontava para uma visão geocêntrica do sistema solar. Mas era isso o que realmente era pretendido pelos textos? Ou essa era simplesmente uma maneira convencional de falar, que não pretendia ter implicações metafísicas?

---

19 Peter Harrison, *The Bible, Protestantism and the Rise of Natural Science* [A Bíblia, protestantismo, e o surgimento da ciência natural]. Cambridge: Cambridge University Press, 1998, pp. 4–5.

Da mesma forma, a controvérsia darwiniana levantou algumas questões importantes sobre como os relatos da criação de Gênesis deveriam ser entendidos. Eram relatos literais das origens do universo e da humanidade, que ensinavam que o universo se originou cerca de 6 mil anos atrás? Ou eles deveriam ser interpretados em termos de uma visão mais ampla da criação? Nesse caso, o darwinismo se viu confrontado com abordagens muito literais à interpretação das narrativas da criação em Gênesis. Elas se desenvolveram no protestantismo de língua inglesa desde o início do século 18 e foram aceitas como formas normativas ou naturais de ler esses textos. O darwinismo colocou isso em questão.

Entretanto, não se deve supor que o avanço da ciência desafie constantemente a interpretação bíblica tradicional, como às vezes é sugerido. As visões cristãs tradicionais da criação, por exemplo, falam do cosmos surgindo do nada. No entanto, a tradição científica ocidental, de Aristóteles até a década de 1940, tendia a tratar o universo como algo permanente ou eterno. A ideia de que ele tinha um começo cronológico era vista como absurda. A ascensão do que agora é conhecido como o "modelo cosmológico padrão", nos últimos cinquenta anos, se baseia na noção de que o universo não é eterno, mas que surgiu em um instante definido. Aqui temos uma situação em que uma interpretação cristã tradicional da Bíblia está em ressonância com a cosmologia moderna.

Passaremos agora a considerar quatro marcos históricos na complexa relação entre ciência e religião. Após uma breve consideração do surgimento de um contexto intelectual favorável às ciências naturais na Europa Ocidental durante a Idade Média, examinaremos em detalhes os desenvolvimentos astronômicos dos séculos 16 e 17, associados a Copérnico e Galileu; a ascensão da cosmovisão newtoniana durante o século 18; e a teoria da seleção natural de Charles Darwin durante o século 19. Cada um desses marcos é regularmente citado em discussões sobre ciência e religião.

A EMERGÊNCIA DA SÍNTESE MEDIEVAL

É frequentemente sugerido que a revolução científica que surgiu nos séculos 16 e 17 deve pouco de positivo à Idade Média, se é que deve algu-

COMEÇANDO: ALGUNS MARCOS HISTÓRICOS

ma coisa. Essa visão, amplamente encontrada em estudos mais antigos de história da ciência, foi recentemente criticada por especialistas em história intelectual medieval, como o historiador da ciência medieval americano Edward Grant. Os estudos apontaram que as origens da revolução científica podem, na realidade, ser rastreadas até a Idade Média. Para Grant, o período medieval criou um contexto intelectual no qual as ciências naturais poderiam se desenvolver como disciplinas intelectuais sérias e forneceu também ideias e métodos que provariam ser de grande importância para esse desenvolvimento.

Três desenvolvimentos principais, que podem ser considerados como estabelecendo um contexto no qual as ciências naturais poderiam surgir durante a Idade Média, devem ser destacados. Primeiro, a Idade Média testemunhou a tradução para o latim – a língua comum da comunidade acadêmica da Europa Ocidental – de uma série de textos científicos que tiveram suas origens na tradição greco-árabe. Comentadores árabes do texto de Aristóteles, bem como os próprios textos aristotélicos originais, tornaram-se disponíveis para os pensadores ocidentais. A redescoberta de Aristóteles teve um grande impacto na teologia e na filosofia medievais, com escritores como Tomás de Aquino julgando-o um grande estímulo à reflexão filosófica e teológica. Esses textos – de maneira alguma limitados aos escritos de Aristóteles – também provaram ser um grande estímulo na luta para resolver as questões das ciências naturais. Embora seja possível argumentar que as ciências naturais poderiam ter se desenvolvido sem esses textos, esse desenvolvimento teria ocorrido inquestionavelmente mais tarde do que ocorreu.

Aristóteles, entretanto, nem sempre teve uma influência positiva no desenvolvimento das ciências naturais. De acordo com Aristóteles, o universo sempre existiu, de modo que não fazia sentido usar a linguagem religiosa sobre a criação. Galileu se viu tendo que refutar algumas ideias aristotélicas, que eram particularmente influentes na Universidade de Pádua. Por exemplo, Aristóteles sustentava que a Lua, como um corpo celeste, era perfeitamente lisa e esférica, enquanto as observações telescópicas de Galileu sugeriam que a Lua tinha uma superfície áspera, coberta de montanhas e crateras. Os dogmas científicos de Aristóteles já haviam sido questionados pelo surgimento de uma "nova estrela" – agora conhecida por ter sido uma supernova – na constelação de Cassiopeia em 1572. Esse evento – muitas vezes referido como "Supernova de Tycho", por conta das observações detalhadas de Tycho Brahe sobre sua posição e magnitude variável – foi reconhecido como inconsistente com o dogma de Aristóteles sobre a imutabilidade dos céus.

Segundo, a Idade Média viu a fundação das grandes universidades da Europa Ocidental, que provariam ser de importância central no desenvolvimento das ciências naturais. Cursos de lógica, filosofia natural, geometria, música, aritmética e astronomia eram prescritos para todos aqueles que desejassem obter qualquer qualificação de uma universidade medieval típica. A introdução da filosofia natural no currículo da universidade medieval garantia que um número significativo de questões científicas fosse abordado como parte rotineira do ensino superior. Uma universidade medieval típica teria quatro faculdades: a faculdade de artes liberais e as três "faculdades superiores" de medicina, direito e teologia. A faculdade de artes liberais era vista como a que lançava a fundação para estudos mais avançados, e é importante observar quanta "filosofia natural" era incluída nesse curso fundacional.

Terceiro, surgiu uma classe de "teólogos/filósofos naturais", geralmente dentro de um contexto universitário, convencidos de que o estudo do mundo natural era teologicamente legítimo. Embora Aristóteles fosse amplamente considerado um filósofo pagão (e, portanto, de valor limitado para os cristãos), ele era visto, contudo, como um recurso para permitir uma maior compreensão do mundo natural e, portanto, para aprender mais sobre Deus, que havia criado esse mundo. Muitos dos maiores nomes do mundo da ciência natural medieval – como Robert Grosseteste, Nicolas Oresme e Henry de Langenstein – eram todos teólogos ativos que não viam uma contradição entre sua fé e a investigação da ordem natural. Essa ênfase crescente na "filosofia natural" provou ser de grande importância para o surgimento das ciências naturais na Europa Ocidental.

Passamos agora a considerar quatro episódios históricos significativos e determinantes, que são amplamente citados nas discussões de ciência e religião, e geralmente modelam o contexto em que esse relacionamento é discutido. Começamos com as discussões astronômicas dos séculos 16 e 17, centradas em Copérnico e Galileu.

COPÉRNICO, GALILEU E O SISTEMA SOLAR

O grande psicanalista austríaco Sigmund Freud sugeriu certa vez que a humanidade havia sofrido com três "feridas narcísicas" na Era Moderna; cada uma danificou algum sentido humano de importância pessoal. A primeira ferida, argumentou Freud, foi infligida pela revolução copernicana ao mostrar que os seres humanos não estavam localizados no centro do universo. A segunda foi a demonstração darwiniana de que a humanidade nem sequer tinha um lugar único no planeta Terra. A terceira, sugeriu Freud de maneira um tanto imodesta, foi sua própria demonstração de que a humanidade não era nem o mestre de sua própria esfera limitada, sendo prisioneira das forças ocultas do inconsciente humano. Segundo Freud, cada uma dessas revoluções aumentou a dor e os ferimentos infligidos pela sua precedente, forçando uma reavaliação radical do lugar e do significado da humanidade. Consideraremos a importância religiosa das visões de Freud mais adiante neste livro. No entanto, é altamente apropriado abrir esta narrativa abordando a primeira dessas "feridas": a revolução copernicana.

Toda época é caracterizada por um grupo de crenças estabelecidas que sustentam sua visão de mundo. A Idade Média não é exceção. Um dos elementos mais importantes na cosmovisão medieval era a crença de que o Sol e outros corpos celestes – como a Lua e os planetas – giravam em torno da Terra. Essa visão "geocêntrica" do universo foi tratada como evidentemente verdadeira. A Bíblia foi interpretada à luz dessa crença, com suposições geocêntricas sendo trazidas – e às vezes até impostas – à interpretação de várias passagens. A maioria das línguas vivas ainda testemunha essa visão de mundo geocêntrica. Por exemplo, mesmo no português moderno, é perfeitamente aceitável afirmar que "o Sol nasceu às 6:33 da manhã", apesar do fato de que isso reflete a crença científica descartada de que o Sol gira em torno da Terra. Como a verdade ou falsidade do modelo geocêntrico do sistema solar fazia pouca diferença na vida cotidiana, havia pouco interesse popular em questioná-lo.

O modelo do universo mais amplamente aceito no início da Idade Média foi criado por Claudius Ptolomeu, um astrônomo que trabalhou na cidade egípcia de Alexandria durante a primeira metade do século 2 d.C.

Em seu *Almagesto*, Ptolomeu reuniu ideias existentes sobre os movimentos da Lua e dos planetas e argumentou que elas poderiam ser entendidas com base nas seguintes suposições:

1 A Terra está no centro do universo.
2 Todos os corpos celestes giram em rotas circulares ao redor da Terra;
3 Essas rotações assumem a forma de movimento circular, cujo centro, por sua vez, se move em outro círculo. Essa ideia central, que originalmente era devida a Hiparco, é baseada na ideia de *epiciclos* – isto é, um movimento circular superposto a outro movimento circular.

A observação cada vez mais detalhada e precisa do movimento dos planetas e estrelas fez com que alguns tivessem dúvidas sobre a confiabilidade dessa teoria. Inicialmente, as discrepâncias poderiam ser acomodadas acrescentando epiciclos adicionais. No final do século 15 o modelo era tão complexo e desajeitado, que estava próximo do colapso. Mas o que poderia substituí-lo?

Durante o século 16, o modelo geocêntrico do sistema solar foi abandonado em favor de um modelo heliocêntrico, que representava o Sol no centro, tendo a Terra como um dos vários planetas que orbitam em torno dele. Embora essa mudança de pensamento seja geralmente descrita como "a revolução copernicana", é normalmente aceito que três indivíduos foram de grande importância para promover a aceitação dessa mudança no norte protestante da Europa: Nicolau Copérnico, Tycho Brahe e Johann Kepler.

A publicação do tratado de Nicolau Copérnico, *On the Revolutions of the Heavenly Bodies* [Das revoluções dos corpos celestes], em maio de 1543, causou um leve impacto, embora a aceitação final do modelo tivesse que esperar pelo trabalho detalhado de Kepler nas duas primeiras décadas do século 17. Copérnico argumentava que os planetas se moviam em círculos concêntricos em velocidades uniformes ao redor do Sol. A Terra, além de girar em torno do Sol, também girava em seu próprio eixo. O movimento aparente das estrelas e dos planetas devia-se, portanto, a uma combinação da rotação da Terra em seu próprio eixo e à sua translação ao redor do Sol. O modelo tinha simplicidade e elegância que o favoreciam quando

COMEÇANDO: ALGUNS MARCOS HISTÓRICOS

comparado ao modelo ptolomaico, cada vez mais desajeitado. Contudo, não se ajustava aos dados observacionais conhecidos. Algo estava errado com a teoria. No final, verificou-se que o problema não estava na ideia de Copérnico de que os planetas giravam ao redor do Sol. Seu erro foi assumir que eles giravam em torno do Sol em órbitas circulares em velocidade constante.

O pesquisador dinamarquês Tycho Brahe (1546-1601), que tinha como base um observatório em uma ilha perto de Copenhague, realizou uma série de observações precisas sobre os movimentos planetários no período de 1576 a 1592. Essas observações formariam a base do modelo modificado de Johann Kepler para o sistema solar (veja abaixo). Kepler atuou como assistente de Tycho quando este foi forçado a se mudar para a Boêmia após a morte de Frederico II da Dinamarca.

O astrônomo alemão Johann Kepler (1571-1630) concentrou sua atenção na observação do movimento do planeta Marte. O modelo copernicano supunha que os planetas orbitam em círculos ao redor do Sol, mas era incapaz de explicar o movimento observado desse planeta. Em 1609, Kepler conseguiu anunciar ter descoberto duas leis gerais que governavam o movimento de Marte. Primeiro, Marte girava em órbita elíptica, com o Sol em um de seus dois focos. Segundo, a linha que une Marte ao Sol cobre áreas iguais em períodos iguais de tempo. Em 1619, ele estendeu essas duas leis aos planetas restantes e descobriu uma terceira lei: o quadrado do tempo periódico de um planeta (ou seja, o tempo gasto pelo planeta para completar uma órbita ao redor do Sol) é diretamente proporcional ao cubo de sua distância média do Sol.

O modelo de Kepler representou uma modificação significativa das ideias de Copérnico. O novo modelo radical de Copérnico não foi capaz de explicar satisfatoriamente os dados observacionais, apesar de sua elegância e simplicidade conceitual, devido à sua hipótese falha de que as órbitas eram necessariamente circulares e que os planetas se moviam a uma velocidade constante. Curiosamente, essa hipótese parece ter derivado da geometria euclidiana clássica. Copérnico nunca realmente se libertou por completo das formas gregas clássicas de pensar. Círculos eram figuras geométricas perfeitas, enquanto elipses eram distorcidas. Por que a natureza deveria fazer uso de uma geometria deformada?

Conforme observamos, o modelo mais antigo (muitas vezes referido como teoria "geocêntrica") era amplamente aceito pelos teólogos da Idade Média, que tinham se familiarizado tanto com a leitura do texto da Bíblia através de óculos geocêntricos, que tiveram alguma dificuldade em lidar com a nova abordagem. As primeiras defesas publicadas da teoria copernicana (como *Treatise on Holy Scripture and the Motion of the Earth* [Tratado sobre as Sagradas Escrituras e o movimento da Terra], de G. J. Rheticus, que é amplamente considerado como o trabalho mais antigo conhecido a lidar explicitamente com a relação entre a Bíblia e a teoria copernicana), tiveram que enfrentar dois problemas.

Primeiro, tiveram que apresentar evidências observacionais que levassem à conclusão de que a Terra e outros planetas giravam em torno do Sol. Segundo, tiveram que demonstrar que esse ponto de vista era consistente com a Bíblia, que há muito tempo era lida como endossando uma visão geocêntrica da Terra. Como notamos acima, as evidências observacionais foram finalmente explicadas à luz da modificação de Kepler no modelo de Copérnico. Mas e os aspectos teológicos desse modelo? O que dizer do afastamento radical que ele propôs de um universo centrado na Terra?

Não há dúvida de que o surgimento da teoria heliocêntrica do sistema solar levou os teólogos a reexaminar a maneira como certas passagens bíblicas eram interpretadas. Entretanto, nesta fase, podemos distinguir dentro da tradição cristã três amplas abordagens de interpretação bíblica. Na sequência, vamos mencioná-las e considerar sua importância para o diálogo entre ciência e religião.

1. Uma abordagem *literal*, para a qual a passagem em questão deve ser tomada pelo seu valor nominal. Por exemplo, uma interpretação literal do primeiro capítulo de Gênesis argumentaria que a criação ocorreu em seis períodos de vinte e quatro horas.

2. Uma abordagem não literal ou *alegórica*, enfatizando que certas seções da Bíblia são escritas em um estilo que não é apropriado considerar absolutamente literal. Como observamos anteriormente, três sentidos não literais das Escrituras foram reconhecidos pelos teólogos durante a Idade Média. Durante o Renascimento, surgiu uma visão mais simples, que distinguia entre abordagens literais e ale-

góricas. Os capítulos iniciais de Gênesis foram cada vez mais vistos como relatos poéticos ou alegóricos da criação e não como relatos históricos literais das origens da Terra.

3. Uma abordagem baseada na ideia de *acomodação*. Essa tem sido de longe a abordagem mais importante em relação à interação da interpretação bíblica com as ciências naturais. A abordagem argumenta que a revelação ocorre de maneiras cultural e antropologicamente condicionadas, com o resultado de que precisa ser adequadamente interpretada. Essa abordagem tem uma longa tradição de uso no judaísmo e posteriormente na teologia cristã, e foi influente no período patrístico. Contudo, seu desenvolvimento maduro data do século 16. Essa abordagem argumenta que os capítulos iniciais do Gênesis usam linguagem e imagens apropriadas às condições culturais de seu público original. Não devem ser tomadas "literalmente", mas interpretadas para um leitor contemporâneo, extraindo as ideias-chave que foram expressas em formas e termos especificamente adaptados ou "acomodados" ao público original.

A terceira abordagem provou ser de especial importância durante os debates sobre a relação entre teologia e astronomia durante os séculos 16 e 17. O famoso teólogo protestante João Calvino (1509-1564) fez duas contribuições importantes e positivas para a valorização e o desenvolvimento das ciências naturais. Primeiro, encorajou positivamente o estudo científico da natureza como uma maneira de aprofundar uma apreciação pela sabedoria de Deus. Segundo, argumentou que seções da Bíblia deveriam ser interpretadas em termos de "acomodação" divina (como explicado acima). Sua primeira contribuição está especificamente ligada à sua ênfase na ordem da criação; tanto o mundo físico quanto o corpo humano testificam a sabedoria e o caráter de Deus. Calvino assim elogia o estudo da astronomia e da medicina. Elas são capazes de investigar mais profundamente o mundo natural do que a teologia e, assim, descobrir mais evidências da ordem da criação e da sabedoria de seu criador. Assim, pode-se argumentar que Calvino deu uma nova motivação religiosa à investigação científica da natureza.

A segunda grande contribuição de Calvino foi eliminar um obstáculo significativo ao desenvolvimento das ciências naturais – o literalismo bíblico. Calvino ressalta que a Bíblia se preocupa principalmente com o conhecimento de Jesus Cristo. Não é um livro de astronomia, geografia ou biologia. E, quando a Bíblia é interpretada, deve-se ter em mente que Deus "se ajusta" às capacidades da mente e do coração humanos. Deus tem que descer ao nosso nível para que a revelação ocorra. A revelação, portanto, apresenta uma versão de Deus em menor escala ou "acomodada" para nós, a fim de adequar-se às nossas habilidades limitadas. Assim como uma mãe humana se abaixa para alcançar seu filho, Deus se abaixa para chegar ao nosso nível. A revelação é um ato de condescendência divina.

O impacto de ambas as ideias na teorização científica, especialmente durante o século 17, foi considerável. Por exemplo, o escritor inglês Edward Wright defendeu a teoria heliocêntrica do sistema solar de Copérnico contra os literalistas bíblicos, argumentando, em primeiro lugar, que as Escrituras não estavam preocupadas com a física e, em segundo, que seu modo de falar era "acomodado à compreensão e à maneira de falar das pessoas comuns, como fazem enfermeiras com crianças pequenas". Ambos os argumentos derivam diretamente de Calvino, sobre o qual se pode dizer ter feito uma contribuição fundamental para o surgimento das ciências naturais.

Uma nova controvérsia eclodiu sobre o modelo heliocêntrico do sistema solar na Itália católica durante as primeiras décadas do século 17. Nesse caso, o debate se concentrou nas opiniões de Galileu Galilei (1564-1642). Isso acabou levando a Igreja Católica a condenar Galileu Galilei, o que hoje é amplamente considerado como um claro erro de julgamento por parte de alguns burocratas eclesiásticos. Galileu montou uma grande defesa da teoria copernicana do sistema solar. As opiniões de Galileu foram inicialmente recebidas com simpatia dentro dos círculos mais importantes da Igreja, em parte devido ao fato de que ele era tido em alta consideração por um favorito papal, Giovanni Ciampoli. A queda de Ciampoli do poder levou Galileu a perder apoio dentro dos círculos papais e isso é amplamente visto como tendo aberto caminho para a condenação de Galileu por seus inimigos.

Embora a controvérsia centralizada em Galileu seja frequentemente retratada como ciência *versus* religião, ou libertarianismo *versus* autoritaris-

COMEÇANDO: ALGUNS MARCOS HISTÓRICOS

mo, a verdadeira questão dizia respeito à correta interpretação da Bíblia. Acredita-se que a apreciação desse ponto tenha sido dificultada no passado devido ao fracasso dos historiadores em se engajar com as questões teológicas (e, mais precisamente, a hermenêutica) associadas ao debate. Em parte, isso pode ser visto como um reflexo do fato de que muitos dos estudiosos interessados nessa controvérsia em particular eram cientistas ou historiadores da ciência, que não estavam familiarizados com os meandros dos debates sobre a interpretação bíblica desse período extraordinariamente complexo. Contudo é claro que o ponto que dominou a discussão entre Galileu e seus críticos foi como interpretar certas passagens bíblicas. A questão da acomodação foi de grande importância para esse debate, como veremos.

Para explorar esse ponto, podemos recorrer a uma obra importante publicada em janeiro de 1615. Em sua *Letter on the Opinion of the Pythagoreans and Copernicus* [Carta sobre as opiniões dos pitagóricos e de Copérnico], o frade carmelita Paolo Antonio Foscarini argumentou que o modelo heliocêntrico do sistema solar não era incompatível com a Bíblia. Foscarini não introduziu novos princípios de interpretação bíblica em sua análise; na realidade, ele estabelece e aplica regras tradicionais de interpretação:

> Quando a Escritura Sagrada atribui algo a Deus ou a qualquer outra criatura que, de outra forma, seria imprópria e incomensurável, ela então deveria ser interpretada e explicada de uma ou mais das seguintes maneiras. Primeiro, diz-se que se refere metaforicamente e proporcionalmente, ou por semelhança. Segundo, diz-se [...] de acordo com nosso modo de consideração, apreensão, compreensão, conhecimento etc. Terceiro, diz-se de acordo com a opinião vulgar e com o modo comum de falar.[20]

A segunda e a terceira maneiras que Foscarini identifica são geralmente consideradas como tipos de "acomodação", o terceiro modelo de interpretação bíblica que observamos anteriormente. Como vimos, essa abordagem da interpretação bíblica pode ser rastreada até os primeiros séculos cristãos e não era considerada controversa.

---

20 Citado em Richard J. Blackwell, *Galileo, Bellarmine and the Bible* [Galileu, Belarmino e a Bíblia]. Notre Dame, IN: University of Notre Dame Press, 1991, pp. 94–95.

A inovação de Foscarini não estava no método interpretativo que ele adotou, mas nas passagens bíblicas às quais ele a aplicou. Em outras palavras, Foscarini sugeriu que certas passagens, que muitos haviam interpretado literalmente até esse ponto, deviam ser interpretadas na forma de acomodação. As passagens às quais ele aplicou esta abordagem foram aquelas que pareciam sugerir que a Terra permanecia estacionária e o Sol se movia. Foscarini argumentou da seguinte forma:

> As Escrituras falam de acordo com o nosso modo de entender, de acordo com as aparências e em relação a nós. Pois assim é que esses corpos parecem estar relacionados a nós e são descritos pelo modo comum e vulgar do pensamento humano, ou seja, a Terra parece estar parada e imóvel, e o Sol parece girar em torno dela. E, portanto, as Escrituras nos servem falando da maneira vulgar e comum; pois, do nosso ponto de vista, parece que a Terra está firmemente no centro e que o Sol gira em torno dela, e não o contrário.[21]

O crescente compromisso de Galileu com a posição copernicana o levou a adotar uma abordagem de interpretação bíblica semelhante à de Foscarini.

Os críticos de Galileu argumentavam que algumas passagens bíblicas o contradiziam. Por exemplo, eles argumentavam que Josué 10.13 falava do Sol parado sob o comando de Josué. Isso não prova, sem margem de dúvida, que era o Sol que se movia ao redor da Terra? Em sua *Letter to the Grand Countess Christina* [Carta à Grã-Duquesa Cristina], Galileu rebateu com um argumento de que essa era simplesmente uma maneira comum de falar. Não se poderia esperar que Josué conhecesse as complexidades da mecânica celeste, portanto, ele usou uma maneira "acomodada" de falar.

Deve-se enfatizar que a questão de como interpretar a Bíblia não era importante simplesmente para Galileu e seus críticos; ela também tinha se tornado polêmica como resultado das grandes controvérsias teológicas do final do século 16, resultantes da Reforma Protestante. A condenação oficial da interpretação bíblica de Galileu refletiu essa tensão e baseou-se em duas considerações. Em primeiro lugar, as Escrituras deviam ser interpretadas de acordo com "o significado apropriado das palavras". A abordagem acomodada

---

21 Ibidem, p. 95.

COMEÇANDO: ALGUNS MARCOS HISTÓRICOS

adotada por Foscarini é, portanto, rejeitada em favor de uma abordagem mais literal. Como enfatizamos, ambos os métodos de interpretação foram aceitos como legítimos e tinham uma longa história de uso na teologia cristã. O debate centrou-se na questão apropriada para as passagens em questão.

Segundo, a Bíblia devia ser interpretada "de acordo com a interpretação e o entendimento comuns dos Santos Padres e dos teólogos eruditos". Em outras palavras, estava sendo argumentado que ninguém de expressão adotara a interpretação de Foscarini no passado; esta deveria, portanto, ser descartada como uma inovação. Concluiu-se, portanto, que os pontos de vista de Foscarini e Galileu deveriam ser rejeitados como inovações, sem precedentes no pensamento cristão.

Esse segundo ponto é de grande importância e precisa ser examinado com mais cuidado, pois deve ser colocado em face do prolongado e amargo debate, alimentado durante o século 17 pela Guerra dos Trinta Anos (1618-1648), entre protestantes e o católicos, sobre se o protestantismo era uma inovação ou uma recuperação do cristianismo autêntico. A ideia da imutabilidade da tradição católica tornou-se um elemento integrante da polêmica católica contra o protestantismo. Como Jacques-Bénigne Bossuet (1627–1704), um dos mais formidáveis apologistas do catolicismo, colocou este ponto em 1688:

> O ensino da igreja é sempre o mesmo [...] O evangelho nunca é diferente do que era antes. Portanto, se a qualquer momento alguém diz que a fé inclui algo que ontem não foi dito ser da fé, é sempre heterodoxia, que é qualquer doutrina diferente da ortodoxia. Não há dificuldade em reconhecer a falsa doutrina; não há argumento sobre isso. É reconhecida de uma só vez, sempre que aparece, simplesmente porque é nova.[22]

Estes mesmos argumentos foram amplamente utilizados no início do século 17 e são claramente refletidos e incorporados na crítica oficial a Foscarini. A interpretação que ele ofereceu nunca havia sido oferecida antes – e estava, apenas por esse motivo, errada.

---

22 Citado em Owen Chadwick, *From Bossuet to Newman: The Idea of Doctrinal Development* [*De Bossuet a Newman: a ideia do desenvolvimento doutrinal*]. Cambridge: Cambridge University Press, 1957, p. 20.

Portanto, ficará claro que esse debate crítico sobre a interpretação da Bíblia deve ser colocado em um cenário complexo. A atmosfera altamente carregada e politizada da época prejudicou seriamente o debate teológico, por medo de que a concessão de qualquer nova abordagem pudesse ser vista como uma concessão indireta da reivindicação protestante por legitimidade. Permitir que o ensino católico sobre qualquer questão de significado "mudasse" seria potencialmente abrir as comportas, o que inevitavelmente levaria a demandas por reconhecimento da ortodoxia dos ensinamentos protestantes centrais – ensinamentos que a igreja católica tinha sido capaz de rejeitar até este ponto como "inovações".

Era inevitável que as visões de Galileu encontrassem resistência. O fator principal era que ele parecia ter introduzido inovações teológicas. Se a igreja católica concedesse a validade da interpretação de Galileu sobre certas passagens bíblicas, minaria seriamente uma crítica católica central ao protestantismo – ou seja, que o protestantismo havia introduzido interpretações novas (e, portanto, errôneas) de certas passagens bíblicas. Infelizmente, era apenas uma questão de tempo até que suas opiniões fossem rejeitadas. A partir dessa breve análise, ficará claro que a controvérsia de Galileu foi colocada em um contexto polêmico complexo, envolvendo tensões entre protestantes e católicos sobre a interpretação das Escrituras e da herança doutrinária. Galileu teve a infelicidade de ser pego no fogo cruzado e nas tendências subjacentes a esse debate.

Nesta seção, consideramos a importância, para o pensamento científico e religioso, do crescente entendimento de que a Terra não estava no centro do universo. Na seção seguinte, consideraremos os aspectos científicos e religiosos do crescente entendimento de que o universo conhecido pode ser considerado como uma vasta, complexa e regular peça de maquinaria. Passamos, portanto, a considerar as realizações de Isaac Newton e o surgimento da cosmovisão mecânica.

NEWTON, O UNIVERSO MECÂNICO E O DEÍSMO

Os estudiosos costumam falar da "revolução científica" que varreu a Europa Ocidental durante o século 17. É difícil dizer exatamente quando essa revolução começou. Alguns argumentam que suas origens estão na

COMEÇANDO: ALGUNS MARCOS HISTÓRICOS

obra de Copérnico e Galileu, que vimos na seção anterior. Outros argumentam que ela começou muito antes, tendo suas raízes nos estudos das universidades medievais tardias ou nas novas atitudes do Renascimento.

Outros sugerem que uma mudança filosófica fundamental está por trás da revolução científica. A obra de Francis Bacon (1561-1626) defendia que o conhecimento começava com a experiência do mundo. O ponto de partida adequado do conhecimento científico é a observação de fenômenos, seguida pela tentativa de derivar alguns princípios gerais subjacentes que podem explicar essas observações. A exigência de Aristóteles de que as teorias "preservem os fenômenos" se incorporou à filosofia natural emergente da época. Apesar de algumas dificuldades de definição, existe um consenso praticamente universal de que Sir Isaac Newton (1642-1727) desempenhou um papel fundamental na consolidação da revolução científica. Nesta seção, consideraremos algumas de suas realizações e suas implicações religiosas.

Como vimos na seção anterior, o surgimento do modelo heliocêntrico do sistema solar havia esclarecido alguns problemas da geometria celeste; porém, certas questões da mecânica celeste permaneciam sem solução. Kepler havia estabelecido que o quadrado do tempo periódico de um planeta é diretamente proporcional ao cubo de sua distância média ao Sol. Mas qual era a base dessa lei? Que significado mais profundo ela possuía? Poderia o movimento da Terra, da Lua e dos planetas ser explicado com base em alguns princípios mais fundamentais? Parte do gênio de Isaac Newton estava em sua demonstração de que as leis de Kepler do movimento planetário podiam ser explicadas com base nos princípios que governavam o movimento dos corpos na Terra. A exploração da mecânica do sistema solar realizada por Newton foi tão impressionante que o proeminente poeta inglês Alexander Pope (1688-1744) escreveu as seguintes linhas em sua memória:

Ocultas em trevas estavam a Natureza e suas leis:
Deus disse: "Faça-se Newton!" E luz se fez.

Newton é frequentemente apresentado como alguém que afirmava a racionalidade e a ordem cósmica em face da crença religiosa, um farol de ortodoxia científica no meio de uma sociedade ainda supersticiosa. De fato, a realidade é um pouco mais complicada. Trabalhos que permaneceram desconhecidos até o século 20 oferecem uma imagem mais complexa de Newton como alguém de solidão quase patológica, que chegou próximo à loucura, era obcecado por alquimia e era fascinado por heresias teológicas. Newton pode muito bem ter inaugurado o mundo moderno através de suas descobertas, mas ele pertencia ao mundo que havia agora sido deixado para trás. Contudo, apesar de suas fraquezas e excentricidades, Newton continua sendo uma das figuras mais significativas da história da ciência em geral e sua relação com a religião em particular.

A maneira que mais ajuda a entender a demonstração que Newton fez das leis do movimento planetário é pensar que ele estabeleceu os princípios básicos que governam o comportamento dos objetos na Terra e, posteriormente, extrapolou esses mesmos princípios ao movimento dos planetas. Por exemplo, considere a famosa estória de Newton observando uma maçã caindo no chão. A mesma força que atraiu a maçã para a Terra poderia, na visão de Newton, operar entre o Sol e os planetas. A atração gravitacional entre a Terra e uma maçã é precisamente a mesma força que opera entre o Sol e um planeta, ou a Terra e a Lua.

Newton inicialmente concentrou sua atenção na descoberta das leis que governavam o movimento dos corpos na Terra, levando-o à formulação de suas três leis do movimento:

1. Todo objeto em um estado de movimento uniforme permanecerá nesse estado de movimento, a menos que uma força externa atue sobre ele.
2. Força é igual à massa de um corpo multiplicada por sua aceleração.
3. Para toda ação, há uma reação igual e oposta.

Essas três leis do movimento estabeleceram os princípios gerais relacionados ao movimento terrestre. A importante descoberta de Newton consistiu em perceber que essas mesmas leis poderiam ser aplicadas tanto à mecânica celeste quanto à mecânica terrestre. Newton começou a trabalhar em sua teoria planetária já em 1666. Tomando suas leis de movimento como ponto de partida, ele abordou as três leis de movimento planetário de

COMEÇANDO: ALGUNS MARCOS HISTÓRICOS

Kepler. Era uma questão relativamente simples demonstrar que a segunda lei de Kepler poderia ser entendida se existir uma força entre o planeta e o Sol, direcionada para o Sol. A primeira lei poderia ser explicada se fosse assumido que a força entre o planeta e o Sol fosse inversamente proporcional ao quadrado da distância entre eles. Essa força pode ser determinada matematicamente, com base no que mais tarde seria chamado de "Lei da Gravitação Universal":

quaisquer dois corpos materiais, P e P', com massas m e m', se atraem mutuamente com uma força F, dada pela fórmula:

$$F = Gmm'/d^2$$

onde d é a distância entre eles e G é a constante gravitacional.

(Newton não precisou determinar o valor preciso de G para explicar as leis de Kepler.)

Newton aplicou as leis do movimento à órbita da Lua ao redor da Terra. Com base no pressuposto de que a força que atraía uma maçã para cair no chão também retinha a Lua em sua órbita ao redor da Terra, e que essa força era inversamente proporcional ao quadrado da distância entre a Lua e a Terra, Newton foi capaz de calcular o período da órbita da Lua. Ele se mostrou incorreto por um fator de aproximadamente 10%. Esse erro ocorreu apenas por causa de uma estimativa imprecisa da distância entre a Terra e a Lua. Newton simplesmente usara a estimativa predominante dessa distância; ao usar um valor mais preciso, determinado pelo astrônomo francês Jean Picard em 1672, teoria e observação mostraram-se de acordo.

As teorias de Newton eram fundamentadas nos conceitos básicos de massa, espaço e tempo. Cada um desses conceitos pode ser medido, analisado e representado matematicamente. Embora a ênfase de Newton na massa tenha agora sido substituída por um interesse em *momentum* (que é o produto da massa pela velocidade), esses temas básicos continuam sendo de grande importância em física clássica. Com base em seus três conceitos fundamentais, ele foi capaz de desenvolver ideias precisas de aceleração, força, *momentum* e velocidade.

Não há espaço suficiente para fornecer uma análise histórica completa de como e quando Newton chegou às suas conclusões, nem para detalhá-las. O ponto importante a ser apreciado é que Newton conseguiu demonstrar que uma vasta gama de dados observacionais poderia ser explicada com base em um conjunto de princípios universais. Os sucessos de Newton na explicação da mecânica terrestre e celeste levaram ao rápido desenvolvimento da ideia de que o universo poderia ser pensado como uma grande máquina, agindo de acordo com leis fixas. Isso geralmente é chamado de "visão de mundo mecanicista", na medida em que a operação da natureza é explicada com o pressuposto de que é uma máquina operando de acordo com regras fixas.

As implicações religiosas disso serão claras. A concepção do mundo como uma máquina sugeriu imediatamente a ideia de design. O próprio Newton apoiou essa interpretação. Embora escritores posteriores tendessem a sugerir que o mecanismo em questão era totalmente autônomo e autossustentável – e, portanto, não exigia a existência de um Deus –, essa visão não foi amplamente adotada nos anos de 1690. Talvez a aplicação mais famosa da abordagem de Newton seja encontrada nos escritos de William Paley (1743-1805), que comparou a complexidade do mundo natural com o design de um relógio. Como ambas as coisas estariam implicadas, design e propósito, elas apontavam para um criador. Assim, a obra de Newton foi inicialmente vista como uma confirmação esplêndida da existência de Deus.

A ênfase de Newton na regularidade do mundo foi uma das razões por trás de um desenvolvimento significativo nas maneiras pelas quais Deus foi retratado e compreendido. Tradicionalmente, a teologia e a iconografia cristã se baseavam em imagens bíblicas de Deus, como um rei ou pastor. A revolução científica levou a uma nova imagem de Deus capturando a imaginação de muitos durante o século 17 – ou seja, Deus como relojoeiro. Um relógio em particular foi apontado como um digno análogo da máquina celestial – o grande relógio da catedral de Estrasburgo. Esse relógio, reconstruído em 1574, exibia dados sobre a hora, a localização dos planetas, as fases da lua e outras informações astronômicas, exibidas usando uma série de mostradores e outros efeitos visuais.

Não demorou muito para que um estranhamento entre a mecânica celestial e a religião começasse a surgir. A mecânica celeste parecia sugerir

COMEÇANDO: ALGUNS MARCOS HISTÓRICOS

que o mundo era um mecanismo autossustentável, que não precisava de governança divina ou apoio para sua operação cotidiana. A imagem de Deus como um "relojoeiro" passou a ser vista como conducente a uma compreensão puramente naturalista do universo, na qual Deus não tinha nenhum papel contínuo a desempenhar. O cenário estava, então, montado para a ascensão do importante movimento religioso geralmente conhecido como "deísmo".

A ênfase de Newton na regularidade da natureza é vista pela maioria dos estudiosos como um dos fatores que incentivaram o surgimento do deísmo. O termo "deísmo" (do latim, *deus*) refere-se a uma visão de Deus que o vê como criador, mas nega seu envolvimento contínuo com a criação ou sua presença especial dentro dela. Esse termo é, portanto, frequentemente contrastado com "teísmo" (do grego, *theos*), que presume o envolvimento contínuo de Deus no mundo. O termo "deísmo" é geralmente usado para se referir às opiniões de um grupo de pensadores ingleses durante a "Era da Razão", no final do século 17 e no início do século 18. Em seu influente estudo *The Principal Deistic Writers* [Os principais escritores deístas] (1757), John Leland agrupou vários escritores – incluindo Lord Herbert de Cherbury, Thomas Hobbes e David Hume – sob o amplo e recém-cunhado termo "deísta". Se esses autores teriam aprovado tal designação é algo questionável. Um exame atento de suas visões religiosas mostra que elas têm relativamente pouco em comum, a não ser um ceticismo geral quanto a várias ideias cristãs tradicionais, como a necessidade da revelação divina. A cosmovisão newtoniana ofereceu ao deísmo uma maneira altamente sofisticada de defender e desenvolver suas visões, permitindo que se concentrassem na sabedoria de Deus ao criar um mundo elegante e ordenado, governado pelas leis da natureza.

Embora estudos modernos tenham levantado questões significativas sobre se o deísmo pode ser considerado um movimento intelectual coerente, ele certamente pode ser apresentado como uma forma genérica e diluída de cristianismo, que focou apenas em Deus como criador do mundo e, portanto, destacou a regularidade da ordem natural. O *Ensaio sobre o Entendimento Humano* (1690), de John Locke, desenvolveu uma ideia de Deus que se tornou característica de um deísmo bem mais tardio. Locke argumentava que "a razão nos leva ao conhecimento dessa verdade certa e evidente, de que existe um Ser eterno, supremo em poder e conhecimento". Os atributos desse ser são aqueles que a razão humana reconhece como apropriados a Deus. Tendo considerado quais qualidades morais e racionais são adequadas à divindade, Locke argumenta que "ampliamos cada uma delas com nossa ideia de infinito e, assim, reunindo-as, criamos nossa complexa ideia de Deus". Em outras palavras, a ideia "Deus" é composta de qualidades racionais e morais humanas, projetadas ao infinito. Seus críticos, porém, viam o deísmo como tendo reduzido Deus a um mero relojoeiro. Deus deu corda no mundo, como um relógio, e depois deixou-o funcionar sem se ocupar dele. Uma vez que Deus estabelecera um universo regular, governado por leis fixas, não haveria necessidade de uma ação divina especial para mantê-lo.

Vemos aqui como a ascensão da cosmovisão mecânica deve ser vista como científica, mas com implicações religiosas. O modelo mecânico newtoniano do universo parecia ressoar com uma maneira particular de pensar sobre Deus. Mais importante, sugeriu que esse deus pudesse ser conhecido e estudado sem a necessidade de quaisquer crenças especificamente religiosas ou do estudo de textos religiosos, como a Bíblia. Uma religião da natureza poderia ser desenvolvida, apelando desde a regularidade do mecanismo do universo à sabedoria de seu construtor.

Essa linha de raciocínio pode ser encontrada em *Christianity as Old as Creation* [Cristianismo tão antigo quanto a criação] (1730), de Matthew Tindal, ao defender que o cristianismo não era outra coisa senão a "republicação da religião da natureza". Deus é entendido como a extensão dos conceitos humanos aceitos sobre justiça, racionalidade e sabedoria. Essa religião universal está disponível em todos os momentos e em todos os lugares, enquanto o cristianismo tradicional repousava na ideia de uma revelação divina, que não era acessível aos que viveram antes de Cristo.

As ideias do deísmo inglês percorreram o continente europeu através de traduções (especialmente na Alemanha) e de escritos de indivíduos familiarizados e solidários com eles, como as *Cartas Filosóficas* de Voltaire. O racionalismo iluminista é frequentemente considerado o florescimento final que brotou do deísmo inglês. Para nossos propósitos, no entanto, é especialmente importante observar a consonância óbvia entre o deísmo

COMEÇANDO: ALGUNS MARCOS HISTÓRICOS

e a cosmovisão newtoniana. Como observamos anteriormente, o deísmo deveu sua crescente aceitação intelectual em parte aos sucessos da visão mecânica newtoniana do mundo.

Se Deus estava sendo excluído da mecânica do mundo, muitos sugeriram que o design e a atividade divina ainda seriam encontrados na esfera biológica. Isso não mostrava evidência de design? Um dos escritores mais influentes a sugerir que esse era o caso foi John Ray (1627-1705). Em sua obra *Wisdom of God Manifested in the Works of Creation* [Sabedoria de Deus manifesta nas obras da criação] (1691), Ray argumenta que a beleza e a regularidade da ordem criada, incluindo plantas e animais, apontam para a sabedoria de seu criador. É preciso enfatizar que Ray trabalhou com uma visão estática da criação. Ele entendia a expressão "Obras da Criação" com o significado de "obras criadas por Deus no princípio, e por Ele conservadas até os dias de hoje no mesmo estado e condição em que foram feitas inicialmente".

O apelo mais famoso a Deus como *designer* e criador do mundo natural, especialmente no que se refere a seus aspectos biológicos, foi devido a William Paley, arquidiácono de Carlisle, que comparou Deus a um dos inventores mecânicos da Revolução Industrial. Deus, segundo ele, criou diretamente o mundo em toda a sua complexidade. Paley aceitou o ponto de vista de sua época – ou seja, que Deus havia construído (Paley prefere a palavra "inventado"[23]) o mundo em sua forma final, como a conhecemos agora. Nenhum relojoeiro deixaria algo inacabado e não ajustado ao seu propósito.

Paley argumentava que a atual organização do mundo, tanto física quanto biológica, poderia ser vista como testemunha convincente da sabedoria de um deus criador. A *Teologia Natural* de Paley, ou *Evidences of the Existence and Attributes of the Deity, Collected from the Appearances of Nature* [Evidências da existência e dos atributos da divindade, coletadas das aparências da natureza] (1802), teve uma influência profunda no pensamento religioso inglês popular na primeira metade do século 19 e foi lida por Darwin. Paley ficou profundamente impressionado com a descoberta

---

23 No original, *contrived*. O substantivo correspondente, *contrivance*, no presente contexto, traria a ideia de habilidade inventiva ou engenhosidade, tanto com o sentido de criatividade quanto de referência a um aparelho, engenho ou máquina. [N.T.]

realizada por Newton de regularidade da natureza, permitindo que o universo fosse pensado como um mecanismo complexo, operando de acordo com princípios regulares e compreensíveis. A natureza consiste em uma série de estruturas biológicas que devem ser pensadas como "inventadas" – isto é, construídas com um claro propósito em mente.

Paley usou sua famosa analogia do relógio encontrado em um matagal para enfatizar que engenhosidade necessariamente pressupunha um *designer* e construtor. "Toda indicação de engenhosidade, toda manifestação de design, que existia no relógio, existe nas obras da natureza". De fato, Paley argumenta, a diferença é que a natureza mostra um grau ainda maior de engenhosidade que o relógio. (Consideraremos a abordagem de Paley com mais detalhes posteriormente:). Encontramos o melhor de Paley quando ele lida com a descrição de sistemas mecânicos dentro da natureza, como a estrutura imensamente complexa do olho e do coração humanos. No entanto, o argumento de Paley (como o de John Ray antes dele) dependia de uma cosmovisão estática e simplesmente não conseguia lidar com a cosmovisão dinâmica que estava no coração do darwinismo.

É nesse ponto que precisamos voltar a considerar a controvérsia darwiniana do século 19, que abriu uma nova área de debate científico com implicações importantes para algumas crenças religiosas tradicionais.

DARWIN E AS ORIGENS BIOLÓGICAS DA HUMANIDADE

A publicação de *Origem das Espécies* (1859), de Charles Darwin, é corretamente considerada um marco na ciência do século 19. Em 27 de dezembro de 1831, o HMS *Beagle* partiu do porto de Plymouth, no Sul da Inglaterra, para uma viagem que durou quase cinco anos. Sua missão era concluir um levantamento das costas do Sul da América do Sul e, posteriormente, circunavegar o globo. O naturalista do pequeno navio foi Charles Darwin (1809-1882). Durante a longa viagem, Darwin observou alguns aspectos da vida vegetal e animal da América do Sul, particularmente nas Ilhas Galápagos e na Terra do Fogo, que lhe pareciam exigir explicações, mas que não eram satisfatoriamente explicados pelas teorias existentes. As palavras iniciais de *Origem das Espécies* expuseram o enigma que ele estava determinado a resolver:

COMEÇANDO: ALGUNS MARCOS HISTÓRICOS

Quando a bordo do HMS *Beagle*, como naturalista, fiquei muito impressionado com certos fatos na distribuição dos seres orgânicos que habitam a América do Sul e nas relações geológicas do presente com os habitantes passados daquele continente. Esses fatos, como veremos nos últimos capítulos deste volume, pareciam lançar alguma luz sobre a origem das espécies – esse mistério dos mistérios, como foi chamado por um de nossos maiores filósofos.[24]

Uma descrição popular da origem das espécies, amplamente apoiada pelo *establishment* religioso e acadêmico do início do século 19, sustentava que Deus tinha, de alguma forma, criado tudo mais ou menos como vemos agora. O sucesso dessa visão deveu-se muito à influência de William Paley, cuja abordagem consideramos na seção anterior. Deus era o relojoeiro divino, responsável pelo design e pela construção de estruturas fabulosamente complexas, como o olho humano.

Darwin conhecia as opiniões de Paley e inicialmente as achou persuasivas. Entretanto, suas observações no *Beagle* levantaram algumas questões. Em seu retorno, Darwin decidiu desenvolver uma explicação mais satisfatória para suas próprias observações e para as dos outros. Embora pareça que Darwin tenha chegado à ideia básica de evolução através da seleção natural em 1842, ele não estava pronto para publicar. Uma teoria tão radical exigiria que evidências observacionais massivas fossem reunidas em seu apoio.

Para Darwin, quatro aspectos do mundo natural pareciam exigir particular atenção, à luz de problemas e deficiências das explicações existentes.

1. As formas de certas criaturas vivas pareciam se adaptar às suas necessidades específicas. A teoria de Paley propôs que essas criaturas foram projetadas individualmente por Deus com essas necessidades em mente. Darwin cada vez mais considerava essa uma explicação grosseira.

2. Sabe-se que algumas espécies desapareceram por completo – tornaram-se extintas. Esse fato já era conhecido antes de Darwin e era frequentemente explicado com base nas teorias de "catástrofe", como um "dilúvio universal", conforme sugerido pelo relato bíblico de Noé.

---

24 Charles Darwin, *On the Origin of the Species by Means of Natural Selection* [A Origem das espécies por meio da seleção natural]. London: John Murray, 1859, p. 1.

3 A viagem de pesquisa de Darwin no *Beagle* o convenceu da distribuição geográfica desigual das formas de vida em todo o mundo. Em particular, Darwin ficou impressionado com as peculiaridades das populações das ilhas.

4. Muitas criaturas têm "estruturas rudimentares" (às vezes também chamadas de "estruturas vestigiais"), que não têm função aparente ou previsível. Exemplos dessas estruturas incluem os mamilos de mamíferos machos, os rudimentos de uma pélvis e membros traseiros em cobras, além de asas em muitos pássaros que não voam. Como isso poderia ser explicado com base na teoria de Paley, que enfatizava a importância do design individual das espécies? Por que Deus deveria projetar redundâncias?

Esses aspectos da ordem natural poderiam ser explicados com base na teoria de Paley. No entanto, as explicações oferecidas pareciam forçadas e grosseiras. O que era originalmente uma teoria relativamente clara e elegante começou a desmoronar sob o peso das dificuldades e tensões acumuladas. Tinha que haver uma explicação melhor. Darwin ofereceu uma riqueza de evidências em apoio à ideia de evolução biológica e propôs um mecanismo pelo qual ela poderia funcionar – a seleção natural.

A teoria radical da seleção natural de Darwin pode ser vista como o culminar de um longo processo de reflexão sobre as origens das espécies. Entre os estudos que prepararam o caminho para a teoria de Darwin, atenção especial deve ser dada aos *Principles of Geology* [Princípios de Geologia] (1830), de Charles Lyell. A compreensão popular predominante da história da Terra era de que sua formação se devia, desde a sua criação, a uma série de mudanças catastróficas. Lyell defendeu o "uniformitarismo" (um termo cunhado por James Hutton em 1795), pelo qual se supõe que as mesmas forças que estão agora em ação no mundo natural também estiveram ativas em grandes extensões de tempo no passado. A teoria da evolução de Darwin opera em uma suposição relacionada: a de que as forças que levam ao desenvolvimento de novas espécies de plantas ou animais no presente atuaram por longos períodos de tempo no passado.

A principal rival da teoria de Darwin era devida ao naturalista sueco do século 18 Carl von Linné (1707–1778), mais conhecido pela forma latinizada de seu nome "Linnaeus" [em português, Lineu]. Lineu defendia a "fixidez das espécies". Em outras palavras, a atual variedade de espécies que pode ser observada no mundo natural representa a maneira como as coisas foram no passado e é a forma como elas permanecerão. A classificação detalhada das espécies proposta por Lineu transmitia a impressão, para muitos de seus leitores, de que a natureza era fixa desde o momento de sua origem. Isso parecia se encaixar consideravelmente bem com uma leitura tradicional e popular dos relatos de criação de Gênesis, e sugeria que o mundo botânico de hoje correspondia mais ou menos ao estabelecido na criação. Cada espécie poderia ser considerada como tendo sido criada separadamente e distintamente por Deus, e dotada de suas características fixas.

A principal dificuldade aqui, apontada por Georges Buffon e outros, era que as evidências fósseis sugeriam que certas espécies haviam sido extintas. Em outras palavras, foram encontrados fósseis que continham restos preservados de plantas (e animais) que agora não tinham contrapartida conhecida na Terra. Isso não parece contradizer a suposição da fixidez das espécies? E se espécies antigas desapareceram, não poderiam surgir novas para substituí-las? Outras questões pareciam causar alguma dificuldade para a teoria da criação especial – por exemplo, a distribuição geográfica irregular das espécies.

Em sua *Origem das Espécies,* Darwin estabeleceu com muito cuidado por que a ideia de "seleção natural" deve ser considerada o melhor mecanismo para explicar como a evolução das espécies ocorreu e como deve ser entendida. Darwin argumenta que um processo pode ser discernido dentro da natureza – "seleção natural" –, análogo ao processo de "seleção artificial" usado pelos criadores de gado. O primeiro capítulo de *Origem das Espécies*, portanto, considera "variação sob domesticação" – isto é, a maneira como plantas e animais domésticos são criados por agricultores. Darwin observa como a criação seletiva permite que os agricultores criem animais ou plantas com características particularmente desejáveis. Variações se desenvolvem em gerações sucessivas através desse processo de criação e elas podem ser exploradas para produzir características herdadas que são consideradas de particular valor pelo criador. Esse processo familiar de "seleção doméstica" ou "seleção artificial" sugere que um mecanismo semelhante parece operar na própria natureza. A "variação sob domesticação" é apresentada como um análogo da "variação sob a natureza".

A teoria da seleção natural de Darwin sugeria que se podia falar de *direcionalidade* dentro da natureza, sem sugerir que houvesse *progressão* ou *propósito*. A escolha da expressão "seleção natural" mostrou-se controversa, pois, para alguns dos críticos de Darwin, parecia implícito que a natureza de alguma forma ativa ou intencionalmente escolhia quais resultados evolutivos seriam os preferidos. Não era isso o que Darwin pretendia. Ele estava simplesmente afirmando que algum processo semelhante à "seleção artificial" parecia operar dentro da própria natureza. Darwin ofereceu um mecanismo completamente naturalista para a evolução, que não dependia de a natureza escolher ativamente seus próprios resultados. De fato, uma das implicações mais significativas da teoria de Darwin é que qualquer noção de teleologia ou propósito dentro da natureza se torna muito difícil de sustentar – um ponto enfatizado por Thomas H. Huxley, ao sugerir que a definição de Darwin sobre a seleção natural havia questionado as noções tradicionais de teleologia (embora não a noção de teleologia em si).

Ao final, a teoria de Darwin apresentava muitas debilidades e pontas soltas. Por exemplo, exigia que a especiação ocorresse; no entanto, a evidência para isso era visivelmente ausente à época. O próprio Darwin dedicou uma grande seção da *Origem das Espécies* para listar essas dificuldades com sua teoria, observando em particular a "imperfeição do registro geológico", que dava pouca indicação da existência de espécies intermediárias e a "perfeição e complicação extremas" de certos órgãos individuais, como o olho. Contudo, estava convencido de que eram dificuldades que podiam ser toleradas devido à clara superioridade explicativa de sua abordagem. Ainda assim, embora Darwin não acreditasse ter tratado adequadamente todos os problemas que exigiam solução, ele estava confiante de que sua explicação era a melhor disponível:

> Uma multidão de dificuldades terá ocorrido ao leitor. Algumas delas são tão graves que até hoje não consigo refletir sobre elas sem ficar desconcertado; mas, segundo o meu melhor julgamento, a maioria é apenas aparente, e aquelas que são reais não são, penso eu, fatais para a minha teoria.[25]

---

25 Charles Darwin, *On the Origin of the Species by Means of Natural Selection* [A Origem das espécies por meio da seleção natural]. London: John Murray, 1859, p. 171.

COMEÇANDO: ALGUNS MARCOS HISTÓRICOS   81

As teorias de Darwin, conforme expostas em *Origem das Espécies* (1859) e *A Descendência do Homem* (1871), sustentam que todas as espécies – incluindo a humanidade – são o resultado de um longo e complexo processo de evolução biológica. As implicações religiosas disso serão evidentes. O pensamento cristão tradicional considerava a humanidade separada do resto da natureza, criada como o auge da criação de Deus, e apenas ela dotada da "imagem de Deus". A teoria de Darwin sugeria que a natureza humana emergiu gradualmente, através de um longo período de tempo, e que nenhuma distinção biológica fundamental poderia ser feita entre seres humanos e animais em termos de origem e desenvolvimento.

Então, quais questões religiosas foram levantadas pela teoria de Darwin? Ficará evidente a partir do relato histórico que acabamos de apresentar que a explicação de Darwin para a origem das espécies levanta sérios problemas para uma compreensão estática da ordem biológica. Como observamos na seção anterior, isso está subjacente aos argumentos de William Paley sobre a existência de Deus, com base em um apelo às complexidades da esfera biológica. O crítico mais notável de Paley nos últimos anos é o zoólogo de Oxford Richard Dawkins, cujo argumento é que a abordagem de Darwin elimina qualquer noção de Deus criando ou projetando o mundo. Tudo pode ser explicado, afirma ele, pelas forças cegas da seleção natural. Em seu *Blind Watchmaker* [Relojoeiro cego] (1987), Dawkins aponta implacavelmente as falhas do ponto de vista de Paley e a superioridade explicativa da abordagem de Darwin, especialmente com as modificações introduzidas pela síntese neodarwiniana. Dawkins argumenta que a abordagem de Paley é baseada em uma visão estática do mundo, tornada obsoleta pela teoria de Darwin.

O próprio Dawkins é eloquente e generoso em sua descrição[26] das realizações de Paley, observando com apreço suas "descrições bonitas e reverentes da maquinaria dissecada da vida". Sem, de maneira alguma, menosprezar a maravilha dos "relógios" biológicos que tanto fascinaram e impressionaram Paley, Dawkins argumentou que a defesa de Deus por Paley – embora feita com "sinceridade apaixonada" e "informada pelos melhores estudos

---

26 Richard Dawkins, *The Blind Watchmaker: Why the Evidence of Evolution Reveals a Universe without Design* [O relojoeiro cego: por que a evidência da evolucão revela um universo sem design]. New York: W. W. Norton, 1986, p. 5.

biológicos de seus dias" – está "completa e gloriosamente errada". O "único relojoeiro na natureza são as forças cegas da física". Para Dawkins, Paley é típico de sua época; suas ideias são inteiramente compreensíveis, dada a sua localização histórica antes de Darwin. Mas ninguém, argumenta Dawkins, poderia compartilhar dessas ideias hoje. Paley é obsoleto.

Essa é, portanto, talvez uma das questões religiosas mais óbvias levantadas pelo surgimento do darwinismo – o enfraquecimento de um argumento pela existência de Deus, que havia desempenhado um papel importante no pensamento religioso britânico, popular e acadêmico, por mais de um século. Certamente, o argumento poderia ser facilmente reafirmado de formas mais apropriadas – um desenvolvimento que ocorreu durante a segunda metade do século 19, quando muitos autores cristãos enfatizaram que a evolução poderia ser vista como o meio pelo qual Deus providencialmente dirigiu o que agora era entendido como um processo estendido, em vez de um único evento.

Outra questão religiosa dizia respeito à interpretação da Bíblia. Muitas das controvérsias relativas à ciência e religião se concentraram na questão da interpretação bíblica. A controvérsia copernicana, por exemplo, levantou a questão de saber se a Bíblia promovia ativamente uma visão geocêntrica do universo ou se ela simplesmente foi interpretada dessa maneira por tempo suficiente para que essa impressão se espalhasse. Uma questão semelhante surgiu com o debate sobre o darwinismo.

É importante notar que o darwinismo se tornou particularmente preocupante para os cristãos influenciados pelas leituras literais do livro de Gênesis. Sabe-se que tais leituras foram difundidas no protestantismo popular na Grã-Bretanha e nos Estados Unidos na primeira metade do século 19, embora esquemas interpretativos mais sutis tenham sido propostos por acadêmicos protestantes nos dois países. A despeito dessas interpretações mais sofisticadas dos relatos da criação em Gênesis, tornou-se amplamente aceito, no nível popular, que a leitura da Bíblia pelo "senso comum" leva a um entendimento de que criação do mundo e da humanidade ocorreu em seis dias. O darwinismo estabeleceu um desafio significativo tanto para essa leitura específica do livro de Gênesis quanto para os modelos existentes de interpretação bíblica em geral. Os seis dias da criação do Gênesis deveriam ser considerados literalmente como períodos de 24 horas? Ou

COMEÇANDO: ALGUNS MARCOS HISTÓRICOS

como períodos de tempo indefinidos? Era legítimo sugerir que vastos períodos de tempo poderiam separar os eventos dessa narrativa? Ou a narrativa da criação de Gênesis deveria ser interpretada como uma narrativa histórica e culturalmente condicionada, refletindo os antigos mitos babilônicos, que não poderiam ser tomados como uma narrativa científica das origens da vida em geral e da humanidade em particular? Os debates são muitos e continuam até hoje.

Um terceiro ponto em que as teorias de Darwin levantam dificuldades para a teologia cristã tradicional diz respeito ao status da humanidade. Para a maioria dos cristãos, a humanidade foi o ápice da criação de Deus, distinguida do restante da ordem criada por ter sido criada à imagem de Deus. Nessa leitura tradicional das coisas, a humanidade se encontrava dentro da ordem criada como um todo, mas permanecia acima dela, devido ao seu relacionamento único com Deus. Entretanto, a *Origem das Espécies* de Darwin apresentava um desafio implícito a essa visão, que *A Descendência do Homem* tornou explícito. A humanidade teria emergido de dentro da ordem natural ao longo de um vasto período de tempo.

Se existia um aspecto de sua própria teoria da evolução que deixava Charles Darwin se sentindo inquieto, eram suas implicações quanto ao *status* e à identidade da raça humana. Em todas as edições de *Origem das Espécies*, Darwin afirmava consistentemente que o mecanismo de seleção natural que ele havia proposto não implicava nenhuma lei fixa ou universal de desenvolvimento progressivo. Além disso, ele rejeitava explicitamente a teoria de Lamarck de que a evolução demonstrava uma "tendência inata e inevitável à perfeição". A conclusão inevitável deve, portanto, ser que os seres humanos (agora entendidos como participantes do processo evolutivo, e não meramente observadores) não podem, em nenhum sentido, ser considerados o "objetivo" ou o "ápice" da evolução.

Não era uma ideia fácil para Darwin aceitar, nem para a época dele. A conclusão de *A Descendência do Homem* fala da humanidade em termos exaltados, apesar de insistir em suas origens biológicas "humildes": "O homem com todas as suas nobres qualidades [...] ainda carrega em seu corpo a marca indelével de sua origem humilde".[27]

---

27 Charles Darwin, *The Descent of Man* [A descendência do homem]. London: John Murray, 1871, p. 405.

Muitos darwinistas insistiriam que, como corolário de uma visão de mundo evolutiva, devemos reconhecer que somos animais, parte do processo evolutivo. O darwinismo, portanto, critica os pressupostos absolutistas relativos ao lugar da humanidade na natureza que estão por trás do "especismo" – termo um tanto deselegante, introduzido por Richard Ryder, que ganhou maior importância através do especialista em ética australiano Peter Singer (nascido em 1946), atualmente na cátedra Ira W. DeCamp, de Bioética, na Universidade de Princeton. Tal questão tem levantado dificuldades consideráveis para além da esfera da religião tradicional, na medida em que muitas teorias políticas e éticas se baseiam na suposição de *status* privilegiado da humanidade na natureza, seja isso justificado por motivos religiosos ou seculares.

Então, como os cristãos têm respondido aos desafios da teoria da seleção natural de Darwin? Durante um século e meio desde a publicação da *Origem das Espécies* de Darwin, surgiram pelo menos quatro respostas gerais.[28]

1. Criacionismo da Terra Jovem: essa posição representa a continuação da "leitura comum" de Gênesis, que foi amplamente encontrada nos escritos populares e, pelo menos em alguns acadêmicos, antes de 1800. Por essa visão, a Terra foi criada em sua forma básica entre 6 mil e 10 mil anos atrás. Os criacionistas da Terra jovem geralmente leem os dois primeiros capítulos do livro de Gênesis de uma maneira que não admite nenhum tipo de criatura viva antes do Éden, nem morte antes da Queda. A maioria dos criacionistas da Terra jovem sustenta que todos os seres vivos foram criados simultaneamente, dentro do prazo proposto pela narrativa da criação de Gênesis, com a palavra hebraica *yom* ("dia") significando um período de 24 horas. Os registros fósseis, que apontam para uma escala de tempo muito maior e para a existência de espécies extintas, costumam ser compreendidos como datando da época do dilúvio de Noé. Esse ponto de vista é muitas vezes, mas não universalmente, declarado na forma de criação de 144 horas e inundação universal. Talvez o mais notável criacionista da Terra jovem tenha sido Henry Madison Morris (1918–2006), fundador do *Institute for Creation Research*

---

28 Para uma discussão detalhada destes quatro pontos, veja *A origem: quatro visões sobre criação, evolução e design inteligente*, de Ken Ham, Hugh Ross, Deborah. B. Haarsma e Stephen C. Meyer, publicado pela Thomas Nelson Brasil em 2019. [N.T.]

COMEÇANDO: ALGUNS MARCOS HISTÓRICOS

[Instituto para Pesquisa da Criação], que desempenhou um importante papel ao defender a resistência ao pensamento evolutivo nas igrejas e escolas americanas.

2. Criacionismo da Terra Antiga: essa visão tem uma longa história e é provavelmente a opinião da maioria dentro dos círculos protestantes conservadores. Ela não tem nenhuma dificuldade particular com a idade antiga do mundo e argumenta que a abordagem da "Terra jovem" exige modificações em pelo menos dois aspectos. Primeiro, que a palavra hebraica *yom* precisaria ser interpretada como um "particípio de tempo indefinido" (não muito diferente da palavra em inglês "while"), significando um período indeterminado de tempo, que recebe especificidade por seu contexto. Em outras palavras, a palavra "dia" na narrativa da criação de Gênesis deve ser interpretada como um longo período de tempo, não um período específico de 24 horas. Segundo, que pode haver uma grande lacuna entre Gênesis 1.1 e Gênesis 1.2. Em outras palavras, a narrativa não é entendida como contínua, mas abrindo caminho para a intervenção de um período substancial de tempo entre o ato primordial de criação do universo e o surgimento de vida na Terra. Esse ponto de vista é defendido pela famosa Bíblia de Estudo Scofield, publicada pela primeira vez em 1909, embora essas ideias possam ser rastreadas até escritores anteriores, como o grande escocês Thomas Chalmers (1780–1847), do século 19.

3. Design Inteligente: esse movimento, que ganhou considerável influência nos Estados Unidos nos últimos anos, argumenta que a biosfera tem uma "complexidade irredutível" que torna impossível explicar suas origens e desenvolvimento por qualquer outro método que não seja o de design. O design inteligente não nega a evolução biológica; sua crítica mais fundamental ao darwinismo é teleológica – que a evolução não tem objetivo. O movimento do Design Inteligente argumenta que o darwinismo padrão enfrenta dificuldades explicativas significativas, que só podem ser resolvidas adequadamente através da criação intencional de espécies individuais. Seus críticos argumentam que essas dificuldades são exageradas ou que serão oportunamente resolvidas por futuros avanços teóricos. Embora o movimento evite a identificação direta de Deus como esse *designer* inteligente (presumivelmente por razões políticas), é claro que essa suposição é intrínseca aos seus métodos de trabalho. O movimento está particularmente associado a Michael Behe (nascido em 1952), autor de *A Caixa Preta de Darwin*, e William A. Dembski (nascido em 1960), autor de *Intelligent Design: The Bridge between Science and Theology* [Design inteligente: a ponte entre ciência e teologia]. Dembski e Behe são colegas no *Discovery Institute*, com sede em Seattle.

4. Teísmo evolutivo [ou Criação Evolutiva]: uma abordagem final sustenta que a evolução deve ser entendida como o método escolhido por Deus para trazer a vida à existência a partir de materiais inorgânicos e criar complexidade dentro da vida. Enquanto o darwinismo dá espaço significativo a eventos aleatórios no processo evolutivo, o teísmo evolucionário vê o processo como guiado divinamente. Alguns teístas evolutivos propõem que cada nível de complexidade seja explicado com base em "Deus operando dentro do sistema", possivelmente no nível quântico. Outros, como Howard van Till, adotam uma perspectiva de "criação totalmente dotada", argumentando que Deus incorporou o potencial para o surgimento e a complexidade da vida no ato inicial da criação, de modo que não são necessários outros atos de intervenção divina. Van Till argumenta que o caráter da ação criativa divina não é melhor expresso em termos de "referência a intervenções ocasionais em que uma nova forma é imposta a matérias-primas que são incapazes de atingir essa forma com suas próprias capacidades", mas sim por referência a "Deus conferindo ser a uma criação totalmente equipada com as capacidades criativas de se organizar e/ou se transformar em uma diversidade de estruturas físicas e formas de vida". Variações sobre essas abordagens são encontradas em outros lugares, como nos escritos de Arthur Peacocke (1924-2006).

Esses termos são, é claro, abertos a críticas. Autores, como o filósofo da biologia Francisco Ayala (nascido em 1934), por exemplo, têm ressaltado o fato de que o "criacionismo" e o "design inteligente" podem ser interpretados de formas completamente convencionais, abertas à evolução biológica. Outros têm destacado que o termo "teísmo evolutivo" pode ser usado para sugerir que seus adeptos não acreditam na criação divina de todas as coisas. De fato, o teísmo evolutivo sustenta que a criação deve ser entendida como evento e processo, e não como um evento simples no passado.

O "BIG BANG": NOVOS INSIGHTS SOBRE AS ORIGENS DO UNIVERSO

A questão da origem do universo é, sem dúvida, uma das áreas mais fascinantes de análise e debate científicos modernos. Que existem dimensões religiosas neste debate ficará claro. Sir Bernard Lovell (1913-2012), o notável pioneiro britânico da radioastronomia, é um dos muitos a observar

COMEÇANDO: ALGUNS MARCOS HISTÓRICOS

que a discussão sobre as origens do universo inevitavelmente levanta questões fundamentalmente religiosas. Mais recentemente, o físico Paul Davies chamou a atenção para as implicações da "nova física" para pensar sobre Deus, especialmente em seu livro amplamente lido *Deus e a Nova Física*.

É importante compreender que o consenso científico antes da Primeira Guerra Mundial considerava que o universo era eterno. Essa era a opinião do grande filósofo grego clássico Aristóteles, que exerceu considerável influência sobre o desenvolvimento das ciências naturais na Europa Medieval. A ênfase de Aristóteles em certos aspectos do método empírico – como a necessidade de "preservar os fenômenos" – foi inquestionavelmente útil para o surgimento das ciências naturais. Entretanto, é frequentemente esquecido que Aristóteles estava comprometido com uma série de visões estabelecidas não empíricas, que sem dúvida dificultaram o desenvolvimento científico. Um exemplo é sua visão sobre a natureza perfeita dos corpos celestes – como o Sol e a Lua – que foi posta em questão pela descoberta de manchas solares e crateras lunares no início do século 17, principalmente como resultado das observações telescópicas de Galileu.

As visões de Aristóteles sobre a eternidade do universo dominaram o universo imaginativo da Antiguidade Clássica tardia e da Idade Média. Os primeiros autores cristãos contestaram Aristóteles nesse ponto. Agostinho de Hipona, por exemplo, argumentava no início do século 5 que Deus trouxe tudo à existência em um único momento da criação. No entanto, essa ordem criada não era estática, mas dotada da capacidade de se desenvolver. Assim, em vez de ter sido criado em sua forma definitiva final, o universo foi mudando ao longo do tempo, tornando-se o que Deus pretendia que viesse a ser. Tomás de Aquino assumiu uma posição semelhante, deixando claro seu desacordo com Aristóteles sobre esse ponto. Tomás de Aquino se apropriou dos métodos de Aristóteles de maneira apreciativa em muitos pontos – mas não nessa questão.

No final do século 19, o consenso científico continuou sendo uma versão reconhecível da noção de permanência do universo de Aristóteles. Em seu *best-seller Worlds in the Making* [Mundos em construção] (1908), o físico sueco e Prêmio Nobel Svante August Arrhenius declarou que a ciência moderna revelava um universo infinito e autoperpetuante, sem começo nem fim. "O universo em sua essência sempre foi o que é agora. Matéria, energia e vida só variaram quanto à forma e posição no espaço."[29] Embora matéria e energia pudessem estar sujeitas a realocação dentro do universo, o sistema como um todo permanecia inalterado.

Essa visão manteve-se influente, especialmente em círculos intelectuais mais amplos, nos anos de 1950. Em 1948, por exemplo, o filósofo ateu Bertrand Russell argumentava que o universo não exigia explicação – por exemplo, por um apelo a Deus. Como o universo sempre existiu, o fato bruto de sua existência não precisa ser explicado. Isso, é claro, foi dramaticamente questionado pela crescente percepção de que o universo parecia ter um começo – a ideia que agora conhecemos como o "Big Bang".

Pode-se argumentar que as origens da teoria do "Big Bang" estão na teoria geral da relatividade proposta por Albert Einstein (1879-1955). A teoria de Einstein foi proposta em um momento em que o consenso científico favorecia a noção de um universo estático. As equações que Einstein derivou para descrever os efeitos da relatividade foram interpretadas por ele em termos de equilíbrio gravitacional e levitacional. No entanto, o meteorologista russo Alexander Friedmann (1888–1925) notou que as soluções para as equações que ele próprio derivava indicavam um modelo bastante diferente. Se o universo era perfeitamente homogêneo e estava em expansão, então o universo deveria ter se expandido de um estado inicial singular em algum ponto do passado caracterizado por raio zero e densidade, temperatura e curvatura infinitos. Outras soluções para as equações sugeriram um ciclo de expansão e contração. A análise foi desconsiderada, provavelmente por não estar em conformidade com o ponto de vista de consenso na comunidade científica.

Durante o período entre 1900 e 1931, os astrônomos testemunharam três mudanças dramáticas em sua visão do universo. Primeiro, o valor aceito do tamanho do sistema estelar aumentou por um fator de dez; segundo, o trabalho de Edwin Hubble (1883-1953) levou à percepção de que existem outros sistemas estelares além de nossa própria galáxia; e terceiro, o comportamento dessas galáxias situadas além da nossa indicava que o universo estava se expandindo. A expansão do universo era uma ideia di-

---

29 Svante Arrhenius, *Worlds in the Making: The Evolution of the Universe.* [Mundos em construção: a evolução do universo] New York: Harper, 1908, p. xiv.

COMEÇANDO: ALGUNS MARCOS HISTÓRICOS

fícil de aceitar na época, pois implicava claramente que o universo havia evoluído de um estado inicial muito denso – em outras palavras, que o universo teve um começo.

Alguns astrônomos resistiam a qualquer sugestão desse tipo, às vezes temendo as implicações religiosas em potencial da ideia das origens do universo. Em 1948, Fred Hoyle e outros desenvolveram uma teoria do "estado estacionário" do universo, afirmando que não se podia dizer que o universo, embora em expansão, tivesse tido um começo. Matéria era criada continuamente para preencher os vazios decorrentes da expansão cósmica. Não havia necessidade de propor um "big bang" – termo pejorativo inventado por Hoyle com a intenção de desacreditar a noção das origens do universo.

A opinião começou a mudar decisivamente na década de 1960, principalmente devido à descoberta da radiação cósmica de fundo. Em 1965, Arno Penzias e Robert Wilson estavam trabalhando em uma antena experimental de micro-ondas nos Laboratórios Bell, em Nova Jersey. Eles estavam passando por algumas dificuldades. Independentemente da direção em que apontavam a antena de rádio, captavam um ruído de fundo inoportuno e indesejado, que simplesmente não conseguiam eliminar. A explicação inicial desse fenômeno era de que pombos empoleirados na antena estavam interferindo nela. No entanto, mesmo após a partida forçada desses pássaros agressores, o chiado permaneceu.

Foi apenas uma questão de tempo até que o significado completo desse irritante chiado de fundo fosse compreendido. Poderia ser entendido como o "resplendor" de um "big bang" – uma explosão cósmica primordial, cuja existência havia sido proposta em 1948 por Ralph Alpher e Robert Herman. Quando vista ao lado de outras evidências, essa radiação de fundo forneceu um apoio significativo à ideia de que o universo tivera um começo, o que causou dificuldades significativas à teoria rival do "estado estacionário", de Hoyle.

Desde então, os elementos básicos do modelo cosmológico padrão tornaram-se esclarecidos e têm garantido amplo apoio na comunidade científica. Embora ainda existam significativas áreas de debate, esse modelo – desenvolvido na década de 1990 e anos seguintes para chegar ao "Lambda-CDM" ou "modelo cosmológico padrão" – é amplamente aceito por oferecer a melhor ressonância com evidências observacionais, apesar das preocupações de que alguns dos seus pressupostos estão além da verificação empírica.

Esse "modelo padrão" sugere que o universo se originou cerca de 13,8 bilhões de anos atrás e que vem se expandindo e esfriando desde então. (Entretanto, esse número está sujeito a alterações à luz do aperfeiçoamento contínuo do modelo "Lambda-CDM".) As duas evidências mais significativas em apoio a essa teoria são a radiação cósmica de fundo em micro-ondas e a abundância relativa de núcleos leves (como hidrogênio, deutério e hélio) sintetizados no rescaldo imediato do "Big Bang". Isso implica a constatação de que a origem do universo deve ser reconhecida como uma singularidade – um evento único, algo que nunca pode ser repetido e, portanto, nunca sujeito à análise experimental precisa que alguns consideram característica do método científico.

Foi um desenvolvimento dramático, que causou uma mudança radical no pensar com respeito à linguagem religiosa sobre a "criação". Costuma ser dito por apologistas ateus que a ciência corroeu a plausibilidade da fé ao longo do último século. E talvez isso possa ser verdade em alguns aspectos. No entanto, em outros, é comprovadamente falso. O "modelo cosmológico padrão" ressoa fortemente com uma narrativa cristã da criação.

O modelo de "estado estacionário" do universo, proposto por Hoyle, era a cosmologia preferida dos ateus no início dos anos de 1960, pois parecia eliminar qualquer possibilidade de "criação". Falando no Instituto de Tecnologia de Massachusetts, em 1967, Steven Weinberg observou[30] que "a teoria do estado estacionário é filosoficamente a teoria mais atraente, porque é a que *menos* se assemelha à descrição dada em Gênesis". Infelizmente, ele admitiu, a teoria de Hoyle parecia agora estar errada. "É uma pena que a teoria do estado estacionário seja contradita pelo experimento."

Como veremos mais adiante nesta obra, o reconhecimento de que o universo teve uma origem reacendeu o interesse pela narrativa cristã da criação do mundo e por como ela se correlaciona com uma narrativa científica de origem. A ideia de que o progresso científico exige constantemen-

---

30 F. J. Tipler, C. J. S. Clarke, and G. F. R. Ellis, 'Singularities and Horizons – A Review Article,' in *General Relativity and Gravitation: One Hundred Years after the Birth of Albert Einstein, editado por* A. Held. New York: Plenum Press, 1980, pp. 97–206; a citação de Weinberg se encontra na p. 110.

COMEÇANDO: ALGUNS MARCOS HISTÓRICOS 91

te recuo teológico é claramente uma simplificação grosseira! Esse diálogo potencialmente produtivo e construtivo teria sido inconcebível antes da Primeira Guerra Mundial. Entretanto, o diálogo é ainda mais rico e cheio de nuanças do que isso, devido ao reconhecimento do "ajuste fino" das constantes fundamentais da natureza para o surgimento da vida. Como veremos mais adiante nesta obra, o argumento sobre fenômenos "antrópicos" é fascinante e potencialmente insolúvel. O debate continua.

Este capítulo forneceu um contexto histórico importante para a discussão da relação entre ciência e religião, concentrando-se em quatro debates e discussões dos séculos 16, 18, 19 e 20, que continuam a informar e estimular discussões mais recentes sobre a relação entre ciência e fé em geral, bem como sobre certos aspectos específicos desse relacionamento. Há, é claro, muitas outras discussões que merecem atenção – algumas das quais serão consideradas mais adiante no capítulo 6. Nossa atenção agora, no entanto, passa para alguns dos grandes debates na filosofia da ciência que claramente têm significado teológico, o que será considerado no próximo capítulo.

SUGESTÕES DE LEITURA

Temas gerais

Brooke, John Hedley. *Science and Religion: Some Historical Perspectives* [Ciência e religião: algumas perspectivas históricas]. Cambridge: Cambridge University Press, 1991.

Dixon, Thomas. *Science and Religion: A Very Short Introduction* [Ciência e religião: uma breve introdução]. Oxford: Oxford University Press, 2008.

Dyson, Freeman. 'The Scientist as Rebel.' In *Nature's Imagination: The Frontiers of Scientific Vision* [A imaginação da natureza: as fronteiras da visão científica], *editado por* John Cornwell. Oxford: Oxford University Press, 1995, pp. 1–11.

Ferngren, Gary B., ed. *Science and Religion: A Historical Introduction* [Ciência e religião: uma introdução histórica]. Baltimore: Johns Hopkins University Press, 2002.

Harrison, Peter. 'Introdução.' Em Ciência e Religião, editado por Peter Harrison. São Paulo: Ideias e Letras, 2014.

Harrison, Peter. *Os Territórios da Ciência e da Religião*. Viçosa, MG: Ultimato, 2017.

James, Frank A. J. L. 'An "Open Clash between Science and the Church"? Wilberforce, Huxley and Hooker on Darwin at the British Association, Oxford, 1860.' In *Science and Beliefs: From Natural Philosophy to Natural Science* [Ciência e crenças: da filosofia natural à ciência natural], editado por David M. Knight e Matthew D. Eddy. Aldershot: Ashgate, 2005, pp. 171–193.

Lindberg, David C., Ronald L. Numbers. *God and Nature: Historical Essays on the Encounter between Christianity and Science* [Deus e a natureza: ensaios históricos sobre o encontro entre cristianismo e ciência]. Berkeley: University of California Press, 1986.

Moritz Joshua M. 'The War that Never Was: Exploding the Myth of the Historical Conflict Between Christianity and Science.' *Theology and Science*, 10, n. 2 (2012): 113–123.

Russell, Colin A. 'The Conflict Metaphor and its Social Origins.' *Science and Christian Belief* [Ciência e fé cristã], 1 (1989):3–26.

Welch, Claude. 'Dispelling Some Myths About the Split between Theology and Science in the Nineteenth Century.' In *Religion and Science: History, Method, Dialogue* [Religião e ciência: história, método, diálogo], editado por W. Mark Richardson e Wesley J. Wildman. New York: Routledge, 1996, pp. 29–40.

A emergência da síntese medieval

Cantoni, Davide, Noam Yuchtman. 'Medieval Universities, Legal Institutions, and the Commercial Revolution.' *Quarterly Journal of Economics*, 129, n. 2 (2014): 823–887.

Cook, William R., Ronald B. Herzman. *The Medieval World View: An Introduction* [A visão de mundo medieval: uma introdução], 3. ed. Oxford: Oxford University Press, 2012.

Evans, G. R. *The Medieval Theologians* [Os teólogos medievais]. Oxford: Blackwell, 2001.

Feingold, Mordechai, Víctor Navarro Brotons. *Universities and Science in the Early Modern Period* [Universidades e ciência no início do período moderno]. Dordrecht: Springer, 2006.

Ferruolo, Stephen. *The Origins of the University: The Schools of Paris and their Critics, 1100–1215* [As origens da universidade: as escolas de Paris e seus críticos, 1100–1215]. Stanford, CA: Stanford University Press, 1998.

Grant, Edward. *The Foundations of Modern Science in the Middle Ages: Their Religious, Institutional, and Intellectual Contexts* [Os fundamentos da ciência moderna na Idade Média: seus contextos religiosos, institucionais e intelectuais]. Cambridge: Cambridge University Press, 1996.

Hannam, James. *God's Philosophers: How the Medieval World Laid the Foundations of Modern Science* [Os filósofos de Deus: como o mundo medieval lançou os fundamentos da ciência moderna]. London: Icon, 2010.

Henry, John. *Religion, Magic, and the Origins of Science in Early Modern England* [Religião, magia e as origens da ciência no início da Inglaterra moderna]. London: Routledge, 2016.

Killeen, Kevin, Peter J. Forshaw. *The Word and the World: Biblical Exegesis and Early Modern Science* [A palavra e o mundo: exegese bíblica e ciência moderna]. Basingstoke: Palgrave Macmillan, 2007.

Marrone, Steven P. *A History of Science, Magic and Belief: From Medieval to Early Modern Europe* [Uma história da ciência, magia e crença: da medieval à Europa Moderna]. London: Macmillan, 2015.

Martin, Craig. *Subverting Aristotle: Religion, History, and Philosophy in Early Modern Science* [Subvertendo Aristóteles: religião, história e filosofia na ciência moderna]. Baltimore: Johns Hopkins University Press, 2014.

Osler, Margaret J. *Reconfiguring the World: Nature, God, and Human Understanding from the Middle Ages to Early Modern Europe* [Reconfigurando o mundo: natureza, Deus e entendimento humano desde a Idade Média até a Europa moderna]. Baltimore: Johns Hopkins University Press, 2010.

Park, Katharine, Lorraine Daston. *Early Modern Science* [Ciência moderna nascente]. Cambridge: Cambridge University Press, 2016.

Copérnico, Galileu e o sistema solar

Blackwell, Richard J. *Galileo, Bellarmine and the Bible*. Notre Dame, IN: University of Notre Dame Press, 1991.

Boner, Patrick. *Kepler's Cosmological Synthesis: Astrology, Mechanism and the Soul* [Síntese cosmológica de Kepler: astrologia, mecanismo e alma]. Leiden: Brill, 2013.

Brooke, John Hedley. 'Matters of Fact and Faith: The Galileo Affair.' *Journal of the History of Astronomy*, 27 (1996): 68–74.

Finocchiaro, Maurice A. *Defending Copernicus and Galileo: Critical Reasoning in the Two Affairs* [Defendendo Copérnico e Galileu: raciocínio crítico nos dois casos]. New York: Springer, 2010.

Moss, Jean Dietz. *Novelties in the Heavens: Rhetoric and Science in the Copernican Controversy* [Novidades no céu: retórica e ciência na controvérsia copernicana]. Chicago: University of Chicago Press, 1993.

Numbers, Ronald L., ed. *Terra plana, Galileu na prisão e outros mitos sobre ciência e religião*. Rio de Janeiro: Thomas Nelson Brasil, 2020.

Omodeo, Pietro Daniel. *Copernicus in the Cultural Debates of the Renaissance: Reception, Legacy, Transformation* [Copérnico nos debates culturais do Renascimento: recepção, legado, transformação]. Leiden: Brill, 2014.

Newton, universo mecânico e deísmo

Hall, A. Rupert. *Isaac Newton: Adventurer in Thought* [Isaac Newton: aventureiro do Pensamento]. Cambridge: Cambridge University Press, 1996.

Harrison, Peter. 'Natural Theology, Deism, and Early Modern Science.' In *Science, Religion, and Society: An Encyclopedia of History, Culture and Controversy* [Ciência, religião e sociedade: uma enciclopédia da história, cultura e controvérsia], editado por Arri Eisen e Gary Laderman. New York: Sharp, 2006, pp. 426–433.

Hudson, Wayne. *Enlightenment and Modernity: The English Deists and Reform* [Iluminismo e modernidade: os deístas e a reforma ingleses]. London: Routledge, 2015.

Iliffe, Rob. *Priest of Nature: The Religious Worlds of Isaac Newton* [Sacerdote da natureza: os mundos religiosos de Isaac Newton]. Oxford: Oxford University Press, 2017.

Snobelen, Stephen D. 'The Myth of the Clockwork Universe: Newton, Newtonianism, and the Enlightenment.' In *The Persistence of the Sacred in Modern Thought* [A persistência do sagrado no pensamento moderno], editado por Chris L. Firestone e Nathan Jacobs. South Bend, IN: University of Notre Dame Press, 2012, pp. 149–184.

Darwin e as origens biológicas da humanidade

Ayala, Francisco J. 'Intelligent Design: The Original Version.' *Theology and Science*, 1 (2003): 9–32.

Brooke, John Hedley. *Science and Religion: Some Historical Perspectives* [Ciência e religião: algumas perspectivas históricas]. Cambridge: Cambridge University Press, 1991.

Dennett, Daniel C. *A perigosa ideia de Darwin: a evolução e os significado da vida*. Rio de Janeiro: Rocco, 1998.

McGrath, Alister E. *Deus e Darwin: teologia natural e pensamento evolutivo*. Viçosa, MG: Ultimato, 2016.

Peterfreund, Stuart. *Turning Points in Natural Theology from Bacon to Darwin: The Way of the Argument from Design* [Momentos decisivos na teologia natural de Bacon a Darwin: a forma de argumentação do design]. New York: Palgrave Macmillan, 2012.

Peters, Ted. 'The War Between Faith and Fact.' *Theology and Science*, 14, n. 2 (2016): 143–146.

Roberts, Jon H. *Darwinism and the Divine in America: Protestant Intellectuals and Organic Evolution, 1859–1900* [Darwinismo e o Divino na América: intelectuais protestantes e a evolução orgânica, 1859–1900]. Madison, WI: University of Wisconsin Press, 1988.

O "Big Bang": novos insights sobre as origens do universo

Bakker, Frederik A., Delphine Bellis, Carla Rita Palmerino. *Space, Imagination and the Cosmos from Antiquity to the Early Modern Period* [Espaço, imaginação e o cosmos desde a Antiguidade até o período moderno]. Cham, Switzerland: Springer, 2018.

Brown, William. *The Seven Pillars of Creation* [Os sete pilares da criação]. New York: Oxford University Press, 2010.

Harrison, Edward Robert. *Cosmology: The Science of the Universe*, 2. ed.

[Cosmologia: A ciência do universo, 2. ed.]. Cambridge: Cambridge University Press, 2000.

Kragh, Helge. *Conceptions of Cosmos: From Myths to the Accelerating Universe: A History of Cosmology* [Concepções do cosmos: dos mitos ao universo acelerado: uma história da cosmologia]. Oxford: Oxford University Press, 2007.

Kroupa, Pavel. 'The Dark Matter Crisis: Falsification of the Current Standard Model of Cosmology. *Publications of the Astronomical Society of Australia*, 29 (2012): 395-433.

Merritt, David. 'Cosmology and Convention.' *Studies in History and Philosophy of Modern Physics*, 57 (2017): 41-52.

Rees, Martin J. *New Perspectives in Astrophysical Cosmology*, 2. ed. [Novas perspectivas em cosmologia astrofísica, 2. ed.]. Cambridge: Cambridge University Press, 2000.

Scott, Douglas. 'The Standard Cosmological Model.' *Canadian Journal of Physics*, 84 (2006): 419-435.

Walton, John H. *Genesis 1 as Ancient Cosmology* [Gênesis 1 como cosmologia antiga]. Winona Lake, IN: Eisenbrauns, 2011.

CAPÍTULO 3

Religião e a filosofia da ciência

Em termos muito gerais, a disciplina da filosofia da ciência trata das questões filosóficas associadas ou decorrentes das ciências naturais. Exemplos dessas questões incluem: O que é uma lei da natureza? Que tipo de dados pode ser usado para distinguir entre causas reais e regularidades acidentais? De que tipo de evidência precisamos antes de aceitar hipóteses? Por que os cientistas usam modelos e teorias que eles sabem que são, pelo menos parcialmente, imprecisos e sujeitos a revisão?

Algumas dessas indagações se sobrepõem aos temas tradicionais da filosofia, levantando a questão de até que ponto a filosofia da ciência pode ser considerada uma disciplina específica. Isso pode ser avaliado ao considerar as "leis da natureza", que tentam representar a regularidade ou ordem que parece existir dentro da natureza. Essa "regularidade" está realmente presente na própria natureza? Ou é algo imposto à natureza pela mente humana? Esse "caráter de lei" é *discernido dentro* da natureza ou *projetado sobre* ela? Esse debate sobre a tendência da mente humana de gerar e impor padrões à observação, que recebeu um importante estímulo durante o final do século 18 pelo filósofo escocês David Hume, é de interesse filosófico geral; no entanto claramente tem um significado particular para as ciências naturais.

Outras discussões filosóficas têm uma relação mais específica com as ciências naturais. Por exemplo, suponha que certo experimento, que suge-

RELIGIÃO E A FILOSOFIA DA CIÊNCIA

re a existência de um tipo de partícula, seja realizado. Essa partícula não pode ser observada, mas sua existência parece estar implícita no comportamento de outros aspectos do sistema. Então, qual é o *status* dessa partícula hipotética e não observada? Pode-se dizer que realmente "existe"? Para alguns autores, as únicas coisas que "realmente existem" são as próprias observações experimentais. A partícula teórica é apenas uma "ficção útil", uma maneira útil de explicar os fenômenos. Outros, no entanto, sustentam que a melhor explicação de por que as teorias científicas funcionam refere-se ao fato de que elas representam uma descrição ou representação do modo como as coisas são – em outras palavras, que alguma forma de realismo representa a melhor explicação do sucesso das ciências naturais.

Muitas questões em filosofia da ciência são relevantes para a reflexão religiosa ou teológica, além de oferecerem uma ponte conceitual e metodológica entre ciência e teologia. Existem paralelos óbvios entre discussões científicas e teológicas em vários pontos, como o que significa explicar alguma coisa, se a realidade é uma construção livre da mente humana e quais critérios podem ser usados para avaliar possíveis descrições ou explicações da realidade.

O presente capítulo tem como objetivo abordar alguns dos principais temas da filosofia da ciência e explorar como eles têm um significado mais amplo na reflexão sobre questões religiosas. O capítulo 4 vai, então, explorar como a filosofia da religião se baseou nas ideias das ciências naturais.

Começamos nossa discussão considerando a questão de se as teorias científicas nos oferecem representações da natureza do universo ou se são simplesmente ficções úteis para nos ajudar a prever o que acontece dentro do universo.

FATO E FICÇÃO: REALISMO E INSTRUMENTALISMO

O termo "realismo" é geralmente usado para se referir a um grupo de filosofias que afirmam a existência de uma realidade externa e que a mente humana é de alguma forma capaz de copiar ou representar isso. Assim, por que o realismo tem sido tão influente nas ciências naturais? Para muitos, a melhor explicação para o sucesso das ciências naturais é a crença de que as teorias científicas oferecem descrições reais do mundo. "Se o realismo científico e as teorias em que se baseia não fossem corretos, não haveria explicação de por que o mundo observado é como se elas fossem corretas; esse fato seria absurdo, se não milagroso" (Michael Devitt).[31]

Nessa abordagem, a explicação mais simples e mais convincente do que faz as teorias funcionarem é que elas oferecem uma explicação do modo como as coisas realmente são. Se as afirmações teóricas das ciências naturais não estivessem corretas, seu enorme sucesso empírico pareceria apenas fruto de coincidência. Como observou o físico e teólogo John Polkinghorne:

> A explicação naturalmente convincente do sucesso da ciência é que ela obtém uma compreensão cada vez mais rigorosa da realidade existente. O verdadeiro objetivo do esforço científico é entender a estrutura do mundo físico, um entendimento que nunca é completo, mas é passível de aprimoramentos adicionais. Os termos desse entendimento são ditados pela maneira como as coisas são.[32]

Por razões como essas, os cientistas naturais tendem a ser realistas, pelo menos no sentido amplo desse termo. Parece para muitos que o sucesso das ciências naturais mostra que, de alguma maneira, conseguiram descobrir como as coisas realmente são ou apreenderam algo que é fundamental da estrutura do universo. A importância desse ponto é considerável, principalmente porque levanta a questão de saber se os teólogos que desejam argumentar pela existência independente de Deus (e não como uma construção da mente humana) podem aprender alguma coisa com as formas de realismo associadas às ciências naturais. Esta seção tem como objetivo explorar essa questão, começando com um exame da natureza do realismo, antes de passar a considerar suas alternativas.

Realismo

O termo "realismo" denota uma família de posições filosóficas que adotam a visão geral de que existe um mundo real, externo à mente humana, com o qual a mente humana pode entrar em contato, entendendo-o e representando-

---

31 Michael Devitt, *Realism and Truth* [Realismo e Verdade], 2. ed. Princeton, NJ: Princeton University Press, 1997, p. 114.
32 John Polkinghorne, *One World: The Interaction of Science and Theology* [Um mundo: A interação da ciência e teologia]. Princeton: Princeton University Press, 1986, p. 22.

RELIGIÃO E A FILOSOFIA DA CIÊNCIA

-o, mesmo que parcialmente. A credibilidade do realismo deriva diretamente dos sucessos do método experimental ao revelar padrões de comportamento observacional que parecem ser mais bem-explicados com base em um ponto de vista realista. Como observa o filósofo da ciência Michael Redhead:

> Os físicos, em sua atitude não reflexiva e intuitiva em relação ao seu trabalho, à maneira como falam e pensam entre si, tendem a ser realistas sobre as entidades com as quais lidam e, apesar de serem provisórios quanto ao que dizem sobre essas entidades, suas propriedades e inter-relações exatas, eles geralmente sentem que o que estão tentando fazer, e até certo ponto com sucesso, é aprender a "lidar com a realidade".[33]

O realismo científico é, portanto, pelo menos em parte, uma tese *empírica*. Sua plausibilidade e confirmação surgem do envolvimento direto com o mundo real, através de repetidas observações e experimentos. Não deve ser pensado primordialmente como uma afirmação metafísica sobre como o mundo é ou deveria ser. Em vez disso, trata-se de uma afirmação focada e limitada, que tenta explicar por que certos métodos científicos funcionam tão bem na prática.

O realismo, como defendido pela filósofa Hilary Putnam e outros, é a única explicação para as teorias e os conceitos científicos que não "tornam o sucesso da ciência um milagre". A menos que as entidades teóricas empregadas pelas teorias científicas realmente existam e as próprias teorias sejam, pelo menos, descrições aproximadamente verdadeiras do mundo em geral, o sucesso evidente da ciência (em termos de suas aplicações e previsões) certamente seria um milagre. O argumento para o realismo baseado no sucesso científico pode ser apresentado assim:

1 Os sucessos das ciências naturais são muito maiores do que os que podem ser explicados pelo acaso ou por milagres.
2 A melhor explicação para esse sucesso é que as teorias científicas oferecem descrições verdadeiras, ou aproximadamente verdadeiras, da realidade.

---

33 Michael Redhead, *From Physics to Metaphysics* [Da física para metafísica]. Cambridge: Cambridge University Press, 1995, p. 9.

3   O realismo científico é, portanto, justificado com base em seus sucessos.

O realismo, como observado anteriormente, refere-se a uma família de filosofias. Uma forma de realismo que recebeu atenção especial no diálogo entre ciência e religião é geralmente conhecida como "realismo crítico". Muitas vezes, se faz uma distinção entre um "realismo ingênuo", que sustenta que a realidade afeta diretamente a mente humana, sem nenhuma reflexão por parte do conhecedor, e um "realismo crítico", que reconhece que a mente humana tenta expressar e acomodar essa realidade da melhor maneira possível, com as ferramentas à sua disposição – como fórmulas matemáticas ou modelos mentais. Ambas as formas de realismo podem ser contrastadas com várias formas de não realismo ou antirrealismo, favoráveis à visão de que a mente humana constrói livremente suas ideias sem nenhuma referência a um suposto mundo externo.

A principal característica de um "realismo crítico" é o reconhecimento de que a mente humana está ativa no processo de percepção. Longe de ser uma destinatária passiva do conhecimento do mundo externo, ela constrói ativamente esse conhecimento usando "mapas mentais", geralmente conhecidos como *esquemas*. Esse argumento foi proposto pelo psicólogo da religião William James (1842–1910) em 1878 e tem sido amplamente aceito desde então.

> O conhecedor é um ator, coprodutor da verdade, por um lado, enquanto, por outro, registra a verdade que ajuda a criar. Interesses mentais, hipóteses, postulados, na medida em que são bases para a ação humana – ação que em grande parte transforma o mundo –, ajudam a *criar* a verdade que eles declaram.[34]

Mais recentemente, o estudioso do Novo Testamento N. T. Wright (nascido em 1948) ofereceu uma apresentação útil dessa abordagem, que ele descreve como:

---

34 William James, *Essays in Radical Empiricism* [Ensaios em empiricismo radical]. Cambridge, MA: Harvard University Press, 1976, p. 21.

RELIGIÃO E A FILOSOFIA DA CIÊNCIA 103

[...] uma maneira de descrever o processo de "conhecer" que reconhece a *realidade da coisa conhecida, como algo outro que não o conhecedor* (daí "realismo"), enquanto também reconhece plenamente que o único acesso que temos a essa realidade encontra-se ao longo do caminho espiralado do *diálogo ou da conversa apropriada entre o conhecedor e a coisa conhecida* (daí "crítico").[35]

Essa compreensão não coloca em questão a noção de que existe um mundo independente do observador. Trata-se de reconhecer que o conhecedor está envolvido no processo de conhecimento e que esse envolvimento deve, de alguma forma, ser expresso dentro de uma perspectiva realista do mundo.

Mas e as alternativas ao realismo? As duas frequentemente consideradas mais significativas são o idealismo e o instrumentalismo, os quais consideramos agora.

Idealismo

O idealismo é uma abordagem ao nosso conhecimento do mundo que admite que os objetos físicos existem no mundo, embora sustentando que podemos conhecer apenas *como as coisas nos aparecem*, ou são experimentadas por nós, não as coisas como são em si mesmas. A versão mais familiar dessa abordagem é a associada ao grande filósofo idealista alemão Immanuel Kant (1724–1804), que argumentou que devemos lidar com aparências ou representações, e não com coisas em si mesmas. Kant, assim, faz uma distinção entre o mundo da observação (os "fenômenos") e as "coisas em si", sustentando que essas últimas nunca podem ser conhecidas diretamente. O idealista sustentará, assim, que podemos ter conhecimento da maneira pela qual as coisas nos aparecem através da atividade ordenadora da mente humana. No entanto, não podemos ter conhecimento de realidades independentes da mente.

Essa visão é expressa com muita força na abordagem geralmente conhecida como "fenomenalismo", que sustenta que não podemos conhecer realidades extramentais diretamente, mas apenas através de suas "aparên-

---

35 N. T. Wright, *The New Testament and the People of God* [O novo testamento e o povo de Deus]. London: SPCK, 1992, p. 35.

cias" ou "representações". Embora essa visão seja relativamente incomum nas ciências naturais, ela foi defendida por um número significativo de figuras, incluindo o físico Ernst Mach. Para Mach, as ciências naturais dizem respeito ao que é dado imediatamente pelos sentidos. A ciência diz respeito apenas à investigação da aparente "dependência de fenômenos uns dos outros". Isso levou Mach a ter uma visão fortemente negativa da hipótese atômica, argumentando que os átomos eram meramente ficções úteis ou construções teóricas que não podem ser observadas. Os átomos não eram, portanto, "reais"; eram simplesmente noções fictícias úteis que ajudavam os observadores a entender a relação entre vários fenômenos observados. A preocupação central é "preservar os fenômenos" – uma expressão usada pela primeira vez por Aristóteles – que enfatiza a prioridade da observação experimental sobre a reflexão teórica. No final, uma teoria será julgada pela medida em que é capaz de acomodar as observações existentes, seja ou não capaz de prever observações adicionais novas e inesperadas.

É útil observar aqui que duas das teorias científicas mais importantes desenvolvidas nos últimos dois séculos – a teoria da evolução por seleção natural, de Charles Darwin, e a teoria da relatividade geral de Albert Einstein – foram altamente bem-sucedidas em explicar observações conhecidas. Embora Darwin tenha deixado claro que sua teoria não previa e não podia prever novas observações, Einstein identificou novas observações que seriam esperadas, se sua teoria estivesse correta. Isso incluía o fenômeno das lentes gravitacionais, em que a distorção do espaço-tempo devido à influência gravitacional do Sol faz com que a [trajetória da] luz se curve em uma extensão maior do que a prevista pela mecânica newtoniana.

Mach, no entanto, aparentemente influenciado por uma estrutura filosófica kantiana, argumentou que era impossível passar do mundo dos fenômenos para o mundo das "coisas em si". Portanto, não podemos ir além do mundo da experiência. Apesar disso, Mach estava preparado para permitir o uso de "conceitos auxiliares", que servem como pontes que ligam uma observação à outra, desde que se entenda que elas não têm existência real. São "produtos do pensamento" que "existem apenas em nossa imaginação e entendimento".

O ponto em questão na discussão de Mach é de considerável importância e é frequentemente discutido em termos das expressões técnicas "entidades

RELIGIÃO E A FILOSOFIA DA CIÊNCIA 105

hipotéticas", "termos teóricos" ou "inobserváveis". A questão básica é se algo precisa ser *visto* antes que se possa afirmar que esse algo existe. Mach, que defendia que as ciências naturais estavam interessadas apenas em reportar observações experimentais, sustentava que a ciência não estava comprometida em defender a existência real e independente de entidades "inobservadas" ou "teóricas", que tais observações poderiam sugerir – como átomos.

As opiniões de Mach foram contestadas e, finalmente, refutadas por Albert Einstein. Em um de seus notáveis trabalhos científicos de 1905, Einstein ofereceu uma explicação do enigmático fenômeno conhecido como "movimento browniano" – a observação de que partículas muito pequenas de matéria, quando suspensas em um líquido, não permanecem estacionárias, mas se movem aleatoriamente. Einstein considerou que essas partículas se moviam em padrões irregulares por causa do movimento molecular do líquido no qual estão suspensas. A análise teórica de Einstein deixou claro que, embora não fosse possível ver átomos ou moléculas, sua existência real poderia, contudo, ser inferida a partir das propriedades das partículas suspensas no líquido. Há importantes paralelos aqui com a proposta de gravidade de Isaac Newton. Para Newton, a gravidade era uma inferência científica legítima de um fenômeno observável à entidade não observável que melhor o explica. Da mesma forma, átomos não foram observados; sua existência foi inferida. Ainda assim, esse processo de inferência era robusto e gerava novas hipóteses abertas à confirmação empírica.

Instrumentalismo

O instrumentalismo sustenta que conceitos e teorias científicas são meramente instrumentos úteis, cujo valor é medido não pelo fato de os conceitos e as teorias serem verdadeiros ou falsos, ou pelo quão corretamente descrevem a realidade, mas por quão eficazes são em correlacionar e prever os fenômenos. Não são descrições verdadeiras de uma realidade inobservável, mas apenas maneiras úteis de organizar observações. Uma teoria científica é melhor entendida como uma regra, princípio ou dispositivo de cálculo para derivar previsões a partir de conjuntos de dados observacionais.

As características típicas do instrumentalismo podem ser estudadas a partir dos comentários de Ernest Nagel sobre o modelo cinético dos gases.

Esse modelo propõe que as moléculas de um gás podem ser consideradas análogas a objetos esféricos inelásticos, como bolas de bilhar. Nagel argumenta que essa abordagem nada mais é do que um instrumento útil para entender as observações.

> A teoria de que um gás é um sistema de moléculas que se movem rapidamente não é uma descrição de algo que tenha sido ou possa ser observado. A teoria é antes uma regra que prescreve uma maneira de representar simbolicamente, para certos fins, entes tais como a pressão e a temperatura observáveis de um gás; e a teoria mostra, entre outras coisas, como, quando certos dados empíricos sobre um gás são fornecidos e incorporados a esta representação, podemos calcular a quantidade de calor necessária para elevar a temperatura do gás de um determinado número de graus (ou seja, podemos calcular o calor específico do gás).[36]

Os conceitos científicos, embora estejam claramente fundamentados nas observações do mundo natural, não devem, portanto, ser identificados ou reduzidos a essas observações. Da mesma forma, Stephen Toulmin argumenta que, em vez de falar sobre a "existência" ou "realidade" de entidades como elétrons, os cientistas deveriam reconhecer que tal linguagem não é usada para se referir a uma entidade real. A questão tem a ver com a forma como as observações são organizadas, com o objetivo de estimular novas pesquisas ou prever o comportamento dos sistemas no futuro.

Mais recentemente, o filósofo da ciência Bas van Fraassen desenvolveu o "empirismo construtivo", que incorpora alguns temas instrumentalistas. Ele faz uma distinção entre um realista, que sustenta que a ciência visa dar uma descrição literalmente verdadeira de como é o mundo, e o que ele chama de "empirista construtivo", para o qual a aceitação de uma teoria não envolve comprometimento com a *verdade* dessa teoria, mas com a crença de que ela preserva adequadamente os fenômenos aos quais se relaciona:

> Ser um empirista é suspender a crença em qualquer coisa que vá além dos fenômenos atuais observáveis e não reconhecer nenhuma modalidade objetiva na

---

36 Ernest Nagel, *The Structure of Science: Problems in the Logic of Scientific Explanation* [A estrutura da ciência: problemas em lógica da explicação científica]. London: Routledge and Kegan Paul, 1979, p. 129.

RELIGIÃO E A FILOSOFIA DA CIÊNCIA

natureza. Desenvolver uma descrição empirista da ciência é descrevê-la como envolvendo uma busca pela verdade apenas sobre o mundo empírico, sobre o que é atual e observável [...] ela deve invocar, do princípio ao fim, uma rejeição resoluta da demanda por uma explicação das regularidades no curso observável da natureza, por meio de verdades concernentes a uma realidade além do que é atual e observável, como uma demanda que não desempenha nenhum papel no empreendimento científico.[37]

Falar em "leis da natureza" ou entidades teóricas como elétrons é, portanto, introduzir um elemento metafísico injustificado e desnecessário no discurso científico.

Entretanto, historicamente, a maioria dos entendimentos instrumentalistas da ciência tem se transformado em entendimentos realistas com o passar do tempo. A teoria copernicana (e, posteriormente, a kepleriana) do Sistema Solar é um exemplo disso. Inicialmente, muitos cientistas e não cientistas interpretaram a teoria heliocêntrica copernicana como um modelo matemático, acreditando que havia muitos problemas com a abordagem de Copérnico para permitir que ela fosse vista como "real". Andreas Osiander, em seu famoso prefácio da obra de Copérnico, *On the Revolutions of the Heavenly Bodies* [Das revoluções dos corpos celestes] (1543), sugeriu que essa teoria era uma hipótese frutífera, útil para cálculos astronômicos, mas não necessariamente correspondia à maneira como as coisas eram. Copérnico oferecia um modelo matemático útil que era consistente com as observações. No entanto, embora a teoria "salvasse os fenômenos", ela não necessariamente comprometia seus leitores com um modelo heliocêntrico do Sistema Solar.

É dever de um astrônomo estabelecer a história dos movimentos celestes através de observação cuidadosa e hábil, e depois conceber e elaborar causas desses movimentos ou hipóteses sobre eles. Agora, como ele não pode, de forma alguma, alcançar as causas verdadeiras, essas hipóteses assumidas permitem que esses movimentos sejam calculados corretamente a partir dos princípios da geometria,

---

37 Bas C. van Fraassen, *The Scientific Image* [A imagem científica]. Oxford: Oxford University Press, 1980, pp. 202–203.

tanto para o futuro quanto para o passado. O presente autor desempenhou ambos os deveres de forma excelente. Pois essas hipóteses não precisam ser verdadeiras nem mesmo prováveis. É suficiente que elas forneçam apenas um cálculo consistente com essas observações.[38]

Entretanto, com as evidências observacionais crescentes em favor do modelo heliocêntrico do Sistema Solar, a abordagem instrumentalista sutilmente converteu-se em sua contraparte realista. Com o desenvolvimento da física galileana e newtoniana e os novos dados observacionais que se tornaram disponíveis através da invenção do telescópio, a teoria heliocêntrica começou a ser interpretada de maneira realista, em vez de instrumental. Não era apenas uma forma conveniente de pensar sobre o Sistema Solar ou uma convenção que permitia a realização de certos cálculos matemáticos úteis. Era assim que as coisas eram. O Sistema Solar era realmente heliocêntrico.

Teologia e debates sobre realismo

Então, qual é a relevância desses debates para a teologia? Talvez o ponto mais importante a ser observado é que cada uma dessas posições na filosofia da ciência tem sua contrapartida teológica. O antirrealismo é bem-representado pelo radical filósofo da religião Don Cupitt ao argumentar que devemos "abandonar ideias de verdade objetiva e eterna, e ao invés disso ver toda verdade como uma improvisação humana". Em vez de responder à realidade, criamos o que escolhemos considerar real. A realidade é algo que construímos, não algo a que respondemos. "Construímos todas as visões de mundo, criamos todas as teorias [...] Elas dependem de nós, não nós delas."[39]

No geral, porém, os teólogos que se envolveram com as ciências naturais tendem a ser persuadidos pelos méritos de abordagens mais realistas da teologia. Por exemplo, o teólogo escocês Thomas F. Torrance desenvolveu uma forma rigorosa de realismo teológico, insistindo que a teologia fornece uma explicação da realidade das coisas. Ian Barbour, Arthur Peacocke e John Polkinghorne adotam formas de realismo crítico, em última

---

38 Nicolas Copernicus, *De revolutionibus orbium coelestium* [Das revoluções dos corpos celestes] *libri vi.* Nuremberg, 1543, praefatio.
39 Don Cupitt, *Only Human* [Apenas humano]. London: SCM Press, 1985, p. 9.

RELIGIÃO E A FILOSOFIA DA CIÊNCIA

análise baseadas na ênfase de William James no papel ativo do conhecedor no processo de conhecimento.

Polkinghorne expôs seu entendimento do "realismo crítico" com mais detalhes em suas *Terry Lectures* de 1996, na Universidade de Yale, esclarecendo por que ele não era simplesmente um realista em geral, mas um realista crítico em particular:

> Creio que o avanço da ciência não se preocupa apenas com nossa capacidade de manipular o mundo físico, mas com o conhecimento de sua natureza real. Em uma palavra, eu sou um realista. Certamente, esse conhecimento é, em certa medida, parcial e corrigível. Nosso alcance é a verossimilhança, não a verdade absoluta. Nosso método é a interpretação criativa da experiência, não a dedução rigorosa a partir dela. Portanto, sou um realista crítico.[40]

O ponto importante a ser observado aqui é o reconhecimento de Polkinghorne de que o empreendimento científico envolve a interpretação ativa do nosso mundo, não apenas a observação passiva. Polkinghorne, portanto, destaca a importância da percepção de que "teoria e prática estão inexplicavelmente entrelaçadas no pensamento científico", resultando em que "fatos" científicos devem ser entendidos como já tendo sido interpretados, conscientemente ou não. "Há uma circularidade autossustentável inescapável na relação mútua entre teoria e experimento."[41]

Alister McGrath (nascido em 1953) desenvolve uma forma um pouco diferente de realismo crítico, baseando-se nas ideias do cientista social Roy Bhaskar sobre a estratificação da realidade, que enfatiza que todas as disciplinas ou ciências intelectuais têm uma obrigação intrínseca de fornecer uma descrição da realidade de acordo com sua distinta natureza. Em sua obra *Territories of Human Reason* [Territórios da Razão Humana], McGrath explora como diversas disciplinas científicas e outras disciplinas intelectuais – como a teologia – elaboram seus próprios métodos de pesquisa distintos, desenvolvidos com seu objeto de pesquisa específico em mente.

---

40 John Polkinghorne, *Belief in God in an Age of Science* [Crença em Deus em uma era científica]. New Haven, CT: Yale University Press, 1998, p. 104.
41 Ibidem pp. 105–106.

Esse ponto é tão importante, que precisa de mais reflexão. Existe um único "método científico"? Ou as ciências naturais individuais desenvolvem suas próprias abordagens distintas com base em seus campos específicos de investigação? E, se sim, quais são as implicações para a teologia?

EXPLICAÇÃO, ONTOLOGIA E EPISTEMOLOGIA: MÉTODOS DE PESQUISA E INVESTIGAÇÃO DA REALIDADE

Toda disciplina intelectual usa essencialmente o mesmo método de investigação da realidade? Ou esses métodos foram desenvolvidos e adaptados para lidar com áreas específicas de investigação? Alguns autores falam do "método científico" – observe o uso do singular –, de modo que as ciências naturais são todas caracterizadas essencialmente pelos mesmos métodos de trabalho. Essa abordagem é encontrada nos escritos do físico e popularizador científico de Oxford, Peter Atkins, para o qual o "método científico" distintivo é capaz de iluminar tudo de uma maneira exclusivamente confiável. No entanto, sua abordagem falha em levar em consideração as características e os objetivos distintos das ciências *individuais*, reduzindo-as todas a uma única "monociência", ao negligenciar suas identidades, histórias e objetos de investigação distintos. Essa visão de um "método científico" único tem sido abalada por estudos acadêmicos da história e prática das ciências naturais, que apontam para uma ampla gama de métodos sendo desenvolvidos e implantados, dependendo do objeto específico da investigação. Embora astronomia, bioquímica e psicologia sejam todas ciências naturais, eles usam ferramentas de pesquisa diferentes para realizar essas investigações.

No início desta obra, destacamos uma observação de Werner Heisenberg: "Precisamos lembrar que o que observamos não é a própria natureza, mas a natureza conforme revelada por nossos métodos de investigação."[42] Não existe um método científico generalizado que possa ser aplicado a todas as ciências sem alguma modificação. Embora se possa argumentar que certos princípios gerais estão por trás das abordagens específicas encontradas em qualquer ciência natural, a natureza do campo a ser investigado

---

42 Werner Heisenberg, *Physik und Philosophie* [Fisica e Filosofia]. Stuttgart: Hirzel, 2007, p. 85.

RELIGIÃO E A FILOSOFIA DA CIÊNCIA

molda a abordagem a ser adotada. Como cada ciência lida com um objeto diferente, cada ciência tem a obrigação de responder a esse objeto de acordo com sua natureza distinta. Os métodos que são apropriados para o estudo de um objeto não podem ser abstraídos e aplicados de forma acrítica e universal. Cada ciência desenvolve procedimentos que considera adequados à natureza de seu próprio campo de pesquisa. Porém, cada método de pesquisa envolve e ilumina apenas parte de uma imagem maior. Seus resultados podem ser confiáveis e precisos – mas são incompletos.

A sugestão de que as próprias ciências naturais adotem uma pluralidade de métodos e critérios de racionalidade encontra amplo apoio na prática científica. O biólogo Steven Rose, refletindo sobre a tarefa científica de dedicar-se a explicar o mundo em seu próprio campo, observou que era necessária uma pluralidade de métodos para envolver-se com o mundo. "Sendo materialista, como todos os biólogos devem ser, estou comprometido com a visão de que vivemos em um mundo que é uma unidade ontológica, mas também devo aceitar um pluralismo epistemológico."[43] Não podemos reduzir toda atividade cognitiva a "um único método fundamental", mas devemos fazer uso de uma variedade de ferramentas conceituais, adaptadas a tarefas e situações específicas, para fornecer uma descrição tão completa quanto possível do nosso mundo.

Rose explica seu argumento com uma parábola de cinco biólogos, representando diferentes subdivisões dessa disciplina, que notam um sapo pular em um lago. Cada um oferece uma explicação dessa observação a partir da perspectiva específica de sua própria subdisciplina biológica. O fisiologista explica que os músculos das pernas do sapo foram estimulados por impulsos do cérebro. O bioquímico complementa isso, salientando que o sapo salta por causa das propriedades das proteínas fibrosas. O biólogo do desenvolvimento localiza, em primeiro lugar, a capacidade do sapo de saltar no processo biológico que deu origem ao sistema nervoso e aos músculos. O comportamentalista animal lembra que o sapo pulou para escapar de uma cobra predatória à espreita. O biólogo evolutivo acrescenta que o processo de seleção natural garante que apenas os ancestrais dos sa-

---

43 Steven Rose, 'The Biology of the Future and the Future of Biology' [A biologia do futuro e o futuro da biologia] em *Explanations: Styles of Explanation in Science*, editado por John Cornwell. Oxford: Oxford University Press, 2004, pp. 125–142.

pos que puderam detectar e escapar de cobras foram capazes de sobreviver e se reproduzir. O argumento de Rose é simples: todas as cinco explicações fazem parte de uma descrição maior. Todos elas estão certas; elas usam diferentes métodos de pesquisa para iluminar aspectos de um todo maior, que nenhuma delas pode revelar completamente com base em seus próprios métodos.

A parábola de Rose nos ajuda a identificar os problemas que precisam ser considerados ao passar do reconhecimento de várias perspectivas para o desenvolvimento de uma descrição teórica unificada. Cada uma das cinco abordagens pode ser tratada como uma perspectiva específica sobre o pulo do sapo. Essas perspectivas refletem seus próprios métodos e ênfases disciplinares distintos e não precisam ser tratadas como "ficções", ou mesmo como descrições instrumentalistas do fenômeno.

Uma ampla variedade de metodologias está dispersa em todo o espectro dessas disciplinas. Física, biologia evolutiva e psicologia têm cada uma seus próprios vocabulários, métodos e procedimentos, e se engajam com a natureza pelos seus próprios modos característicos. Cada ciência natural desenvolve um vocabulário e um método de trabalho que é apropriado ou adaptado ao seu objeto. Quanto mais complexo esse objeto, mais níveis de explicação são necessários. Um exemplo clássico é o corpo humano, que pode ser investigado em uma série de níveis – anatômico, fisiológico e psicológico: cada um ilumina um aspecto do todo maior, mas nenhum deles é adequado por si só para dar uma explicação completa.

Então, quais são as implicações, para a teologia, desse entendimento do método científico como "específico de cada disciplina"? Durante a década de 1930, o teólogo protestante suíço Karl Barth argumentou vigorosamente pelo reconhecimento de fontes, normas e métodos distintos da teologia cristã. Como outras disciplinas, ela tinha suas próprias fontes e normas. O filósofo alemão Heinrich Scholz, entretanto, havia sugerido que a teologia deveria ser julgada pelos mesmos critérios de todas as outras disciplinas. Scholz foi influenciado aqui pela ideia do Iluminismo de que havia um único método racional, que se aplicava a todos os campos de estudo. Na visão de Barth, a teologia cristã era "científica" não porque estivesse em conformidade com algum método supostamente universal, mas porque usava um método que era apropriado ao objeto sob investigação.

RELIGIÃO E A FILOSOFIA DA CIÊNCIA

Thomas F. Torrance é um bom exemplo de um teólogo que se engajou extensivamente com as ciências naturais ao desenvolver suas próprias posições teológicas, e que afirmou a singularidade do método teológico. Provavelmente, se vê isso melhor na obra de Torrance, *Theological Science* [Ciência Teológica] (1969), que afirmava a peculiaridade da teologia cristã, tanto em termos de seu objeto de investigação quanto de seu método de pesquisa:

> A teologia é a única ciência dedicada ao conhecimento de Deus, diferindo de outras ciências pela singularidade de seu objeto, que só pode ser apreendido em seus próprios termos e dentro da situação real que ele criou em nossa existência ao se dar a conhecer.[44]

Para Torrance, tanto a teologia cristã quanto as ciências naturais são respostas a uma realidade que está além delas e são moldadas pela realidade que deve ser apreendida. Todas as disciplinas ou ciências intelectuais têm uma obrigação intrínseca de fornecer uma descrição da realidade "de acordo com sua natureza distinta".[45] Um argumento semelhante é apresentado por John Polkinghorne ao afirmar que "não existe epistemologia universal, mas as entidades são passíveis de serem conhecidas apenas através de maneiras que se ajustam à sua natureza idiossincrática".[46]

Para Torrance, isso significa que tanto cientistas quanto teólogos têm ambos a obrigação de "pensar apenas de acordo com a natureza do dado". O objeto a ser investigado deve receber voz nesse processo de investigação. A característica peculiar de uma ciência é fornecer uma descrição precisa e objetiva das coisas, de maneira apropriada à realidade que está sendo investigada. Tanto a teologia quanto as ciências naturais devem, portanto, ser entendidas como atividades *a posteriori* que respondem ao "dado", e não como especulação *a priori* baseada em primeiros princípios filosóficos. No caso das ciências naturais, esse "dado" é o mundo da natureza; no caso da ciência teológica, é a autorrevelação de Deus em Cristo.

---

44 Thomas F. Torrance, *Theological Science* [Ciência teológica]. London: Oxford University Press, 1969, p. 281.
45 Thomas F. Torrance, *Theology in Reconstruction* [Teologia em reconstrução]. London: SCM Press, 1965, p. 9.
46 John Polkinghorne, *Belief in God in an Age of Science* [Crença em Deus em uma era científica]. New Haven, CT: Yale University Press, 1998, pp. 105–106.

Um estudo de caso sobre explicação: Nancey Murphy sobre o "fisicalismo não redutivo"

Como os cristãos entendem a natureza humana? Quais são as características essenciais de uma antropologia cristã? A filósofa americana Nancey Murphy contribuiu significativamente para o que ela chama de "debate sobre os 'constituintes ontológicos' dos seres humanos". A resposta cristã tradicional a essa pergunta, que recebeu suas declarações definitivas na Idade Média, é fazer distinção entre "corpo" e "alma" (latim: *anima*). Argumentava-se que os seres humanos se distinguiam de todos os outros animais e objetos inanimados pela posse dessa entidade espiritual. Essa abordagem foi considerada justificada em bases bíblicas, pois o Novo Testamento geralmente fala de "corpo e alma" e, ocasionalmente, de "corpo, alma e espírito". Referências ao "corpo" foram geralmente entendidas pelos autores medievais como referências às partes físicas e materiais da humanidade, enquanto a "alma" foi entendida como uma entidade espiritual imaterial e eterna, que apenas residia no corpo humano.

Há duas questões aqui que demandam mais discussão. Primeira, é realmente assim que devemos interpretar as afirmações antropológicas bíblicas? Muitos estudiosos do século 20 assinalaram que a noção de alma imaterial era um conceito grego secular, e não uma noção bíblica. A visão hebraica de humanidade era aquela de uma única entidade, uma unidade psicossomática inseparável, com muitas facetas ou aspectos. O Antigo Testamento concebe humanidade "como um corpo animado, e não como uma alma encarnada" (H. Wheeler Robinson).[47] Segunda, que desafios são colocados nessa visão tradicional pelas neurociências modernas, que não oferecem lugar para noções como "alma"? Como devemos conceber a natureza humana à luz das tendências recentes da interpretação bíblica e dos desenvolvimentos em neurociência?

O trabalho de Murphy envolve essas duas questões, especialmente a segunda. Ela segue o estudioso do Novo Testamento britânico, James D. G. Dunn, sustentando que os autores bíblicos não estavam preocupados em catalogar os componentes metafísicos dos seres humanos, como corpo,

---

47 H. Wheeler Robinson, 'Hebrew Psychology' [Psicologia hebraica] A. S. Peake, ed., *The People and the Book* [O povo e o livro]. Oxford: Clarendon Press, 1925, p. 362.

RELIGIÃO E A FILOSOFIA DA CIÊNCIA

alma, espírito ou mente. O interesse deles era principalmente nos relacionamentos, e especialmente no relacionamento de uma pessoa com Deus. Murphy insiste na necessidade de uma descrição *fisicalista* da humanidade, que não invoque ou pressuponha componentes espirituais ou imateriais. Ela observa corretamente, por exemplo, que termos bíblicos para aspectos da existência humana passaram a ser traduzidos por termos filosóficos gregos e, eventualmente, incorporados à filosofia grega, passando a ser entendidos como referindo-se a constituintes de humanidade. Murphy considera essas questões no contexto de uma discussão mais ampla do "fisicalismo" na filosofia convencional, que muitas vezes apresenta, como posição padrão, uma abordagem fisicalista para a causação mental e os eventos mentais.

Isso leva a uma descrição reducionista da natureza humana? Murphy ressalta, com razão, que essa questão precisa de uma resposta cuidadosa, uma vez que muitos relutam em aceitar descrições puramente fisicalistas da pessoa humana, pois essas muitas vezes parecem negar a existência, significado ou valor daqueles aspectos da vida humana que são vistos como particularmente significativos. As descrições reducionistas da natureza humana parecem colocar em questão muitas preocupações e crenças tradicionais sobre a dignidade e a posição teológica da pessoa humana. Murphy pertinentemente distingue vários sentidos com os quais a palavra "reducionista" é empregada:

1. *Reducionismo metodológico* é uma estratégia de pesquisa que analisa o objeto a ser estudado em suas partes.

2. *Reducionismo ontológico* é a visão de que nenhum novo tipo de "ingrediente" metafísico precisa ser adicionado para produzir entidades de nível superior a partir de entidades de nível inferior. Isso rejeita, por exemplo, as opiniões de Henri Bergson (1859–1941) e Hans Driesch (1867–1941), que sustentavam, respectivamente, que era necessária uma "força vital" ou "enteléquia" adicional para produzir seres vivos a partir de materiais não vivos.

3. *Reducionismo causal* é a visão de que o comportamento das partes de um sistema (em última análise, as partes estudadas pela física *subatômica*) é determinante do comportamento de todas as entidades de nível superior. Se esta tese – de que toda a causa na hierarquia

é ascendente – é verdadeira, segue-se que as leis referentes às ciências superiores na hierarquia devem ser redutíveis às leis da física.

Murphy usa a expressão "fisicalismo não redutivo" para designar a aceitação do reducionismo ontológico, enquanto *rejeita* o reducionismo causal e o materialismo redutivo. A posição de Murphy envolve, portanto, recuperar a ideia bíblica de humanidade como uma unidade *psicossomática* inseparável, que é claramente consistente com o consenso neurocientífico moderno. Entretanto, sua realização mais significativa é mostrar como esse "fisicalismo não redutivo" pode evitar as armadilhas reducionistas que seus críticos poderiam antecipar. Isso envolve o desenvolvimento de duas ideias: superveniência e "causação descendente" (também conhecida como "causação de cima para baixo" [*top-down causation*] ou "causação todo--parte" [*whole-part causation*]).

A noção de superveniência foi introduzida em 1970 por Donald Davidson (1917–2003) para descrever a relação entre características mentais e físicas. Como é amplamente considerado implausível que ideias, mentes e assim por diante simplesmente não existam, os fisicalistas costumam afirmar que as ideias e mentes "sobrevêm" a objetos materiais. Murphy adota essa ideia para mostrar como o comportamento de qualquer sistema de ordem superior pode ser influenciado fortemente, mas não completamente determinado, pelo comportamento de seus componentes de ordem inferior. Nem a liberdade da mente humana nem a vontade humana são abolidas por suas naturezas e contextos físicos.

Murphy também recorre à noção de "causação descendente" para bater no reducionismo. A importância dessa abordagem foi observada por outros autores no campo de ciência e religião, incluindo Arthur Peacocke e John Polkinghorne. Essa abordagem envolve contestar o modelo mecânico de causalidade, que sustenta que os níveis inferiores de um sistema determinam suas propriedades de nível superior, de modo que o comportamento em níveis superiores é, em certo sentido, "explicado" pelos sistemas de nível inferior. Nessa abordagem, a consciência é explicada pela física. Porém, isso pode ser facilmente contestado. Mesmo que os níveis mais baixos de um sistema sejam determinísticos, o comportamento do sistema *como um todo* é moldado pela configuração de seus componentes individuais.

RELIGIÃO E A FILOSOFIA DA CIÊNCIA

O caso da evolução biológica é um excelente exemplo: a relação dos organismos com seus ambientes desempenha um papel significativo na seleção natural, que não pode ser prevista com base em um modelo mecânico de "causação ascendente".

O que significa explicar algo?

Os seres humanos desejam entender as coisas – identificar padrões no rico tecido da natureza, oferecer explicações para o que acontece ao seu redor e refletir sobre o significado de suas vidas. Saber *que* algo aconteceu, ou *que* algo existe, não é o mesmo que entender *por que* aconteceu ou *por que* existe. Há uma lacuna significativa entre saber *que* e saber o *porquê*. Tanto a comunidade científica quanto a religiosa buscam entender o que é observado. Elas se aplicam em lutar com as ambiguidades da experiência, a fim de oferecer as "melhores explicações" para o que é observado. Isso não quer dizer que a ciência ou a religião possam ser *reduzidas* a tais interpretações, mas trata-se simplesmente de notar que ambas têm uma dimensão explanatória.

Os seres humanos claramente consideram importante ser capazes de explicar nosso mundo – oferecer uma descrição, ainda que incompleta, das interconexões de eventos e forças em nosso mundo que nos permitem entender por que certas coisas acontecem ou por que elas acontecem de certa maneira. A crença de que existe alguma explicação razoável para o que observamos em nosso mundo e experimentamos em nós mesmos parece ser uma intuição humana universal. A tarefa de encontrar essas explicações – para dar sentido às coisas – é um aspecto integrante do engajamento humano com a realidade.

É amplamente aceito que as ciências naturais ofereçam explicações baseadas em evidências para o que observamos em nosso universo. Ciência tem a ver com descobrir a inteligibilidade básica da natureza, com o objetivo de identificar as estruturas mais profundas e os padrões mais amplos que estão por trás de eventos e entidades do mundo natural. A síntese desse ponto, do filósofo da ciência Peter Dear, exigiria amplo consentimento dentro da comunidade científica:

A marca registrada da filosofia natural é sua ênfase na inteligibilidade: ela toma os fenômenos naturais e tenta explicá-los de maneiras que não apenas se mantêm unidas logicamente, mas também repousam em ideias e suposições que parecem certas e que fazem sentido; ideias que parecem naturais.[48]

Alguns argumentariam que a própria inteligibilidade da natureza requer explicação. Por que a mente humana é capaz de discernir a profunda racionalidade do nosso universo, quando parece não haver uma boa razão para ser capaz de fazê-lo? O grande físico alemão Max Planck, por exemplo, observou que "a ciência não pode resolver o mistério final da natureza", pois "nós mesmos somos parte da natureza e, portanto, parte do mistério que estamos tentando resolver".[49]

John Polkinghorne desenvolveu esse ponto ainda mais, argumentando que o cristianismo fornece uma estrutura intelectual que dá sentido à nossa capacidade de entender nosso universo. "A teologia pode tornar essa descoberta inteligível, pelo entendimento de que a Mente do Criador é a fonte da maravilhosa ordem do mundo."[50] Assim, a teologia posiciona as descobertas científicas em um contexto mais amplo e profundo de inteligibilidade, fornecendo uma estrutura conceitual que sustenta conjuntamente as descrições objetiva e subjetiva da realidade. A ciência "precisa ser considerada no contexto mais amplo e profundo de inteligibilidade que a crença em Deus proporciona".

O interesse no que significa oferecer uma explicação científica das observações remonta ao Renascimento. Entretanto, tornou-se uma questão filosófica séria no início do século 19, especialmente através do trabalho do filósofo inglês William Whewell (1794-1866). Em sua obra *Philosophy of the Inductive Sciences* [Filosofia das ciências indutivas], Whewell expôs uma descrição do que um cientista faz ao tentar entender um conjunto de observações. Para Whewell, a observação envolve o que ele chama de "inferência inconsciente", através da qual interpretamos inconscientemente ou automaticamente o que observamos em termos de um conjunto de ideias. Ao fazer isso, Whewell sugere que acrescentamos algo a esse proces-

---

48 Peter R. Dear, *The Intelligibility of Nature: How Science Makes Sense of the World* [A inteligibilidade da natureza: como a ciênca faz sentido do mundo]. Chicago: University of Chicago Press, 2006, p. 173.
49 Max Planck, *Where Is Science Going?* [Para onde a ciência está indo?] New York: W.W. Norton, 1932, p. 173.
50 John Polkinghorne, *Theology in the Context of Science* [Teologia no contexto da ciência]. London: SPCK, 2008, p. xx.

RELIGIÃO E A FILOSOFIA DA CIÊNCIA 119

so de observação – isto é, algum tipo de princípio organizador que "sobrepomos" às observações empíricas, para que possam ser vistas como interconectadas. Uma boa teoria é capaz de "coligar" observações, assim como um fio mantém um grupo de pérolas em um colar, pois, de outra forma, essas poderiam ser vistas como desconectadas. Para Whewell, uma teoria identifica e ilumina o "verdadeiro vínculo de Unidade, pelo qual os fenômenos são mantidos juntos".[51] A teoria explica as observações empíricas "superinduzindo" uma maneira de pensar que permite que sua interconexão seja compreendida.

Abordagens ônticas e epistêmicas da explicação

No final do século 20 surgiram duas abordagens principais para a explicação científica, que agora são geralmente designadas como "ônticas" e "epistêmicas". Essa distinção é devida ao filósofo da ciência Wesley Salmon, que propôs que as descrições ônticas sobre explicação sustentam que as explicações envolvem identificar estruturas e processos dentro do mundo responsáveis pela produção dos fenômenos a serem explicados. As descrições epistêmicas sustentam que a explicação está relacionada ao fato de tornarmos os fenômenos compreensíveis, previsíveis ou inteligíveis, colocando-os em um contexto informativo. Com efeito, criamos ou geramos um esquema mental que organiza observações empíricas e as encaixa em um padrão coerente. Assim, Salmon contrasta explicações ônticas, que são fundamentadas externamente ao observador e localizadas na estrutura do mundo, com abordagens epistêmicas que veem a explicação como uma realização cognitiva humana, com base em estruturas conceituais geradas pela mente humana. Embora muitos pontos de vista sobre explicação realmente misturem elementos ônticos e epistêmicos, é útil distinguir dentre essas duas amplas abordagens.

As explicações ônticas mais simples são causais. Se A causa B, então A explica B. Salmon ressalta que essa abordagem da explicação científica se baseia na suposição de que "os mecanismos causais subjacentes são a chave para a nossa compreensão do mundo".[52] Processos causais e leis causais for-

---

51 William Whewell, *Philosophy of the Inductive Sciences* [Filosofia das ciências indutivas] (2 vols). London: John W. Parker, 1847, vol. 2, p. 46.
52 Wesley C. Salmon, *Scientific Explanation and the Causal Structure of the World* [Explicação científica e a

necem os mecanismos pelos quais o mundo opera. Para entender por que certas coisas acontecem, precisamos ver como elas são produzidas por esses mecanismos. Explicar um evento pode, portanto, significar fornecer informações sobre sua história causal. É importante observar aqui que um evento pode ter múltiplas causas. A complexa cadeia causal de uma maçã que cai por terra pode incluir, por exemplo, a força da gravidade, um galho em decomposição na macieira ou um pássaro desajeitado que por acaso pousou na maçã naquele momento. Sequências causais geralmente envolvem múltiplos fatores, dificultando a atribuição de uma causa única a um evento.

As abordagens epistêmicas da explicação, entretanto, baseiam-se na crença de que a ciência alcança a explicação oferecendo uma imagem unificada do mundo. Uma explicação científica fornece um relato unificado de uma variedade de fenômenos diferentes. Compreender qualquer fenômeno é ver como ele se encaixa com outros fenômenos dentro de um todo unificado, discernindo a unidade fundamental subjacente à aparente diversidade dos próprios fenômenos. Philip Kitcher é um dos muitos filósofos da ciência a enfatizar a importância de discernir padrões comuns na natureza como base da explicação:

> Compreender o fenômeno não é simplesmente uma questão de reduzir as "incompreensibilidades fundamentais", mas de ver conexões, padrões comuns, naquilo que inicialmente pareciam ser situações diferentes.[53]

Muitos localizam a fonte fundamental do poder explicativo na *ontologia* – uma compreensão da ordem fundamental das coisas. A explicação epistêmica funciona melhor quando se considera que suas estruturas conceituais correspondem ou se baseiam nas estruturas do mundo. Por esse motivo, muitos filósofos da ciência sustentam que há um elemento ôntico irredutível no processo de explicação. O filósofo da ciência francês Pierre Duhem (1861-1916) argumentava que explicar algo "é despir a realidade das aparências que a cobrem como véus, a fim de ver essa realidade nua

---

estrutura causal do mundo]. Princeton, NJ: Princeton University Press, 1984, p. 260.
53 Philip Kitcher, 'Explanatory Unification and the Causal Structure of the World' [Unificação explanatória e a estrutura causal do mundo], em *Scientific Explanation*, editado por P. Kitcher e W. Salmon. Minneapolis: University of Minnesota Press, 1989, pp. 410–505; citação na p. 432.

RELIGIÃO E A FILOSOFIA DA CIÊNCIA

face a face".[54] É descobrindo o "quadro geral" que seus elementos individuais podem ser conhecidos e entendidos; a explicação trata de localizar um evento ou observação dentro desse contexto mais profundo.

Então, como decidimos qual teoria científica fornece a melhor explicação para o que observamos? Há muito se reconhece que um grupo qualquer de observações pode ser explicado de várias maneiras. Isso naturalmente levanta a questão de quais critérios podemos usar para decidir, de um grupo de explicações possíveis, qual é a mais fidedigna. Na próxima seção examinaremos a complexa questão da escolha de teorias em ciência. Mas, antes de nos voltarmos para isso, precisamos perguntar se a religião tem algum papel explanatório.

Religião e explicação

A religião explica alguma coisa? Alvin Plantinga é um dos vários filósofos da religião a sugerir que seu potencial explicativo não é de importância primordial para o cristianismo.

> Suponha que a crença teísta seja explicativamente ociosa: por que isso deveria comprometê-la ou sugerir que ela tenha baixo *status* epistêmico? Se, antes de mais nada, a crença teísta não é proposta como uma hipótese explicativa, por que o fato de ela ser explicativamente ociosa, se é que ela é, deveria ser considerado um demérito dela?[55]

Da mesma forma, o filósofo da religião Dewi Z. Phillips (1934–2006) também marginaliza os aspectos explicativos da crença em Deus. A religião não requer explicações nem oferece explicações. Aqui, Phillips segue o filósofo Ludwig Wittgenstein ao minimizar qualquer papel explicativo da fé.

Outros, porém, argumentam que a religião possui sim um papel explanatório ou gerador de sentido, e que isso é essencial para entender tanto seu apelo quanto sua função. O filósofo Keith Yandell é um representante dessa abordagem:

---

54 Pierre Duhem, *La théorie physique: son object, sa structure* [A teoria física: seu objeto e sua estrutura], 2. ed. Paris: Rivière, 1914, pp. 3–4.
55 Alvin Plantinga, *Warranted Christian Belief*. Oxford: Oxford University Press, 2000, p. 370. [Disponível em português: *Crença Cristã Avalizada*. São Paulo: Vida Nova, 2018].

> Uma religião é um sistema conceitual que fornece uma interpretação do mundo e do lugar dos seres humanos nele, fundamenta uma explicação de como a vida deve ser vivida dada essa interpretação, e expressa essa interpretação e estilo de vida em um conjunto de rituais, instituições e práticas.[56]

De maneira semelhante, Richard Swinburne propôs que Deus é a melhor explicação para os complexos padrões de fenômenos que observamos no mundo natural. "Estou postulando um Deus para explicar o que a ciência explica; não nego que a ciência explique, mas postulo Deus para explicar por que a ciência explica."[57] A existência de Deus pode, ele argumenta, ser deduzida do que é observado no mundo. Uma vez que essa ideia de Deus seja aceita, encontra-se uma explicação para o que experienciamos ao nosso redor.

O físico e teólogo John Polkinghorne sustenta que a religião tem um papel particularmente importante em lidar com as "metaquestões" levantadas pela ciência, mas que nos apontam para além do que a ciência por si só pode presumir falar a respeito. Por que o universo físico é racionalmente transparente para nós, tal que podemos discernir seu padrão e estrutura? Por que alguns dos mais belos padrões propostos por matemáticos puros são realmente encontrados na estrutura do mundo físico? Como devemos explicar a capacidade da matemática de modelar com tanta precisão as estruturas fundamentais do universo? A ciência explora de bom grado a transparência racional do universo, mas é incapaz de explicar por que o universo é assim. O cristianismo fornece uma estrutura teísta que explica o que de outra forma deveria ser considerado como milagre ou feliz acidente.

O grande teólogo medieval Tomás de Aquino propôs que havia uma conexão explícita entre a existência de Deus e a capacidade humana de dar sentido ao nosso mundo. Deus pode ser considerado um agente explicativo, cuja existência e natureza fornecem uma explicação retrospectiva de vários aspectos de nossa experiência do mundo – como a ordem do mundo, ou nosso senso de bondade ou beleza. Em um famoso debate de 1948 entre Bertrand Russell e Frederick Copleston, Russell descartou a ne-

---

56 Keith E. Yandell, *Philosophy of Religion: A Contemporary Introduction* [Filosofia da religião: uma introdução contemporânea]. New York: Routledge, 1999, p. 16.
57 Richard Swinburne, *Is There a God?* [Existe um Deus?] Oxford: Oxford University Press, 1996, p. 68.

RELIGIÃO E A FILOSOFIA DA CIÊNCIA

cessidade de qualquer explicação para o universo. O universo está aí e nada pode ser adicionado ao fato bruto de sua existência. Tomás de Aquino, ao contrário, considera que é razoável procurar uma explicação de por que o mundo existe e por que tem suas características distintas. O universo exige uma explicação em termos de um relacionamento com algo que não seja ele próprio – isto é, Deus. Um argumento semelhante é apresentado pelo filósofo Thomas Nagel ao sustentar que a existência de nosso universo requer um contexto explicativo maior que as leis científicas, pois tal explicação limitada "ainda teria que se referir a características de alguma realidade maior que o incluía ou que deu origem a ele".[58]

A abordagem de Tomás de Aquino para explicação na segunda de suas "Cinco Vias" é basicamente causal. Esse argumento pode ser apresentado em quatro etapas:

1. Observamos uma ordem de causas eficientes nas coisas que vemos ao nosso redor.
2. No entanto, não observamos, e não podemos esperar observar, nada que seja a causa eficiente de si mesmo.
3. Não é possível que deva existir uma série infinita de causas eficientes.
4. Portanto, devemos supor que exista alguma causa eficiente primordial (*prima causa efficiens*), que é o que todos chamam de "Deus".

Tomás de Aquino vê esse argumento como uma explicação causal do que é observado e experimentado no mundo. Embora a abordagem de Tomás de Aquino seja ôntica, e não epistêmica, o contexto em que é definida pressupõe alguma forma de integração conceitual dos modos de explicação ôntico e epistêmico, mesmo que isso não seja desenvolvido nesse ponto na Suma Teológica.

Essa abordagem foi desenvolvida ainda mais por muitos filósofos modernos, que argumentaram pela existência de um ser necessário transcendente que é o fundamento de uma explicação definitiva do porquê de certos seres contingentes existirem e passarem por eventos particulares.

---

58 Thomas Nagel, 'Why Is There Anything?' In *Secular Philosophy and the Religious Temperament: Essays, 2002–2008*. Oxford: Oxford University Press, 2009, pp. 27–32; citado na p. 28.

Argumenta-se que o teísmo em geral (e o cristianismo em particular) articula uma estrutura teórica que possibilita uma explicação definitiva da realidade. Alguns propuseram desenvolver uma defesa para a existência de um ser tão transcendente com base em sua capacidade de explicar a existência e o caráter do mundo, e depois procuraram correlacionar isso com o Deus cristão; outros desenvolveram abordagens que buscam demonstrar a capacidade explicativa do entendimento cristão de Deus, vendo essa capacidade como um indicador da existência de tal Deus. Ainda mais, essa perspectiva específica de explicação inclui também um elemento crítico, na medida em que coloca a questão de como uma interpretação puramente naturalista ou materialista do nosso mundo pode explicar o aparecimento, através da operação das leis da física e da química, de seres conscientes como nós, que provamos ser capazes de descobrir essas leis e entender o universo que elas governam.

Até aqui, consideramos abordagens teístas gerais da explicação. Mas e as abordagens especificamente cristãs? Observou-se frequentemente que muitos cientistas renomados do Renascimento viam a teologia como um modelo imaginativo que lhes permitia entender o mundo. Muitos teólogos consideraram que a noção de humanidade portadora da "imagem de Deus" deveria ter resultados epistêmicos importantes, incluindo uma propensão ou capacidade de discernir Deus dentro da criação. O método científico indutivo de William Whewell refletia sua crença de que as "Ideias Fundamentais" que usamos para organizar nossas ciências se assemelham às ideias usadas por Deus na criação do universo físico. Deus criou nossas mentes para que elas contenham essas ideias (ou seus "germes"), tal que "elas possam e devam concordar com o mundo".[59]

Uma ideia bem parecida havia sido apresentada muito antes, de forma mais matemática, pelo astrônomo Johann Kepler. Em sua obra *Harmonies of the World* [Harmonias do mundo] (1619), Kepler propôs que o "dado" teológico de que os seres humanos foram constituídos segundo a forma da "imagem de Deus" os predispunha a pensar matematicamente e, assim, compreender a estrutura da ordem criada:

---

59 William Whewell, *On the Philosophy of Discovery* [Sobre a filosofia da descoberta]. London: Parker, 1860, p. 359.

RELIGIÃO E A FILOSOFIA DA CIÊNCIA   125

Na medida em que a geometria é parte da mente divina desde as origens do tempo, mesmo antes das origens do tempo (pois o que há em Deus que também não é de Deus?), ela forneceu a Deus os padrões para a criação do mundo, e foi transferida para a humanidade com a imagem de Deus.[60]

O trabalho de Kepler é de interesse por muitas razões, inclusive pelo fato de que geralmente é considerado o último grande trabalho científico a usar a noção musical de harmonia na reflexão científica sobre a natureza do mundo.

Philip Clayton sobre explicação em religião

O norte-americano, filósofo da religião e filósofo da ciência Philip Clayton, atualmente professor de teologia na Faculdade de Teologia de Claremont e professor de filosofia e religião na Universidade de Claremont, Califórnia, analisou cuidadosamente a relação de práticas e convenções explicativas em ciência e religião. O primeiro grande trabalho de Clayton publicado foi um estudo sobre explicação em ciência e religião. A obra *Explanation from Physics to Theology: An Essay in Rationality and Religion* [Explicação da física à teologia: um ensaio sobre racionalidade e religião] (1986) é amplamente considerada como uma defesa poderosa visando manter a noção de "explicação" como significativa do ponto de vista religioso.

Clayton rebateu a tendência de tratar a religião como desprovida de qualquer potencial explicativo, então predominante na filosofia da religião. Essa visão é encontrada nos escritos de Ludwig Wittgenstein (1889–1951), especialmente em suas observações cáusticas sobre *The Golden Bough* [O ramo de ouro] de Sir James Frazer, e teve um impacto significativo na filosofia da religião. Como observado acima, um excelente exemplo dessa abordagem de "religião sem explicação" é encontrado nos escritos de Dewi Z. Phillips.

Respondendo a essa objeção, Clayton assinalou que, na verdade, se poderia dizer que sistemas de crenças religiosas oferecem "explicações", quando esse termo era apropriadamente definido. Nesse estágio, a explicação ainda era entendida principalmente em termos causais. Por exemplo,

---

60 Johann Kepler, *Gesammelte Werke* [Harmonias do mundo] (22 vols). Munich: C. H. Beck, 1937–1983, vol. 6, p. 233.

o filósofo da ciência Wesley Salmon argumentou que "dar uma explicação científica é mostrar como os eventos e as regularidades estatísticas se encaixam na rede causal do mundo". Entretanto, Clayton corretamente apontou que noções causais de explicação estavam sendo substituídas por suas contrapartes coerentistas. Em outras palavras, uma "explicação" poderia ser entendida em termos da provisão de uma estrutura intelectual que se mostrasse capaz da acomodação máxima de observações. A abordagem de Clayton para "explicação" se reflete em sua ênfase na importância teológica da noção de "inferência à melhor explicação", que não necessariamente depende de uma descrição causal de explicação. A questão crítica é, de um grupo de potenciais explicações para determinado conjunto de observações, qual parece se "encaixar" melhor.

Ao notar que as explicações religiosas com frequência se concentram principalmente na maneira como os indivíduos dão sentido à sua experiência, Clayton ressaltou que as intuições religiosas não se limitam ao domínio do que se poderia chamar de "experiência especificamente *religiosa*". Na verdade, as explicações religiosas têm a capacidade de dar sentido à experiência como um todo. Assim, o crente ou o místico sente (ou "vê") que as coisas se encaixam, que existe uma coerência subjacente ao nosso mundo.

Como decidimos qual é a melhor explicação?

Nos últimos anos, tem havido um interesse crescente, dentro da filosofia da ciência, pela ideia de "inferência à melhor explicação". Isso representa um afastamento decisivo de entendimentos positivistas mais antigos quanto ao método científico, ainda ocasionalmente encontrados em descrições populares da relação entre ciência e religião, que presumem que a ciência é capaz – e, portanto, tem a obrigação de – oferecer evidências claras e inferencialmente infalíveis para suas teorias. Essa abordagem positivista, encontrada em muitos pontos nos escritos de Richard Dawkins, é entendida agora como profundamente problemática. É particularmente importante notar que dados científicos podem ser interpretados de várias maneiras, cada uma com algum suporte probatório. Em contrapartida, o positivismo tendia a argumentar que havia uma única interpretação inequívoca da evidência, que qualquer observador bem-pensante descobriria.

RELIGIÃO E A FILOSOFIA DA CIÊNCIA

Como existem muitas explicações, a questão de como identificar a melhor explicação se torna de extrema importância.

Outro problema que precisa ser observado aqui é o entrelaçamento entre observação e teoria. Por exemplo, a estimativa atual da idade do universo é de aproximadamente 13,8 bilhões de anos. Mas como sabemos mediante a ausência de qualquer monitoramento cronológico contínuo dessa história? Em 1919, a maioria dos cientistas pensava que o universo era de idade indefinida ou infinita; em 1929, com base em uma determinação precoce da constante de Hubble, acreditava-se que ele tivesse 2 bilhões de anos; agora acredita-se ter 13,8 bilhões de anos. As estimativas atuais da idade do universo são baseadas em observações que são interpretadas dentro das premissas e dos parâmetros do que é conhecido como "modelo Lambda-CDM". As próprias observações não nos dizem nada *diretamente* sobre a idade do universo; é necessário um arcabouço teórico para interpretá-las.

O ponto aqui é que a ciência não lê diretamente a idade do universo; ela interpreta certas observações dentro da estrutura do modelo Lambda-CDM para produzir a idade do universo. As velocidades e distâncias das galáxias em recessão não são observadas diretamente, mas são inferidas com base nas premissas e parâmetros de teorias físicas adicionais – como a correlação entre velocidade e o *red-shift* (deslocamento Doppler dos espectros das estrelas para o vermelho). Como todos os modelos científicos, o modelo Lambda-CDM é provisório e pode sofrer alterações e modificações ao longo do tempo. No entanto, não podemos prever quais serão essas mudanças, nem qual será seu impacto nas estimativas da idade do universo.

Para começar nossas reflexões sobre essas questões, vamos considerar a distinção entre gerar novas teorias e testar essas novas teorias. Essa distinção é frequentemente expressa em termos de um contraste entre uma "lógica da descoberta" e uma "lógica da justificação".

"Lógica da descoberta" e "Lógica da justificação"

Como surgem novas teorias? Como, por exemplo, Charles Darwin surgiu com a ideia de evolução através da seleção natural? Ou, para dar um exemplo famoso do campo da química, como o químico orgânico alemão August Kekulé percebeu que as moléculas de benzeno tinham uma estrutura cíclica? Kekulé respondeu a essa pergunta em 1890, contando como a ideia veio a ele enquanto estava cochilando em frente à lareira em sua casa. Ele teve a visão de uma cobra perseguindo sua própria cauda, o que sugeriu a ele que o benzeno tinha uma estrutura em anel. Ao propor uma estrutura desse tipo para o benzeno, Kekulé comparou-a com as evidências experimentais e descobriu que ela parecia dar conta dessas evidências satisfatoriamente.

A maneira como Kekulé teve a ideia de que o benzeno tinha uma estrutura cíclica é agora vista como um exemplo clássico de uma "lógica da descoberta", o processo de desenvolvimento de novas hipóteses a serem consideradas, que se distingue da subsequente "lógica da justificação" na medida em que essas hipóteses são comparadas com as evidências disponíveis e com qualquer previsão que elas façam. Agora, é amplamente aceito que a "lógica da descoberta" é essencialmente imaginativa ou criativa, envolvendo conexões que outros não conseguiram ver. A "lógica da justificação", entretanto, é fundamentalmente racional e crítica, com o objetivo de sujeitar essa nova teoria a um exame crítico rigoroso. A maneira como uma teoria é derivada não é de extrema importância para determinar se está certa; o que realmente importa é quão bem essa teoria pode explicar as evidências existentes e talvez prever descobertas novas e desconhecidas.

Uma antecipação preliminar dessa perspectiva de uma "lógica da descoberta" pode ser encontrada no filósofo pragmatista americano Charles Peirce (1839-1914), filho de um renomado astrônomo de Harvard e ele próprio um profissional da ciência. Para Peirce, o pensamento científico pode ser descrito como uma forma específica de "inferência abdutiva", definida da seguinte forma:

1. O fato surpreendente, C, é observado.
2. Mas, se A fosse verdadeiro, C seria um fato natural.
3. Portanto, há razões para suspeitar que A é verdadeiro.

Então, como chegamos à hipótese A, que explica C? Peirce argumenta que observar como os cientistas realmente trabalham mostra que novas teorias e hipóteses são geradas de várias maneiras, incluindo processos que Peirce descreve como "inspiração" e "imaginação". A maneira comoKekulé

RELIGIÃO E A FILOSOFIA DA CIÊNCIA 129

imaginou o benzeno como tendo uma estrutura em anel se encaixa facilmente na descrição de Peirce dessa lógica da descoberta.

Uma abordagem relacionada é encontrada nas reflexões do filósofo da ciência americano N. R. Hanson sobre o avanço do conhecimento científico. Hanson (1924-1967) propôs que havia três características comuns ao que ele chamou de "a lógica da descoberta científica":

1. A observação de alguns "fenômenos espantosos" ou "surpreendentes", que representam anomalias nas formas de pensar existentes. Esse "espanto" pode surgir porque as observações estão em conflito com as descrições teóricas existentes.
2. A compreensão de que esses fenômenos não pareceriam surpreendentes se certa hipótese H fosse verdadeira. Essas observações seriam esperadas com base em H, o que serviria de explicação para elas.
3. Portanto, há boas razões para propor que H seja considerada correta.

Assim como Peirce, Hanson identifica observações surpreendentes ou espantosas como uma motivação fundamental no empreendimento da descoberta científica. Existe um ponto de vista teórico a partir do qual essas observações não seriam surpreendentes, mas seriam *esperadas*?

Um bom exemplo disso está na explicação de Albert Einstein para uma observação intrigante relacionada ao planeta Mercúrio, que não podia ser explicada pelas teorias existentes – como a mecânica newtoniana. Descobriu-se que o periélio de Mercúrio (o ponto em que ele estava mais próximo do Sol) se movia numa quantidade pequena – mas observável – a cada ano. Não havia razão óbvia para tal, embora o matemático francês Urbain Le Verrier argumentasse, em 1859, que isso poderia ser explicado se houvesse um planeta até então desconhecido, de aproximadamente metade da massa de Mercúrio, posicionado mais perto do Sol. Le Verrier nomeou esse planeta hipotético de "Vulcano". Ele nunca foi encontrado, apesar de vários relatos falsos de observações desse planeta ao longo da década de 1860.

Em novembro de 1915, Einstein anunciou que o avanço do periélio de Mercúrio era explicado de forma precisa e persuasiva por sua nova teoria geral da relatividade. Isso acontecia devido ao movimento do planeta através de um campo gravitacional que era deformado pela enorme massa do Sol. Embora esse efeito possa ser observado em todos os planetas, seria mais perceptível no caso de Mercúrio, pois Mercúrio é o planeta mais próximo do Sol.

A teoria geral da relatividade de Einstein forneceu uma nova estrutura teórica que foi capaz de acomodar uma observação conhecida e desconcertante. Além disso, Einstein também previu que o mesmo padrão básico poderia ser observado em todos os planetas restantes, mesmo que fosse virtualmente impossível detectá-lo usando a instrumentação disponível na década de 1910. Sua teoria também fez algumas novas previsões – principalmente o fenômeno agora conhecido como "lente gravitacional", em que a distorção do espaço-tempo devido à influência gravitacional do Sol faz com que a [trajetória da] luz se curve. Embora a mecânica newtoniana tenha predito certo grau de curvatura da luz pela gravidade, a teoria de Einstein deixou claro que isso era complementado pela distorção do espaço-tempo. No final, essa curvatura ampliada da luz pela gravidade foi observada durante um eclipse solar em 1919, fornecendo uma confirmação espetacular da teoria de Einstein.

Inferência à melhor explicação

A abordagem, agora geralmente conhecida como "inferência à melhor explicação", reconhece que várias explicações podem ser oferecidas para qualquer conjunto de observações e se propõe a identificar critérios pelos quais a melhor explicação pode ser identificada e justificada. Entretanto, a melhor teoria pode não ser uma teoria verdadeira – pode ser simplesmente a melhor abordagem disponível nesse momento específico da história. Então, quais são esses critérios? Várias formas de avaliar teorias ou explicações foram apresentadas por filósofos da ciência. A seguir, consideraremos três critérios amplamente usados.

1. *Simplicidade.* Na Idade Média, o filósofo Guilherme de Ockham recomendou evitar hipóteses desnecessárias. Esse princípio – frequentemente conhecido como "Navalha de Ockham" ou "Princípio da Parcimônia" – é útil. As teorias mais simples são geralmente as melhores – mas nem sempre. O modelo do Sistema Solar de Copérnico era elegantemente simples, prevendo os planetas girando em torno

RELIGIÃO E A FILOSOFIA DA CIÊNCIA   131

do Sol em órbitas circulares à velocidade constante. No entanto, como o astrônomo Johann Kepler demonstrou mais tarde, os planetas não orbitavam ao redor
do Sol em círculos matematicamente simples, mas segundo as trajetórias mais
complexas das elipses, exigindo uma representação matemática mais complexa.
Além disso, os planetas se moviam em velocidades variáveis ao girar em torno do
Sol. A simplicidade pode ser um *indicador* de verdade, mas não é um *garantidor*
de verdade. Há também um debate não resolvido sobre se simplicidade significa algo matematicamente descomplicado, fácil de entender, ou significa explicar
uma ampla variedade de fenômenos com base em um conjunto mínimo de leis.

2. *Elegância e beleza.* Muitos observaram que teorias bem-sucedidas são frequentemente elegantes. Em 1955, o físico Paul Dirac foi convidado a estabelecer
sua filosofia da física. Dirac respondeu escrevendo esta declaração no quadro-
-negro: "As leis da física deveriam ter beleza matemática". Dirac destacou que a
mecânica clássica de Newton era simples; a mecânica relativística de Einstein era
complexa – mas matematicamente elegante. O que torna a teoria da relatividade tão aceitável para os físicos, apesar de contrariar o princípio da simplicidade,
observou Dirac, é a sua "grande beleza matemática". No entanto, está longe de
ser óbvio por que um critério subjetivo como elegância ou beleza deveria ser um
indicador de verdade!

3. *Capacidade de prever.* Muitos cientistas defendem que é essencial que uma
teoria científica tenha capacidade de prever. Existem alguns exemplos excelen-
tes de teorias inovadoras – como a teoria da relatividade geral de Einstein, mencionada acima – que fizeram previsões inesperadas, que foram posteriormente
confirmadas. Ainda não está claro por que a capacidade de prever deve ser tão
importante, além do impacto psicológico da confirmação de uma nova previsão.
A questão crítica é se a evidência apoia uma dada teoria e se há rigor no proce-
dimento de seleção usado para gerar a evidência. Darwin estava convencido de
que sua teoria da seleção natural não podia ser provada verdadeira e que não fazia
previsões testáveis – mas, ainda assim, ele acreditava que estava certo pelas razões
que exploraremos abaixo. A teoria das cordas não faz previsões e é empiricamente
inverificável ou infalsificável. No entanto, ambas as teorias são consideradas científicas, apesar de não atenderem a esse critério.

Outra questão de debate diz respeito à classificação desses critérios.
Qual é o mais importante? E qual é a base científica dessa escolha? Na

prática, esses critérios e outros como eles são vistos como sinais, não como provas, de confiabilidade teórica. Há, no entanto, outra questão que precisa ser observada. O método de "inferência à melhor explicação" pode nos ajudar a descobrir qual, de um grupo de explicações possíveis, é a "melhor" – mas isso não significa que a "melhor" dessas explicações seja realmente verdadeira. Ela é simplesmente melhor que suas rivais. O filósofo Gilbert Harman, que é amplamente creditado por ter introduzido a ideia de "inferência à melhor explicação", considerou, contudo, que havia boas razões para acreditar que a melhor explicação provavelmente seria verdadeira:

> Ao fazer essa inferência, procede-se do seguinte modo: partimos do fato de que dada hipótese poderia explicar a evidência, e a partir disso inferimos a verdade dessa hipótese. Normalmente, haverá diversas hipóteses capazes de explicar a evidência, e, portanto, é preciso ser capaz de descartar todas as hipóteses alternativas antes de estar autorizado a fazer essa inferência. Assim, da premissa de que uma dada hipótese prové uma melhor explicação para evidência do que todas outras hipóteses, inferimos a conclusão de que a dada hipótese é a verdadeira..[61]

Essa discussão sobre escolha de teoria é um tanto abstrata. A seguir, examinaremos um estudo de caso que ajuda a esclarecer alguns dos problemas. Como Charles Darwin chegou à conclusão de que sua teoria da evolução por seleção natural era preferível às hipóteses alternativas de sua época?

Um estudo de caso: Darwin e a seleção natural

O apelo de Charles Darwin ao novo conceito de seleção natural como a "melhor explicação" de um corpo acumulado de observações sobre a história natural é amplamente citado como uma aplicação bem-sucedida do processo indutivo agora conhecido como "inferência à melhor explicação". Para Darwin, como observamos anteriormente, quatro características do mundo natural pareciam demandar atenção particularmente especial à luz de problemas e deficiências das explicações existentes, especialmente a ideia de "criação especial" oferecida anteriormente por apologistas religio-

---

61 Gilbert Harman, 'The Inference to the Best Explanation [A Inferencia à melhor explicação].' *Philosophical Review*, 74 (1965): 88–95; citação na p. 89.

RELIGIÃO E A FILOSOFIA DA CIÊNCIA

sos como William Paley (1743-1805). Paley defendia que a complexidade do domínio biológico era mais bem-explicada pela ideia de criação divina especial. Essa complexidade, argumentava ele, não poderia ter acontecido acidentalmente e deveria ser vista como evidência de design.

Embora a teoria de Paley oferecesse explicações para estas quatro observações [a seguir], elas pareciam complicadas e forçadas. Darwin acreditava que deveria haver uma explicação melhor do que a oferecida por Paley para estas quatro observações, que são:

1. Muitas criaturas têm "estruturas rudimentares", que não têm função aparente ou previsível – como os mamilos de mamíferos machos, os rudimentos de uma pélvis e os membros traseiros em cobras, e as asas em muitos pássaros que não voam. Como isso poderia ser explicado com base na teoria de Paley, que enfatizava a importância do design individual das espécies? Por que Deus teria criado redundâncias? A teoria de Darwin explicava isso com facilidade e elegância.

2. Sabia-se que algumas espécies haviam sido completamente extintas. O fenômeno da extinção havia sido reconhecido antes de Darwin e era frequentemente explicado com base nas teorias de "catástrofe", como uma "inundação universal", conforme sugerido pelo relato bíblico de Noé. A teoria de Darwin ofereceu uma explicação mais clara do fenômeno.

3. A viagem de pesquisa de Darwin no Beagle o convenceu da distribuição geográfica desigual das formas de vida em todo o mundo. Em particular, Darwin ficou impressionado com as peculiaridades das populações das ilhas, como os tentilhões das Ilhas Galápagos. Mais uma vez, a doutrina da criação especial de Paley poderia explicar isso, mas de uma maneira que parecia forçada e não persuasiva. A teoria de Darwin ofereceu uma descrição muito mais plausível para o surgimento dessas populações específicas.

4. Várias formas de certas criaturas vivas pareciam se adaptar às suas necessidades específicas. Darwin afirmou que isso poderia ser mais bem-explicado por sua emergência e seleção em resposta a pressões evolutivas. A teoria da criação especial de Paley propôs que essas criaturas foram projetadas individualmente por Deus com essas necessidades específicas em mente.

Como já foi observado, todos esses aspectos da ordem natural poderiam ser explicados com base na teoria de William Paley. No entanto, as explicações que Paley e seus seguidores ofereceram pareciam deselegantes e inventadas. O que era originalmente uma teoria relativamente clara e elegante começou a desmoronar sob o peso das dificuldades e tensões acumuladas. Darwin acreditava que deveria haver uma explicação melhor, que descreveria essas observações de maneira mais satisfatória do que as alternativas que estavam disponíveis.

Darwin deixou bem claro que sua teoria de seleção natural não era a única explicação possível dos dados biológicos. Ele acreditava, porém, que ela tinha maior poder explicativo que suas rivais, como a doutrina de atos independentes de criação especial. "Tem sido mostrada clareza em vários fatos, que na crença de atos independentes de criação são totalmente obscuros." A teoria de Darwin tinha muitas fraquezas e pontas soltas. Contudo, ele estava convencido de que eram dificuldades que podiam ser toleradas devido à clara superioridade explicativa de sua abordagem. Entretanto, embora Darwin não acreditasse ter lidado adequadamente com todos os problemas que exigiam solução, ele estava confiante de que sua explicação era a melhor disponível. Na sexta edição da *Origem das Espécies*, ele respondeu a algumas objeções teóricas à sua abordagem da seguinte maneira:

> Dificilmente pode-se supor que uma teoria falsa explique, de maneira tão satisfatória quanto a teoria da seleção natural, as várias grandes classes de fatos acima especificadas. Recentemente, foi contestado que este é um método inseguro de argumentar; mas é um método usado para julgar os eventos comuns da vida, e tem sido frequentemente usado pelos maiores filósofos naturais.[62]

Embora reconhecesse que sua teoria da seleção natural carecia de provas rigorosas, Darwin acreditava claramente que ela poderia ser defendida com base em critérios de aceitação e justificativa já amplamente utilizados nas ciências naturais, e que sua capacidade explicativa era, por si só, um guia confiável para sua verdade.

---

62 Charles Darwin, *Origin of Species* [A origem das espécies] 6ª ed. London: John Murray, 1872, p. 421.

Escolha de teoria e religião

Existem, assim, paralelos dentro da religião para essas questões sobre escolha de teoria? Nos últimos anos, filósofos e apologistas cristãos tornaram-se cada vez mais interessados em abordagens indutivas da racionalidade da fé, especialmente em relação à questão da existência de Deus. O filósofo Richard Swinburne, por exemplo, argumentou que a existência de Deus deve ser vista como a melhor explicação do que é observado no mundo, quando visto como parte de um caso cumulativo maior. Para Swinburne, a existência do universo pode ser tornada compreensível se supusermos que ele é criado por Deus.

Swinburne define sua abordagem a partir de um esquema mais amplo, fundamentado na crença central de que a existência de um universo precisa ser explicada, em vez de apenas ser aceita como um "fato bruto" (Bertrand Russell). Para Russell, não há outra explicação para sua existência ou de seus recursos fundamentais além da afirmação de que "está aí". Então, quais são as possíveis explicações e qual delas é a melhor? Swinburne sugere que existem basicamente duas teorias rivais principais que precisam ser consideradas como possíveis explicações: a visão de que a ciência pode fornecer uma explicação natural para a existência desse universo, ou a visão teísta de que o universo e seus fenômenos existem por causa da atividade causal intencional de um ser pessoal, conhecido como "Deus".

Assim, Swinburne se propõe a identificar possíveis explicações para o universo e determinar qual delas é "melhor". Ao tomar essa decisão, Swinburne não se vê como tendo que provar a existência de Deus. Em vez disso, sua tarefa é mostrar que a existência de Deus, por mais improvável que possa parecer enquanto hipótese independente, é melhor para explicar nossa conexão com observações e experiências do que suas alternativas – como o naturalismo materialista. A priori, o teísmo talvez pareça muito improvável; contudo, argumenta Swinburne, é muito mais provável que seus rivais explanatórios.

Então, que critérios Swinburne usa para avaliar explicações rivais quanto à existência do universo? Ao desenvolver esse tipo de argumento cosmológico indutivo, Swinburne apela para o critério da simplicidade ao decidir entre hipóteses concorrentes sobre a existência do universo, argumentando que "a ciência exige que postulemos a explicação mais simples dos dados".[63] Quanto mais simples uma teoria, maior a probabilidade de ela estar certa. Seu argumento está aberto a contestações. A abordagem de Swinburne à racionalidade do teísmo é uma importante indicação da maneira pela qual os critérios científicos de escolha de teoria chegaram às discussões religiosas.

Vamos agora nos redirecionar para a questão de como as crenças – sejam teorias científicas ou ideias religiosas – podem ser verificadas. A seguir, examinaremos as questões que surgem com qualquer tentativa de desenvolver afirmações verdadeiras sobre o nosso mundo. De que maneira podemos avaliar isso? Duas abordagens particularmente significativas para essa questão surgiram durante o século 20: o *verificacionismo*, sustentando que as ciências naturais eram capazes de expor suas ideias em formas adequadas para serem confirmadas a partir da experiência, e o *falsificacionismo*, defendendo que as ciências naturais eram capazes de afirmar suas ideias de maneira que abordagens defeituosas pudessem facilmente ser demonstradas como falsas, ainda que acabasse por ser bem mais difícil confirmar teorias válidas do que os verificacionistas haviam pensado.

O pano de fundo desse importante debate encontra-se no Círculo de Viena, um dos movimentos filosóficos mais significativos surgidos no século 20, originário na capital austríaca. Começamos considerando esse movimento altamente influente e seu impacto no "Positivismo Lógico".

VERIFICAÇÃO: POSITIVISMO LÓGICO

O "Círculo de Viena" é geralmente considerado como o grupo de filósofos, físicos, matemáticos, sociólogos e economistas que se reuniram em torno do filósofo Moritz Schlick (1882-1936) durante o período de 1924 a 1936. Uma das afirmações centrais do grupo era a de que *as crenças devem ser justificadas com base na experiência*. Essa crença está fundamentada nos escritos de David Hume e é claramente empírica. Por esse motivo, os membros do grupo tendiam a fazer uma avaliação particularmente eleva-

---

63 Richard Swinburne, *The Existence of God* [A existência de Deus], 2ª ed. Oxford: Clarendon Press, 2004, p. 165.

RELIGIÃO E A FILOSOFIA DA CIÊNCIA

da dos métodos e das normas das ciências naturais (que eram vistas como as mais empíricas das disciplinas humanas) e uma avaliação correspondentemente baixa da metafísica (que era vista como uma tentativa de se afastar da experiência). De fato, uma das realizações mais significativas do Círculo de Viena foi fazer com que a palavra "metafísica" ganhasse conotações fortemente negativas.

Para o Círculo de Viena, declarações que não se relacionassem diretamente com o mundo real não tinham valor. Toda proposição deve ser capaz de ser declarada de maneira que se relacione diretamente com o mundo real da experiência. O programa geral proposto pelo Círculo de Viena tinha duas partes básicas, como a seguir:

1. Todas as declarações significativas podem ser reduzidas a, ou são explicitamente definidas por, declarações que contêm apenas termos observacionais.

2. Todas essas declarações redutivas devem poder ser declaradas em termos lógicos.

A tentativa mais significativa de levar adiante esse programa pode ser vista nas obras de Rudolph Carnap (1891-1970), particularmente em sua obra de 1928, *The Logical Construction of the World* [A construção lógica do mundo]. Nessa obra, Carnap procurou mostrar como o mundo poderia ser derivado da experiência pela construção lógica. Foi, como ele disse, uma tentativa de "redução da 'realidade' ao 'dado'", aplicando os métodos da lógica a declarações derivadas da experiência. As duas únicas fontes de conhecimento são, portanto, a percepção sensorial e os princípios analíticos da lógica. As declarações são derivadas e justificadas com base na percepção dos sentidos e relacionadas entre si e seus termos constituintes pela lógica.

Carnap estabeleceu o que agora é conhecido como "princípio da verificação". Somente declarações que podem ser verificadas podem ser consideradas significativas. As ciências naturais devem, portanto, ser vistas como privilegiadas em qualquer teoria do conhecimento. A filosofia é melhor vista como uma ferramenta para esclarecer o que foi estabelecido com base na percepção sensorial. A filosofia, segundo Carnap, consiste na "análise lógica das afirmações e conceitos da ciência empírica". Carnap afirmava, assim, que declarações religiosas não eram científicas. Frases que fazem afirmações sobre "Deus" ou "o transcendente" são sem significado, pois não há nada que seja dado na experiência humana que possa verificá-las.

Essas visões foram popularizadas no mundo de língua inglesa por A. J. Ayer (1910–1989), especialmente em seu famoso livro *Language, Truth and Logic* [Linguagem, Verdade e Lógica] (1936). Embora a Segunda Guerra Mundial tenha interferido no seu processo de recepção e avaliação, essa obra sozinha é amplamente considerada como tendo definido a agenda filosófica para as duas décadas seguintes ao final da guerra. Ao aplicar vigorosa e radicalmente o princípio de verificação, Ayer sustentava que as declarações metafísicas (que incluíam crenças religiosas) eram "sem sentido". Ayer concedia que as declarações religiosas pudessem fornecer informações indiretas sobre o estado de espírito da pessoa que as fez. Elas não poderiam, no entanto, ser consideradas como declarações significativas a respeito do mundo externo.

Então, como os teólogos reagiram a esse desafio? Uma abordagem popular foi a noção de "verificação escatológica", amplamente discutida no período entre 1955 e 1965. Ela pode ser considerada uma resposta direta às questões levantadas pela demanda por verificação como uma condição para a significância. (O termo "escatológico" deriva da expressão grega *ta eschata*, "as últimas coisas", e refere-se a temas como a esperança e o céu, como vistos pelos cristãos.) O filósofo de Oxford Ian M. Crombie observou que a experiência com base na qual as declarações religiosas poderiam ser verificadas simplesmente não estava acessível *no presente* – mas que estaria disponível após a morte.

No entanto, esta questão retrocedeu em importância a partir da década de 1960, principalmente devido à consciência das severas limitações impostas ao princípio de verificação proposto pelo positivismo lógico. Para ilustrar algumas dessas dificuldades, podemos considerar a seguinte afirmação: "Havia seis gansos sentados no gramado à frente do Palácio de Buckingham às 17h15 em 18 de junho de 1865". Essa afirmação é claramente significativa, na medida em que declara algo que poderia ter sido verificado. Mas não estamos em posição de confirmar essa afirmação *agora*. Uma dificuldade semelhante surge em relação a outras declarações sobre o passado. Para alguém como Ayer, essas afirmações não devem ser consideradas nem verdadeiras nem falsas, pois não se relacionam com o mundo externo. No

RELIGIÃO E A FILOSOFIA DA CIÊNCIA

entanto, isso claramente contraria nossa intuição básica de que tais declarações fazem *sim* afirmações significativas (e potencialmente verificáveis).

Uma questão adicional dizia respeito ao *status* de entidades teóricas não observáveis – como partículas subatômicas – cuja existência é *inferida*, em vez de *observada*. Em um artigo de 1938, intitulado "Procedures of Empirical Science" [Procedimentos da ciência empírica], o físico americano Victor F. Lenzen (1890-1975) argumentou que certas entidades tinham que ser *inferidas* a partir de observação experimental, mesmo que elas não pudessem ser observadas. Por exemplo, o comportamento de gotículas de óleo em um campo elétrico leva a inferir a existência de elétrons como partículas carregadas negativamente de uma determinada massa. Esses elétrons não podem ser vistos (e, portanto, não podem ser "verificados") – mas, sua existência deve ser vista como uma inferência razoável a partir das evidências observacionais. Os comentários de Lenzen destacaram um problema com o verificacionismo, pelo menos nas formas originais do princípio de verificação.

O verificacionismo, assim, tem sérios limites. Portanto, é instrutivo observar uma abordagem rival que se desenvolveu em resposta a algumas das dificuldades percebidas com o verificacionismo. Essa abordagem rival é geralmente conhecida como "falsificacionismo", e será considerada na seção a seguir.

FALSIFICAÇÃO: KARL POPPER

O filósofo austríaco Karl Popper (1902-1994) argumentava que o desenvolvimento do conhecimento científico era um processo evolutivo no qual várias conjecturas concorrentes, ou teorias provisórias, são sistematicamente sujeitas aos esforços mais rigorosos possíveis de falsificação. Esse processo de eliminação de erros, sugeria ele, era análogo ao processo de seleção natural na biologia evolutiva. Para Popper, o conhecimento científico avança através da interação entre teorias provisórias (conjecturas) e eliminação de erros (refutação).

Popper achava que o princípio de verificação associado ao Círculo de Viena era muito rígido e acabava excluindo muitas declarações científicas válidas. "Minha crítica ao critério de verificabilidade sempre foi esta: contra a intenção de seus defensores, ele não excluiu declarações metafísicas óbvias; mas excluiu a mais importante e interessante de todas as afirmações científicas, ou seja, as teorias científicas, as leis universais da natureza." Popper também estava convencido de que o verificacionismo estava aberto a críticas por outro motivo. Acabava permitindo que várias "pseudociências", como psicanálise e astrologia, passassem a ser consideradas "científicas", quando não eram nada disso.

Mas o que havia de errado com a psicanálise? As críticas de Popper à psicanálise foram dirigidas principalmente às ideias de Alfred Adler, que eram influentes em Viena naquele tempo. O adlerianismo parecia capaz de explicar quase tudo. Por que alguém é honesto? A resposta está em eventos da primeira infância. Por que alguém é desonesto? A resposta está em eventos da primeira infância. Os adlerianos nunca estavam errados; de fato, parecia impossível que eles estivessem errados sobre o que quer que fosse, já que eram capazes de fazer com que qualquer observação se ajustasse perfeitamente às suas teorias. Tudo no mundo para eles era evidência a *favor* de sua teoria; nada parecia contar como evidência *contra* ela.

Popper propôs o critério da falseabilidade como uma maneira de distinguir a ciência real da pseudociência – agora geralmente conhecido como o "problema da demarcação". Em algum momento, por volta de 1920, Popper se lembra de ter lido uma descrição científica popular da teoria da relatividade geral de Einstein. Ele ficou particularmente impressionado com as declarações precisas de Einstein sobre o que seria necessário para demonstrar que sua teoria estava incorreta. Einstein declarou que "se o deslocamento para o vermelho das linhas espectrais devido ao potencial gravitacional não existir, a teoria geral da relatividade será insustentável". Einstein procurava algo que pudesse falsear sua teoria. Para Popper, isso representava uma atitude e uma perspectiva totalmente diferentes daquelas que ele associava a pseudociências como a astrologia. Os comprometidos com essas ideologias simplesmente procuravam evidências que pudessem confirmar suas ideias.

Embora seguisse o Círculo de Viena em insistir que um sistema teórico deveria ser capaz de ser testado contra a observação do mundo, Popper argumentou que as teorias científicas tinham que ser formuladas de tal maneira que pudessem ser demonstradas como erradas. Havia a necessi-

RELIGIÃO E A FILOSOFIA DA CIÊNCIA

dade de um "critério de demarcação" entre as ciências naturais genuínas e aquelas que reivindicavam um *status* científico para o que era essencialmente uma pseudociência.

> Certamente admitirei um sistema como empírico ou científico apenas se ele for capaz de ser *testado* pela experiência. Essas considerações sugerem que não a *verificabilidade*, mas a *falseabilidade* de um sistema é que deve ser tomada como critério de demarcação. [...] Deve ser possível que um sistema científico empírico seja refutado pela experiência.[64]

Onde o positivismo lógico enfatizava a necessidade de declarar as condições sob as quais uma afirmação teórica poderia ser *verificada*, Popper sustentou que a ênfase deve recair sobre a capacidade de indicar as condições sob as quais o sistema poderia ser *falsificado*.

A abordagem de Popper teve uma influência considerável na filosofia da religião nas décadas de 1950 e 1960, e está especialmente ligada ao que ficou conhecido como o "debate da falsificação". Em seu influente ensaio de 1950, "Teologia e Falsificação", o filósofo Anthony Flew argumentou que as afirmações religiosas não podem ser consideradas significativas, pois nada extraído da experiência pode falseá-las. Entretanto, esse debate debilitou-se à medida que as dificuldades associadas à abordagem de Popper foram se tornando mais claras. A tentativa de Popper de estabelecer um critério significativo de falsificação acabou sendo muito mais difícil do que ele havia esperado.

Popper defendia que os experimentos poderiam falsear uma teoria. Entretanto, o filósofo da ciência francês Pierre Duhem havia argumentado anteriormente que era de fato impossível conceber um "experimento crítico", pois sempre haveria um grau significativo de incerteza quanto ao fato de o experimento exigir que uma teoria fosse abandonada em sua totalidade, ou se a dificuldade estaria em apenas uma de suas hipóteses, ou mesmo em uma hipótese auxiliar, que não fosse de fundamental importância para a própria teoria. A abordagem de Popper parecia ignorar que a natureza da observação experimental é tal que ela própria é fortemente carregada de

---

64 Karl R. Popper, *The Logic of Scientific Discovery* [A lógica da pesquisa científica]. New York: Routledge, 2002, p. 18.

teoria, o que tornava sua crítica consideravelmente menos potente do que ele poderia ter esperado.

Então, o que se quer dizer com a afirmação de que a observação é "carregada de teoria"? A ideia básica é que vemos e interpretamos o mundo através de mapas mentais preexistentes que são colocados em jogo quando observamos o mundo. Pensamos que estamos vendo o mundo como ele realmente é, sem perceber que estamos realmente olhando para ele – e dando sentido a ele – através de um tipo de mapa mental que nos diz o que estamos vendo. O processo de *observação* é ao mesmo tempo um processo de *interpretação*. O grande filósofo da ciência do século 19, William Whewell, afirmou esse ponto quando declarou que "há uma máscara de teoria sobre a face da natureza". Observação e interpretação estão interconectadas em uma circularidade inevitável. "Um fato sob um aspecto é uma teoria sob outro".[65] Por essa razão, a distinção entre o "factual" e o "teórico" era problemática, pois repousava em pré-compromissos epistemológicos não reconhecidos por parte do observador.

A ideia de Whewell sobre natureza da observação ser "carregada de teoria" foi desenvolvida mais recentemente por N. R. Hanson, que insistia em que não apenas "vemos" a natureza; nós a entendemos de certa maneira, vendo-a *como* algo. O processo de observação supostamente "objetivo" não é neutro e imparcial, mas é, na realidade, um processo carregado de teoria, pois envolve o observador usar esquemas conceituais implícitos, mesmo que estejam abertos a contestações e mudanças. Quando observamos a natureza, estamos usando um conjunto de "lentes" teóricas, um conjunto implícito de suposições ou expectativas que criam certo grau de viés perceptivo e, portanto, tendemos a ignorar ou desconsiderar evidências que não se encaixam em nossos esquemas mentais existentes.

Por exemplo, agora se sabe que muitas observações do planeta Urano foram feitas antes de sua "descoberta" por William Herschel, em 1781. Embora Urano tenha sido realmente "visto" por observadores anteriores, seu verdadeiro *status* de planeta não foi reconhecido. Não era visto *como um novo planeta*, mas simplesmente como mais uma estrela. Sua baixa mag-

---

65 William Whewell, *Philosophy of the Inductive Sciences* [Filosofia da ciência indutiva] (2 vols). London: John W. Parker, 1847, vol. 1, p. 42.

RELIGIÃO E A FILOSOFIA DA CIÊNCIA

nitude (Urano é escassamente visível a olho nu) e seu lento período de rotação ao redor do Sol fizeram com que nunca fosse reconhecido como um planeta, até que Herschel notou seu distinto disco planetário usando um novo telescópio com considerável poder de captação de luz.

Isso nos leva de volta a Duhem, pois este percebeu que qualquer teoria proposta para dar sentido às observações será composta de várias hipóteses, algumas das quais podem ser de importância central, enquanto outras seriam subsidiárias. O argumento de Duhem é que uma teoria consiste em uma complexa rede de hipóteses interligadas, algumas centrais e outras periféricas. Então, se algo previsto pela teoria não corresponde à experimentação, qual das suposições está errada? Uma hipótese central? Se for o caso, a teoria teria que ser abandonada. Ou uma das suposições periféricas? Nesse outro caso, a teoria simplesmente precisa de modificação.

Segundo Duhem, o físico simplesmente não está em condições de submeter uma hipótese isolada ao teste experimental. Um experimento em física nunca pode condenar uma hipótese isolada, mas apenas indica que há um problema com um grupo de hipóteses. O físico não pode submeter uma hipótese individual dentro desse grupo a um teste experimental, pois o experimento pode indicar apenas que uma hipótese dentro de um grupo maior de hipóteses requer revisão. O experimento testa um grupo de hipóteses e, por si só, não indica qual das hipóteses requer modificação. Duhem argumentou que a noção de "experimento crucial" precisava ser tratada com considerável cuidado.

Considere um estudo de caso histórico bem conhecido. Após a descoberta do planeta Urano em março de 1781, verificou-se que o movimento observado do novo planeta não correspondia ao que era previsto pela mecânica newtoniana. Popper concluiu, portanto, que isso tinha que ter sido visto como um caso claro de falsificação da teoria gravitacional de Newton por observação. Porém, outros na época sustentaram que essa observação pedia a modificação, não a rejeição, da teoria de Newton. Supunha-se que não havia planetas depois de Urano. Mas e se houvesse um planeta para além de Urano, tal que a perturbação orbital observada de Urano pudesse refletir a influência gravitacional desse hipotético planeta transurânico? Os cálculos da localização desse possível planeta por matemáticos na Inglaterra e na França levaram à descoberta do planeta transurânico Netuno, em 1846. A abordagem de Popper não seria capaz de explicar a prática científica bem conhecida e amplamente aceita de modificação da teoria em resposta a observações.

Isso, contudo, levanta outra questão, de considerável interesse em si mesma e no campo geral de ciência e religião. Como a comunidade científica decide que uma teoria existente é inadequada e precisa de modificação – ou possivelmente rejeição – em favor de uma alternativa? Na próxima seção, consideraremos a relevância dos pontos de vista do filósofo da ciência americano Thomas S. Kuhn para essas questões importantes.

MUDANÇA DE TEORIA EM CIÊNCIA: THOMAS S. KUHN

Em sua obra *The Structure of Scientific Revolutions* [A estrutura das revoluções científicas] (1962), Thomas S. Kuhn (1922–1996) alega que a visão predominante da natureza do progresso científico era que teorias radicalmente novas surgem gradualmente por meio de verificação ou falsificação. Esse modelo de "progresso gradual" é encontrado em muitos trabalhos, incluindo *A Lógica da Pesquisa Científica*, de Karl Popper. Kuhn discordava, argumentando que as evidências históricas sugeriam que a transição de um "paradigma" científico para outro não é gradual, mas assume a forma de períodos de relativa estabilidade teórica, com ocasionais mudanças radicais no entendimento, que ele denominou "mudança de paradigma".

Com base em seus estudos históricos sobre o desenvolvimento das ciências naturais, Kuhn argumentou que determinado paradigma passa a ser aceito como normativo por conta de seu sucesso explicativo passado. Uma vez que determinado paradigma é aceito, segue-se um período referente ao que Kuhn chama de "ciência normal". Durante esse período, o paradigma que resultou desse sucesso anterior é tratado como não problemático e geralmente não é contestado. A evidência empírica que parece inconsistente com esse paradigma é tratada como uma anomalia ou vista como algo que pode ser acomodado dentro dessa abordagem existente. Essa evidência pode representar dificuldades para o paradigma predominante, mas não é vista como exigência de que o paradigma seja abandonado. A anomalia é considerada como algo para o qual uma solução é esperada dentro do contexto desse paradigma, mesmo que, no momento, a natureza exata dessa solução permaneça incerta. Modificações *ad hoc* são

RELIGIÃO E A FILOSOFIA DA CIÊNCIA

propostas ao paradigma existente – como no caso da astronomia ptolomaica, na qual a disparidade entre teoria e observação pôde ser explicada pela adição de epiciclos adicionais ao sistema.

Mas o que acontece se uma série de anomalias se acumular e atingir uma força cumulativa que coloque o paradigma em questão? Ou se uma única anomalia é reconhecida como sendo de tal importância, que o problema que ela apresenta não possa mais ser desconsiderado? Kuhn argumenta que, em tais situações, uma crise surge dentro do paradigma. Seções da comunidade científica percebem que o paradigma está em um ponto de ruptura e que algo novo e mais satisfatório precisa ser encontrado. Uma "revolução científica" ocorre quando a comunidade científica percebe que um ponto de inflexão foi atingido e que o modelo antigo deve ser abandonado em favor de algo novo.

Kuhn contrasta essa abordagem *revolucionária* com um modelo essencialmente *evolutivo*,que vê uma progressão constante no entendimento científico por meio de um acúmulo gradual de dados e entendimento. Quando outros historiadores da ciência falavam de "progresso científico", Kuhn preferia as imagens de uma revolução, na qual uma grande mudança nas suposições ocorria em um curto período de tempo. Kuhn argumentou que uma complexa rede de questões está por trás da decisão de abandonar um paradigma e aceitar outro, e que isso não pode ser explicado apenas com base em considerações científicas. Questões altamente subjetivas estão envolvidas. Kuhn compara uma "mudança de paradigma" a uma "conversão". A adoção de um novo paradigma é acompanhada por uma alteração repentina e intuitiva da percepção, como uma "troca de *gestalt*" – uma imagem psicológica popular do final da década de 1950. Kuhn observa que "nenhum senso comum do termo 'interpretação' se encaixa nesses lampejos de intuição através dos quais nasce um novo paradigma".[66]

Nesse ponto, devemos observar que o uso que Kuhn faz do termo "paradigma" não é totalmente consistente, usando-o em dois sentidos amplos. Geralmente, refere-se ao amplo grupo de suposições comuns que une um grupo particular de cientistas. Ainda assim, às vezes ele pode ser usado

---

66 Thomas S. Kuhn, *The Structure of Scientific Revolutions* [A estrutura das revoluções científicas]. Chicago: University of Chicago Press, 1962, p. 149.

em um sentido mais específico e restrito para se referir a um sucesso explicativo científico passado, que parece oferecer uma estrutura que pode ser tratada como normativa e, portanto, é tratada como exemplar ou normativa a partir de então – até que algo finalmente faça o paradigma ser abandonado.

A ênfase de Kuhn nas razões subjetivas das mudanças de paradigma levou alguns de seus críticos a sugerir que sua descrição do desenvolvimento científico se apoia em algo pouco superior ao "comportamento de manada". Provavelmente isso é injusto. Kuhn simplesmente observou os aspectos sociológicos da mudança de opinião nas comunidades científicas.

> A transição entre paradigmas concorrentes não pode ser feita na base de um passo por vez, forçada pela lógica e pela experiência neutra. [...] Deve ocorrer ou de uma só vez (embora não necessariamente em um instante), ou não ocorrer de maneira alguma. [...] Nessas questões, nem prova nem erro estão em foco. A transferência de lealdade de um paradigma a outro paradigma é uma experiência de conversão que não pode ser forçada.[67]

Uma nova teoria nos permite observar as coisas de uma nova maneira, substituindo uma forma mais antiga de interpretar e visualizar o mundo. Kuhn destaca, assim, a natureza da observação "carregada de teoria" e aponta suas implicações para a transição das teorias ptolemaica para copernicana, do Sistema Solar.

> Antes de ocorrer, o Sol e a Lua eram planetas, a Terra não. Depois disso, a Terra era um planeta, como Marte e Júpiter; o Sol era uma estrela; e a Lua era um novo tipo de corpo, um satélite.[68]

O argumento de Kuhn é que os fenômenos não foram alterados; eles foram, no entanto, interpretados de uma nova maneira, na medida em que o Sol agora era visto como uma estrela. A observação não é, portanto, um processo neutro, mas é moldada por suposições, explícitas ou implícitas, sobre o

---

67 Ibidem, p. 122.
68 Thomas S. Kuhn, *The Road since Structure: Philosophical Essays, 1970–1993* [O caminho desde a Estrutura: ensaios filosóficos]. Chicago: University of Chicago Press, 2000, p. 15.

RELIGIÃO E A FILOSOFIA DA CIÊNCIA

que está sendo observado. A observação refere-se a *ver como*, não apenas *ver*. Um observador poderia ver o Sol nascer e se pôr; outro poderia ver a Terra girando em seu eixo, levando ao movimento aparente do Sol através dos céus. Ambos, no entanto, estão olhando para o mesmo fenômeno natural.

A análise de Kuhn tem importância para a crença religiosa e dois de seus temas centrais podem ser explorados para ilustrar sua relevância. Primeiro, o conceito de Kuhn de "mudanças de paradigma" é útil para tentar entender as principais mudanças intelectuais que ocorreram na história do pensamento religioso. Como observamos, o pensamento religioso é influenciado, pelo menos até certo ponto, pelos pressupostos culturais e filosóficos da época. Mudanças radicais nessas suposições básicas podem, portanto, ser de grande importância, como demonstrou o desenvolvimento da teologia cristã. A Reforma e o Iluminismo são épocas no pensamento cristão que podem ser vistas como representando "mudanças de paradigma" na compreensão de como a teologia deve ser feita. Os entendimentos existentes quanto a pressupostos, normas e métodos de fundo são, com frequência, radicalmente alterados – e ocasionalmente abandonados por completo – na transição de um paradigma para outro.

Um bom exemplo de tal mudança radical em um paradigma teológico pode ser visto na discussão do final do século 20 sobre a questão de se Deus sofre. Durante o início da Era Cristã e na Idade Média, foi assumido em geral que Deus não poderia sofrer. Existem exemplos de autores que falam do sofrimento de Deus; estes, porém, são poucos e distantes entre si. Jesus Cristo sofreu na cruz; no entanto esse sofrimento era considerado como algo relacionado à natureza humana de Cristo, mas não à sua natureza divina. Deus sabia que os seres humanos estavam sofrendo e era solidário à dor deles. Ainda assim, Deus era visto como estando acima do sofrimento. As razões para esse consenso teológico permanecem incertas. Alguns estudiosos veem isso como uma expressão de uma visão filosófica da perfeição de Deus. Fílon de Alexandria defendia vigorosamente a impassibilidade de Deus: "Que impiedade maior poderia haver do que supor que o Imutável muda?".

Esse consenso foi quebrado na década de 1970, aparentemente em resposta a uma crescente crença de que os níveis de sofrimento no século 20 tornavam apologeticamente impossível tratar Deus como estando acima ou além do sofrimento. Em *A Theology of the Pain of God* [Uma teologia da dor de Deus] (1946), o autor japonês Kazoh Kitamori argumentou que o amor de Deus estava enraizado na dor do mundo. Em sua obra *Crucified God* [O Deus crucificado] (1972), Jürgen Moltmann propôs que um Deus que não pode sofrer é um Deus *deficiente*, não perfeito. Salientando que Deus não pode ser *forçado* a mudar ou sofrer, Moltmann declara que Deus *quis* sofrer. O sofrimento de Deus é consequência direta da *decisão* de Deus de sofrer e sua *vontade* de sofrer. A natureza do amor é tal, que envolve o amante participar dos sofrimentos do amado. Tal foi a influência de Moltmann que um ponto de inflexão foi atingido no protestantismo ocidental. Uma "nova ortodoxia" surgiu, sustentando que Deus sofria. Outros, no entanto, foram resistentes à ideia de um Deus sofredor, vendo isso como desnecessário e impróprio.

Um último ponto deve ser frisado ao avaliar a abordagem de Kuhn às "revoluções científicas". Que explicação pode ser oferecida para o *progresso* na teorização científica, em oposição à *mudança* na teorização científica? O termo "progresso" implica claramente um julgamento – que essas mudanças são para melhor. Então, uma revolução científica necessariamente leva a uma melhor compreensão da verdade sobre a natureza? Kuhn rejeita o realismo como uma explicação dos sucessos da pesquisa científica e, portanto, não vê uma convergência crescente entre "teoria" e "realidade" como uma explicação do progresso científico. Kuhn argumenta que nada se perde em rejeitar uma descrição realista do desenvolvimento científico. Então, como podemos falar de maneira significativa sobre o "progresso" científico, a menos que haja algum meio de saber que a ciência está seguindo na direção certa, em vez de dar uma guinada falsa que precisará ser corrigida no futuro? Parece claro que há necessidade de mais discussões sobre este ponto.

Este capítulo considerou algumas áreas de potencial envolvimento e interação entre a religião e a filosofia da ciência. E o trânsito na outra direção? No capítulo 4, passaremos a considerar algumas áreas de potencial envolvimento e interação entre as ciências naturais e a filosofia da religião.

RELIGIÃO E A FILOSOFIA DA CIÊNCIA

SUGESTÕES DE LEITURA

Temas gerais

Clayton, Philip. *Explanation from Physics to Theology: An Essay in Rationality and Religion* [Explicação da física à teologia: um ensaio sobre racionalidade e religião]. New Haven, CT: Yale University Press, 1989.

Dear, Peter R. *The Intelligibility of Nature: How Science Makes Sense of the World* [A inteligibilidade da natureza: como a ciência faz sentido do mundo]. Chicago: University of Chicago Press, 2006.

Lipton, Peter. *Inference to the Best Explanation*, 2. ed. [Inferência à melhor explicação, 2. ed.]. London: Routledge, 2004.

McGrath, Alister E. *The Territories of Human Reason: Science and Theology in an Age of Multiple Rationalities* [Os territórios da razão humana: ciência e teologia em uma era de múltiplas racionalidades]. Oxford: Oxford University Press, 2019.

Prevost, Robert. *Probability and Theistic Explanation* [Probabilidade e explicação teísta]. Oxford: Clarendon Press, 1990.

Swinburne, Richard. *The Existence of God*, 2. ed. [A existência de Deus, 2ª ed.]. Oxford: Clarendon Press, 2004.

Realismo e Instrumentalismo

Allen, Paul. *Ernan McMullin and Critical Realism in the Science Theology Dialogue* [Ernan McMullin e o realismo crítico no diálogo ciência-teologia]. Aldershot: Ashgate, 2006.

Alston, William P. 'Realism and the Christian Faith.' *International Journal for Philosophy of Religion*, 38 (1995): 37–60.

Byrne, Peter. *God and Realism* [Deus e o realismo]. Aldershot: Ashgate, 2003.

Cashell, Kieran. 'Reality, Representation and the Aesthetic Fallacy: Critical Realism and the Philosophy of C. S. Peirce.' *Journal of Critical Realism*, 8, n. 2 (2009): 135–171.

Chakravartty, Anjan. *A Metaphysics for Scientific Realism: Knowing the Unobservable* [Uma metafísica para o realismo científico: conhecendo o inobservável]. Cambridge: Cambridge University Press, 2007.

Losch, Andreas. 'On the Relationship of Ian Barbour's and Roy Bhaskar's Critical Realism.' *Journal of Critical Realism*, 16, n. 1 (2017): 70–83.

Moore, Andrew, Michael Scott, eds. *Realism and Religion: Philosophical and Theological Perspectives* [Realismo e religião: perspectivas filosóficas e teológicas]. Aldershot: Ashgate, 2007.

Polkinghorne, John. *Reason and Reality* [Razão e realidade]. London: SPCK, 1991.

Putnam, Hilary. *Naturalism, Realism, and Normativity* [Naturalismo, realismo e normatividade]. Cambridge, MA: Harvard University Press, 2016.

Russell, Robert John. 'Ian Barbour's Methodological Breakthrough: Creating the "Bridge" Between Science and Theology.' *Theology and Science*, 15, n. 1 (2017): 28–41.

Torrance, Thomas F. *Reality and Evangelical Theology: The Realism of Christian Revelation*, 2. ed. [Realidade e teologia evangélica: o realismo da revelação cristã, 2. ed]. Downers Grove, IL: InterVarsity Press, 1999.

Wright, Crispin. *Realism, Meaning and Truth*. 2. ed. [Realismo, significado e verdade. 2. ed.]. Oxford: Blackwell, 1993.

Explicação em ciência e religião

Akeroyd, F. Michael. 'Mechanistic Explanation Versus Deductive-Nomological Explanation.' *Foundations of Chemistry*, 10, n. 1 (2008): 39–48.

Bangu, Sorin. 'Scientific Explanation and Understanding: Unificationism Reconsidered.' *European Journal for Philosophy of Science*, 7, n. 1 (2017): 103–126.

Bartelborth, Thomas. 'Explanatory Unification.' *Synthese*, 130 (2002): 91–108.

Clayton, Philip. *Explanation from Physics to Theology: An Essay in Rationality and Religion* [Explicação da física à teologia: um ensaio sobre racionalidade e religião]. New Haven, CT: Yale University Press, 1989.

Craver, Carl F. 'The Ontic Account of Scientific Explanation.' In *Explanation in the Special Sciences: The Case of Biology and History* [Explicação nas Ciências Especiais: o caso da biologia e da história], editado por M. I. Kaiser, O. R. Scholz, D. Plenge, A. Hüttemann. Dordrecht: Springer, 2014, pp. 27–52.

Dawes, Gregory W. *Theism and Explanation* [Teísmo e explicação]. New York: Routledge, 2014.

Glass, David H., Mark McCartney. 'Explaining and Explaining Away in Science and Religion.' *Theology and Science*, 12, n. 4 (2014): 338–361.

RELIGIÃO E A FILOSOFIA DA CIÊNCIA

Harman, Gilbert. 'The Inference to the Best Explanation.' *Philosophical Review*, 74 (1965): 88–95.

Keil, Frank C. 'Explanation and Understanding.' *Annual Review of Psychology*, 57 (2006): 227–254.

Magnani, Lorenzo. *Abduction, Reason, and Science: Processes of Discovery and Explanation* [Abdução, razão e ciência: processos de descoberta e explicação]. New York: Plenum Publishers, 2001.

O'Connor, Timothy. *Theism and Ultimate Explanation: The Necessary Shape of Contingency* [Teísmo e explicação última: a forma necessária de contingência]. Oxford: Wiley-Blackwell, 2012.

Reichenbach, Bruce R. 'Explanation and the Cosmological Argument.' In *Contemporary Debates in the Philosophy of Religion* [Debates contemporâneos em filosofia da religião], editado por Michael Peterson and Raymond van Arragon. Oxford: Wiley-Blackwell, 2004, pp. 97–114.

Trout, D. J. 'Scientific Explanation and the Sense of Understanding.' *Philosophy of Science*, 69, no. 2 (2002): 212–233.

Woody, Andrea. 'Re-Orienting Discussions of Scientific Explanation: A Functional Perspective.' *Studies in History and Philosophy of Science*, 51, no. 1 (2015): 79–87.

Fisicalismo não redutivo e explicação

Bennett, Karen. 2008. 'Exclusion Again.' In *Being Reduced. New Essays on Reduction, Explanation, and Causation* [Sendo reduzido. Novos ensaios sobre redução, explicação e causação], editado por Jakob Hohwy e Jesper Kallestrup. New York: Oxford University Press, 2008, pp. 280–305.

Bielfeldt, Dennis. 'Nancey Murphy's Nonreductive Physicalism.' *Zygon*, 34 (1999): 619–628.

Clayton, Philip. 'Shaping the Field of Theology and Science: A Critique of Nancey Murphy.' *Zygon*, 34 (1999): 609–618.

Gendler, Tamar, e John Hawthorne. *Conceivability and Possibility* [Concebibilidade e possibilidade], Oxford: Clarendon Press, 2004.

Gillett, Carl. 'Understanding the New Reductionism: The Metaphysics of Science and Compositional Reduction.' *Journal of Philosophy*, 104, n. 4 (2007): 193–216.

Kim, Jaegwon. *Physicalism, Or Something Near Enough* [Fisicalismo, ou algo próximo ao suficiente]. Princeton, NJ: Princeton University Press, 2005.

Marras, Ausonio. 'Kim's Supervenience Argument and Nonreductive Physicalism.' *Erkenntnis*, 66, n. 3 (2007): 305–327.

Tiehen, Justin. 'How Counterpart Theory Saves Nonreductive Physicalism.' *Mind*, 128, n. 509 (2019): 139–174.

Verificação e falsificação

Ayer, A. J. *Probability and Evidence* [Probabilidade e evidência]. New York: Columbia University Press, 2006.

Baker, Gordon P. *Wittgenstein, Frege, and the Vienna Circle* [Wittgenstein, Frege e o Círculo de Viena]. Oxford: Blackwell, 1988.

Davis, Stephen T. 'Theology, Verification and Falsification.' *International Journal for Philosophy of Religion*, 6 (1975): 23–39.

Diéz, Jose. 'Falsificationism and the Structure of Theories: The Popper–Kuhn Controversy about the Rationality of Normal Science.' *Studies in History and Philosophy of Science*, 38 (2007): 543–554.

Jeffrey, R., 'Probability and Falsification: Critique of the Popper Program.' *Synthese*, 30 (1975): 95–117.

Misak, C. J. *Verificationism: Its History and Prospects* [Verificacionismo: sua história e perspectivas]. London: Routledge, 1995.

Pigliucci, Massimo, Maarten Boudry, eds. *Philosophy of Pseudoscience: Reconsidering the Demarcation Problem* [Filosofia da pseudociência: reconsiderando o problema da demarcação]. Chicago: Chicago University Press, 2013.

Plantinga, Alvin. *God and Other Minds* [Deus e outras mentes]. Ithaca, NY: Cornell University Press, 1967, pp. 156–168.

Richardson, A. T. Übel, eds. *The Cambridge Companion to Logical Empiricism* [O guia Cambridge para o empirismo lógico], New York: Cambridge University Press, 2007.

Sarkar, Sahotra. *The Emergence of Logical Empiricism From 1900 to the Vienna Circle* [O surgimento do empirismo lógico de 1900 ao Círculo de Viena]. New York: Garland Publishing, 1996.

CAPÍTULO 4

Ciência e a filosofia da religião

No capítulo anterior, exploramos alguns dos principais temas da filosofia da ciência e consideramos sua relevância para a discussão de questões religiosas. O presente capítulo desenvolve ainda mais essa abordagem, examinando como as ideias das ciências naturais podem ter implicações para a filosofia da religião – ou, pelo menos, qual seu potencial para contribuir em discussões nessa área.

Entende-se geralmente que o campo da "filosofia da religião" se refere ao exame filosófico dos temas e conceitos básicos associados às tradições religiosas, como o cristianismo, incluindo também a tarefa filosófica mais ampla de refletir sobre questões de importância religiosa, como a relação entre Deus e o mal, a natureza da linguagem religiosa, o uso de analogias na religião e a avaliação de alternativas à religião, como o naturalismo secular. A filosofia da religião é uma área muita rica e, para nossos propósitos neste capítulo, focalizaremos um de seus temas mais importantes: os argumentos filosóficos para a existência de Deus. De que maneira as ideias das ciências naturais afetam esses argumentos? Como a literatura nessa área deixa claro, discussões recentes de argumentos sobre a existência de Deus fazem ampla referência a entendimentos científicos do mundo.

No capítulo 5, vamos considerar uma segunda área ampla que mescla temas característicos da filosofia da ciência e da filosofia da religião – o uso de modelos ou analogias para visualizar ou interpretar entidades complexas ou não observáveis na ciência e na religião.

CIÊNCIA E A FILOSOFIA DA RELIGIÃO

Neste capítulo, consideraremos algumas das linhas de argumentação relacionadas à existência de Deus que foram desenvolvidas dentro da filosofia da religião e, em seguida, focalizaremos especificamente os argumentos que são particularmente afetados pelas ciências naturais. Começaremos nossa análise abordando alguns dos argumentos clássicos da existência de Deus, para permitir que o leitor obtenha uma compreensão dos tipos de abordagem amplamente discutidos nesse campo de estudo.

CIÊNCIA, RELIGIÃO E PROVAS DA EXISTÊNCIA DE DEUS

Uma das questões mais interessantes da ciência e da religião diz respeito à natureza das "provas" de teorias – seja a teoria em questão a teoria da relatividade de Einstein ou a afirmação cristã da existência de Deus. Quando, na adolescência, comecei a estudar ciências, nos anos de 1960, fui encorajado a pensar que a ciência provava suas descobertas com total convicção. A composição química da água, por exemplo, pode ser comprovada como sendo H_2O. É lugar comum para os que têm compromisso com o desatualizado modelo de "conflito" para a relação entre ciência e religião compará-las nesse ponto. No que diz respeito às evidências, ciência e religião são frequentemente colocadas em extremos opostos da escala.

Richard Dawkins, um vigoroso defensor dessa abordagem – embora não se deva dizê-lo particularmente bem-informado –, argumenta que a ciência prova suas principais convicções recorrendo a evidências experimentais ou observacionais, enquanto a religião se recusa a oferecer qualquer suporte racional ou evidencial para suas crenças. Cientistas mais bem-informados filosoficamente, no entanto, têm uma visão muito diferente. Max Planck, o pai da teoria quântica, deixava bem claro que a fé desempenha um papel crítico nas ciências naturais, argumentando que uma crença não comprovada na unidade fundamental dos fenômenos fornece motivação e justificativa para o empreendimento científico. Não é algo que possa ser provado, mas que, no entanto, parece fornecer uma base de trabalho para o projeto científico. Para Planck, o cientista acredita em uma ordem invisível das coisas e acha isso justificado e refletido no sucesso das ciências:

Qualquer um que se dedique seriamente a trabalhos científicos de qualquer natureza percebe que, sobre a entrada do portal do templo da ciência, estão escritas as palavras: "Você deve ter fé". Essa é uma qualidade que os cientistas não podem dispensar.[1]

Um raciocínio semelhante foi apresentado por Thomas H. Huxley, amplamente conhecido como "Buldogue de Darwin", devido à sua defesa obstinada das ideias de Darwin. Em 1885, Huxley declarou que "a ciência ... comete suicídio quando adota um credo". A ciência, na sua melhor e mais autêntica forma, não tem credo ou ideologia, seja religiosa ou antirreligiosa. Sua posição pública seria comprometida se fosse contaminada por agendas religiosas ou antirreligiosas. Embora a ciência possa não ter um credo, Huxley insistiu que ela tem uma e apenas uma regra de fé:

> O único ato de fé no convertido à ciência é a confissão da universalidade da ordem e da validade absoluta, em todos os tempos e sob todas as circunstâncias, da lei da causalidade. Essa confissão é um ato de fé, porque, pela natureza do caso, a verdade de tais proposições não é suscetível de prova.[2]

Huxley percebeu claramente que a prática da ciência se apoia em uma crença não comprovada (e não apta a ser provada). É uma crença que pode ser reforçada com os resultados do processo científico – mas continua sendo o que o psicólogo William James chamou de "hipótese de trabalho" não comprovada.

No início deste livro, consideramos o lugar da explicação nas ciências naturais e na teologia cristã. No caso das ciências naturais, a questão é como dar sentido a um conjunto de observações do mundo natural. Qual "cenário" faz mais sentido com essas observações? Como vimos no capítulo 3, isso geralmente envolve o processo de "inferência à melhor explicação". No entanto, isso sempre é entendido como uma avaliação *provisória*, aberta à revisão e correção à medida que as evidências se acumulam e a

---

1 Max Planck, *Where Is Science Going?* [Para onde a ciência está indo?] Nova York: W.W. Norton, 1932, p. 214.
2 Thomas H. Huxley, in Francis Darwin, ed. *The Life and Letters of Charles Darwin* [A vida e as cartas de Charles Darwin] (3 vols). Londres: John Murray, 1887, vol. 2, p. 200.

CIÊNCIA E A FILOSOFIA DA RELIGIÃO

reflexão prossegue. Com base nas evidências disponíveis hoje, podemos aceitar essa teoria científica; com base em novas evidências ou interpretações revisadas das antigas evidências que vamos obter amanhã, poderemos aceitar uma teoria científica bem diferente.

Como apontou Michael Polanyi, químico e notável filósofo da ciência, os cientistas naturais precisam acreditar em algumas coisas que sabem que, mais tarde, se mostrarão erradas – mas não sabendo ao certo *quais* de suas crenças atuais se revelarão errôneas.

A teorização científica oferece o que se acredita ser a melhor descrição das observações experimentais atualmente disponíveis. A mudança radical da teoria ocorre quando se acredita que exista uma explicação melhor do que já é conhecido ou quando novas informações surgem, o que nos obriga a ver o que é atualmente conhecido sob uma nova luz. A menos que conheçamos o futuro, é impossível tomar uma posição absoluta sobre a questão de saber se alguma teoria é "certa". Não sabemos – e não temos como saber – quais das teorias de hoje serão descartadas como fracassos curiosos pelas gerações futuras. Entretanto, isso não impede os cientistas de se comprometerem com uma dada teoria, acreditando que ela está certa (embora saibam que ela pode ser inadequada ou errada em longo prazo).

Essa ênfase *no caráter provisório* das teorias científicas abala severamente o positivismo ultrapassado, que frequentemente acompanha o modelo de "conflito" da relação entre ciência e religião. Onde o positivista declara que "a ciência provou que isso é verdade", cientistas mais sábios e reflexivos preferem afirmar que: "existe um amplo consenso na comunidade científica de que isso está correto, o que provavelmente mudará à medida que mais evidências forem acumuladas". Isso não é, de forma alguma, uma crítica às ciências naturais. É simplesmente um reconhecimento de como o método científico funciona. Historiadores da ciência apontam regularmente para um grupo de teorias que representavam a ortodoxia científica em sua época e agora são consideradas claramente incorretas.

Para explorar a importância desse ponto, vamos fazer uma pergunta: a teoria da evolução de Darwin está correta? A melhor resposta para essa pergunta seria que a teoria de Darwin, conforme modificada por seus sucessores, é considerada atualmente a melhor explicação de um vasto corpo de dados biológicos. No entanto, à medida que mais e mais dados se acumulam, pode ocorrer o que Thomas Kuhn chamou de "mudança de paradigma", envolvendo uma mudança radical da teoria do darwinismo para uma nova teoria, atualmente desconhecida. Richard Dawkins, um defensor entusiástico do darwinismo, é bastante claro sobre esse ponto:

> Darwin pode ser [considerado] triunfante no final do século 20, mas devemos reconhecer a possibilidade de que novos fatos venham à tona, o que forçará nossos sucessores do século 21 a abandonar o darwinismo ou modificá-lo a ponto de se tornar irreconhecível.[3]

E as crenças religiosas? Há três questões interessantes que devem ser observadas aqui:

1. Se a crença em Deus pode ser demonstrada verdadeira, de modo semelhante a como uma teoria científica pode ser confirmada.
2. Que papel as ciências naturais desempenham na discussão da racionalidade da crença religiosa em geral e da crença em Deus em particular.
3. Que papel as ciências naturais desempenham nos argumentos ateístas *contra* a existência de Deus – como os que agora são geralmente conhecidos como "argumentos evolutivos de desmistificação".

Consideraremos essas questões neste capítulo, começando com os argumentos clássicos de Tomás de Aquino para a existência de Deus, geralmente conhecidos como as "Cinco Vias".

ARGUMENTOS FILOSÓFICOS TRADICIONAIS
PARA A EXISTÊNCIA DE DEUS

Os argumentos filosóficos para a existência de Deus mais amplamente discutidos foram desenvolvidos por Anselmo de Cantuária e Tomás de

---

3 Richard Dawkins, *A Devil's Chaplain: Selected Writings*. Londres: Weidenfeld & Nicholson, 2003, p. 81. [Ed. Bras.: *O capelão do Diabo*. São Paulo: Companhia das Letras, 2005]

CIÊNCIA E A FILOSOFIA DA RELIGIÃO

Aquino durante a Idade Média. O "argumento ontológico" de Anselmo é de considerável interesse para os filósofos da religião, mas seu caráter não empírico significa que ele tem pouco lugar em qualquer discussão sobre as ciências naturais. Em contraste marcante, as "Cinco Vias" de Tomás de Aquino estão diretamente fundamentadas em um engajamento com a realidade empírica e, portanto, se conectam bem à investigação científica. Vamos considerar esses argumentos a seguir.

Em alguns livros didáticos, as "Cinco Vias" são descritas como "provas" da existência de Deus. Isso é um exagero. Por várias razões, esses argumentos tradicionais são mais bem-vistos como uma demonstração da racionalidade interna da crença religiosa. A abordagem de Tomás de Aquino é de especial interesse devido à conexão explícita que ele propõe entre a existência de Deus e a capacidade humana de compreender o nosso mundo. As declarações mais recentes desses argumentos geralmente assumem três formas:

1. Argumentar que é mais racional acreditar que Deus existe do que negar que Deus existe.
2. Argumentar que é mais racional acreditar que Deus existe do que ser agnóstico quanto à existência de Deus.
3. Argumentar que é tão racional acreditar em Deus quanto acreditar em muitas das coisas nas quais os filósofos ateus costumam acreditar (como a existência de "outras mentes" ou na objetividade de certo e errado do ponto de vista moral).

A seguir, consideraremos as formas clássicas desses argumentos e algumas de suas formas mais recentes.

As Cinco Vias de Tomás de Aquino

Tomás de Aquino (c. 1225–1274) é provavelmente o teólogo mais famoso e influente da Idade Média. Nascido na Itália, alcançou fama através do ensino e das obras escritas na Universidade de Paris e em outras universidades do Norte. Sua fama repousa principalmente em sua *Suma Teológica*, que foi composta no final de sua vida e permaneceu inacabada no momento de sua morte. Ele também escreveu muitas outras obras importantes, particularmente a *Suma Contra os Gentios*, que representa uma afirmação importante da racionalidade da fé cristã, e especialmente da existência de Deus. Tomás de Aquino acreditava que era inteiramente apropriado identificar indicadores da existência de Deus, extraídos da experiência humana geral do mundo.

Para os propósitos de Tomás de Aquino em demonstrar a racionalidade da crença teísta, Deus é tratado principalmente como um agente explanatório cuja existência e natureza fornecem uma explicação retrospectiva de vários aspectos de nossa experiência do mundo e de nós mesmos como criaturas de Deus – como a ordem do mundo, ou nosso senso de bondade ou beleza em resposta à natureza. Tomás de Aquino considera inaceitável simplesmente afirmar a realidade crua da existência de nosso mundo e suas características específicas. Ele acredita claramente que é razoável e apropriado procurar uma explicação, em primeiro lugar, de por que esse mundo existe e, em segundo, por que tem as características distintas que observamos em seus processos e estruturas. O universo precisa ser explicado em termos de um relacionamento com algo diferente de si mesmo – isto é, com Deus.

As "Cinco Vias" de Tomás de Aquino representam cinco linhas de argumentação em apoio à existência de Deus; cada uma se baseia em algum aspecto do mundo que "aponta" para a existência de seu criador. Então, que tipo de indicadores Aquino identifica? A linha básica de pensamento que guia Aquino é que o mundo reflete Deus, como seu criador – uma ideia à qual é dada uma expressão mais formal em sua doutrina da "analogia do ser". Assim como um artista pode assinar uma pintura para identificá-la como obra sua, também Deus estampou uma "assinatura" divina na criação. O que observamos no mundo (por exemplo, os sinais de ordem) pode ser melhor explicado com base na existência de Deus como seu criador. Deus deve, portanto, ser visto como sua primeira causa e seu criador, ao trazer o mundo à existência e imprimir nele algo da imagem e semelhança divinas.

Então, onde podemos procurar, na criação, evidências da existência de Deus? Tomás de Aquino argumenta que a ordem do mundo é a evidência mais convincente da existência e sabedoria de Deus. Essa suposição básica está subjacente a cada uma das "Cinco Vias", embora seja de particular im-

CIÊNCIA E A FILOSOFIA DA RELIGIÃO

portância no caso do argumento frequentemente referido como o "argumento do design" ou "argumento teleológico". Vamos considerar cada uma dessas "vias" individualmente, antes de focar em duas delas mais adiante neste capítulo.

A *primeira via* começa com a observação de que as coisas no mundo estão em movimento ou mudam. O mundo não é estático, mas é dinâmico. Exemplos disso são fáceis de listar. A chuva cai do céu. Pedras rolam abaixo pelos vales. A Terra gira em torno do Sol (um fato, aliás, desconhecido de Aquino). O primeiro dos argumentos de Tomás de Aquino é normalmente chamado de "argumento do movimento". O termo em latim *motus*, muitas vezes traduzido como "movimento", tem um sentido mais amplo do que o sugerido, de modo que a tradução "mudança" é mais apropriada em alguns momentos.

Então, como a natureza entrou em movimento? Por que está mudando? Por que não é estática? Tomás de Aquino argumenta que tudo o que se move é movido por outra coisa. Para todo movimento, há uma causa. As coisas não apenas se movem, elas são movidas por outra coisa. Agora, cada causa de movimento deve ter ela mesma uma causa. E essa causa deve ter uma causa também. Tomás de Aquino argumenta, portanto, que há toda uma série de causas de movimento por trás do mundo como o conhecemos. Agora, a menos que exista um número infinito dessas causas, argumenta Tomás de Aquino, deve haver uma causa única bem na origem da série. A partir dessa causa original do movimento, todos os outros movimentos são derivados. Essa é a origem da grande cadeia de causalidade que vemos refletida na maneira como o mundo se comporta. Pelo fato de as coisas estarem em movimento, Tomás de Aquino defende a existência de uma causa única original de todo esse movimento – e esta, ele conclui, é Deus.

Em tempos mais recentes, esse argumento foi reafirmado em termos mais explicitamente cosmológicos. A declaração do argumento assume, mais comumente, o seguinte formato:

1. Tudo dentro do universo depende de outra coisa para sua existência.
2. O que é verdade para suas partes individuais também é verdade para o próprio universo.

3. O universo depende, portanto, de outra coisa para sua existência desde que existe ou enquanto existir.

4. O universo, portanto, depende de Deus para sua existência.

O argumento pressupõe basicamente que a existência do universo é algo que requer explicação. Ficará claro que esse tipo de argumento está diretamente relacionado à pesquisa cosmológica moderna, particularmente à teoria do "Big Bang" das origens do cosmos.

A *segunda via* começa com a ideia de causação eficiente. Tomás de Aquino observa que observamos uma ordem de causas eficientes dentro do que vemos ao nosso redor. Entretanto, não observamos, e não podemos esperar observar, qualquer coisa que seja a causa eficiente de si mesma. Como não é possível que exista uma série infinita de causas eficientes, é razoável supor que exista alguma causa eficiente primordial (*prima causa efficiens*), que é o que todos chamam de "Deus".

A *terceira via* diz respeito à existência de seres contingentes. Em outras palavras, o mundo contém seres (como os seres humanos) que não existem por uma questão de necessidade. Tomás de Aquino contrasta esse tipo de ser com um ser necessário (alguém que existe por necessidade). Ao passo que Deus é um ser necessário, Tomás de Aquino argumenta que os seres humanos são seres contingentes. O fato de estarmos aqui precisa de explicação. Por que estamos aqui? O que aconteceu que nos trouxe à existência? Tomás de Aquino argumenta que um ser passa a existir porque algo já existente faz com que ele exista. Em outras palavras, nossa existência é causada por outro ser. Nós somos o resultado de uma série causal. Rastreando essa série de volta à sua origem, Tomás de Aquino declara que essa causa original do ser só pode ser alguém cuja existência é necessária – em outras palavras, Deus.

A *quarta via* começa com valores humanos, como verdade, bondade e nobreza. De onde vêm esses valores? O que os causa? Tomás de Aquino argumenta que deve haver algo que seja verdadeiro, bom e nobre, e que isso faça surgir nossas ideias de verdade, bondade e nobreza. A origem dessas ideias, sugere Tomás de Aquino, é Deus, que é sua causa original.

A *quinta e última via* é o próprio argumento teleológico ou "argumento do design". Esse é um dos argumentos filosóficos pela existência de Deus

CIÊNCIA E A FILOSOFIA DA RELIGIÃO   163

mais amplamente discutidos. Tomás de Aquino coloca o argumento em termos de design aparente dentro da ordem natural. As coisas não existem simplesmente; elas parecem ter sido projetadas com alguma forma de propósito em mente. O termo "teleológico" (que significa "direcionado a um objetivo") é amplamente usado para indicar esse aspecto da natureza aparentemente direcionado a uma meta. Isso leva Tomás de Aquino a concluir que existe "um ser inteligente por meio do qual todas as coisas naturais são direcionadas para o seu fim" – em outras palavras, Deus.

Os cinco argumentos de Tomás de Aquino mostram uma estrutura semelhante. Cada um depende de rastrear uma sequência causal de volta à sua origem única e identificá-la com Deus. Uma série de objeções às "Cinco Vias" foram apresentadas pelos críticos de Tomás de Aquino durante a Idade Média, como Duns Scotus e Guilherme de Ockham. As três críticas a seguir são especialmente importantes.

1. Por que a ideia de uma regressão infinita de causas é impossível? Por exemplo, o argumento do movimento só funciona realmente se for possível mostrar que a sequência de causa e efeito para em algum lugar. De acordo com Tomás de Aquino, deve haver um Primeiro Motor Imóvel. Mas ele falha em demonstrar esse ponto, sustentando que uma regressão infinita de causas é contraintuitiva.

2. Por que esses argumentos levam à crença em apenas *um* Deus? O argumento do movimento, por exemplo, pode levar à crença em vários Primeiros Motores Imóveis. Parece não haver nenhuma razão especialmente premente para insistir que só pode haver uma dessas causas, exceto a insistência cristã fundamental de que, de fato, existe apenas um Deus.

3. Esses argumentos não demonstram que Deus continua a existir. Tendo levado as coisas a acontecer, Deus poderia deixar de existir. A existência continuada de eventos não implica necessariamente a existência continuada de seu originador. Os argumentos de Tomás de Aquino, sugere Ockham, podem levar à crença de que certa vez Deus existiu – mas não necessariamente existe agora. Ockham desenvolveu um argumento um tanto complexo para contornar essa dificuldade, com base na ideia de Deus continuar sustentando o universo.

O argumento Kalam

O argumento que agora é geralmente conhecido como o "argumento kalam" deriva seu nome de uma escola de filosofia árabe que floresceu no início da Idade Média. A estrutura básica do argumento pode ser definida como quatro proposições:

1. Tudo o que tem um começo deve ter uma causa.
2. O universo começou a existir.
3. Portanto, o início da existência do universo deve ter sido causado por alguma coisa.
4. A única causa possível desse tipo é Deus.

Embora alguns estudiosos considerem esse argumento uma variante do argumento cosmológico, já exposto acima, outros consideram que ele tem certas características distintas, merecendo um tratamento próprio.

A estrutura do argumento é clara. Se pode ser dito que a existência de algo teve um início, segue-se – é o que se argumenta – que deve ter uma causa. Esse tipo de argumento é facilmente vinculado à ideia científica moderna de um "Big Bang". A cosmologia moderna sugere fortemente que o universo teve um começo. Se o universo começou a existir em determinado momento, ele deve ter tido uma causa. E que causa poderia haver além de Deus? Embora esse argumento tenha sido desenvolvido durante a Idade Média, o consenso científico daquela época era que o universo não teve um começo – em outras palavras, que a segunda premissa do argumento, conforme exposto acima, é inválida. A mudança de paradigma cosmológico que levou à aceitação científica do "Big Bang" agora significa que a segunda premissa do argumento coincide com o consenso científico predominante do século 21, dando assim uma nova plausibilidade científica a essa abordagem.

Essa forma do argumento *kalam* tem sido amplamente debatida nos últimos anos. Um de seus defensores de maior expressão tem sido William Lane Craig, que apresenta suas principais características da seguinte maneira:

> Como tudo o que começa a existir tem uma causa para sua existência, e dado que o universo começou a existir, concluímos, portanto, que o universo tem uma

CIÊNCIA E A FILOSOFIA DA RELIGIÃO

causa de sua existência [...]. Transcendendo o universo inteiramente, existe uma causa que trouxe o universo à existência.[4]

O debate sobre o argumento centrou-se em três questões, uma científica e as outras duas filosóficas.

1. Alguma coisa pode ter um começo sem ser causada? Em um de seus diálogos, o filósofo escocês David Hume argumentou que é possível conceber algo que surge, sem necessariamente apontar para uma causa definida dessa existência. Contudo, essa sugestão acarreta dificuldades consideráveis e não está claro o quanto essa objeção é realmente significativa.

2. Podemos falar de o universo ter um começo? É preciso lembrar que o consenso científico da Idade Média, que prevaleceu até o início do século 20, era o de que o universo sempre existiu. Ao afirmar que o universo teve um começo, escritores religiosos medievais – cristãos, judeus ou islâmicos – estavam remando contra o consenso científico predominante de sua época. A situação, é claro, mudou desde as transformações radicais na cosmologia científica do final do século 20, que agora são entendidas como significando que o universo tem um começo.

3. Se é possível considerar que o universo foi "causado", essa causa deve ser diretamente identificada com Deus? Uma causa deve ser anterior ao evento que causa. Falar de uma causa para o começo da existência do universo é, portanto, falar de algo que existia antes do universo. E se isso não for Deus, o que é?

Ficará claro que o argumento *kalam* tradicional recebeu um novo sopro de vida, movendo-se da ideia de um universo eterno para a teoria mais recente das origens do universo através do "Big Bang". Entretanto, as questões filosóficas levantadas provavelmente continuarão sendo objeto de intensa discussão crítica.

---

4 William Lane Craig e Quentin Smith, *Theism, Atheism, and Big Bang Cosmology* [Teísmo, ateísmo e cosmologia do Big Bang]. Oxford: Clarendon Press, 1993, p. 63.

Um estudo de caso: o argumento biológico de William Paley a partir do design

É amplamente aceito que a contribuição popular mais significativa para o "argumento do design" é devida a William Paley. Sua obra *Natural Theology: Or Evidences of the Existence and Attributes of the Deity, Collected from the Appearances of Nature* [Teologia Natural; ou as evidências da existência e dos atributos da divindade, coletados das aparências da natureza] (1802) teve uma profunda influência no pensamento religioso inglês popular na primeira metade do século 19 e se sabe ter sido lida por Charles Darwin. Paley ficou profundamente impressionado com a descoberta de Newton sobre a regularidade da natureza, especialmente em relação à área geralmente conhecida como "mecânica celeste". Estava claro que todo o universo poderia ser pensado como um mecanismo complexo, operando de acordo com princípios regulares e compreensíveis.

Para alguns autores deístas, isso sugeria que Deus não era mais necessário. Um mecanismo pode funcionar perfeitamente bem sem a necessidade de seu criador estar presente o tempo todo. Uma das conquistas significativas de Paley, que não era totalmente reconhecida na literatura acadêmica, foi reabilitar a ideia de "mundo como um mecanismo" dentro de uma perspectiva cristã. Paley conseguiu transformar a metáfora do "relógio", de uma imagem associada ao ceticismo e ao ateísmo para uma imagem associada a uma afirmação clara da existência de Deus. Onde o progresso científico parecia levar ao ateísmo na França, como indicavam as obras de Laplace, Paley estabeleceu um contexto no qual o avanço científico era acomodado dentro do amplo perímetro de uma teologia natural adequadamente generosa. A visão de Paley para a teologia natural oferecia um grau significativo de estabilidade religiosa e política em um momento em que muitos temiam pela insegurança interna e externa. Sua visão indicava que as leis fixas da ciência tinham contrapartes nas leis fixas da sociedade, ambas baseadas na natureza divina.

Para Paley, a imagem newtoniana do mundo como um mecanismo sugeriu imediatamente a metáfora de um relógio, levantando a questão de quem construiu o intrincado mecanismo que era tão evidentemente exibido no funcionamento do mundo. Um dos argumentos mais significativos de Paley é que mecanismo implica "engenhosidade". Escrevendo

CIÊNCIA E A FILOSOFIA DA RELIGIÃO

no contexto da emergente Revolução Industrial na Inglaterra, datada de 1760 a 1840, Paley procurou explorar o potencial apologético do crescente interesse em máquinas – como "relógios, telescópios, moinhos e motores a vapor" – nas classes letradas da Inglaterra.

As linhas gerais da abordagem de Paley são bem conhecidas. No início do século 19, a Inglaterra estava atravessando a Revolução Industrial, na qual as máquinas passaram a desempenhar um papel cada vez mais importante. Paley argumenta que apenas um tolo sugeriria que essa tecnologia mecânica complexa surgiu por acaso e sem propósito. Mecanismo pressupõe engenhosidade – com o que Paley quer dizer que algo foi projetado para um propósito e construído de maneira inteligente. Tanto o corpo humano em particular, como o mundo em geral, podiam ser vistos como mecanismos que haviam sido projetados e construídos de maneira a alcançar harmonia de meios e fins. É preciso enfatizar que Paley não estava sugerindo que existia simplesmente uma analogia entre os dispositivos mecânicos humanos e o mundo natural – em outras palavras, que a natureza seria como uma máquina. Em alguns pontos, a força de seu argumento repousa mesmo na afirmação de que a natureza *é* um mecanismo e, portanto, foi projetada de maneira inteligente e construída com habilidade.

O argumento de Paley gira em torno de um bordão: o mundo biológico é análogo a um relógio. A estratégia apologética desenvolvida por ele repousa sobre o estabelecimento dessa analogia vívida, que possui potencial imaginativo suficiente para conduzir seus leitores e subverter a força evidencial das objeções que podem ser levantadas contra sua abordagem. A analogia do relógio, de Paley, pode não ter sido original, já que foi empregada por autores holandeses em meados do século 18; entretanto, o uso que ele faz dela mostra talento e criatividade que não podem ser desprezados.

Os parágrafos iniciais da *Teologia Natural* de Paley são amplamente conhecidos, com o bordão do relógio encontrado no meio de um habitat natural isolado:

> Suponha que, ao atravessar um matagal, eu tenha tropeçado em uma *pedra* e que me perguntem como a pedra foi parar ali. Eu poderia talvez responder que, tanto quanto eu saiba, ela estava ali desde sempre; e talvez não fosse muito fácil mostrar

a validez dessa resposta. Mas suponha que eu tenha encontrado um *relógio* no chão e que devesse procurar saber como aconteceu de o relógio estar ali naquele lugar. Dificilmente eu pensaria na mesma resposta que dera antes, que, tanto quanto eu soubesse, o relógio poderia ter estado ali desde sempre. Contudo, por que essa resposta não deve servir tanto para o relógio quanto para a pedra? Por que ela não é admissível tanto no segundo caso quanto no primeiro?[5]

O que distingue o relógio da pedra? O ponto principal da resposta de Paley pode ser resumido na palavra *invenção*[6] – *um sistema de peças que foram projetadas e montadas para trabalharem em conjunto para uma finalidade específica, demonstrando design e finalidade. Paley usou o termo "invenção" para transmitir a ideia de algo que é projetado e construído*, apelando para o interesse popular em máquinas, características da nova era da industrialização que emergia na Inglaterra.

Paley oferece uma descrição detalhada do relógio, notando em particular sua caixa, mola cilíndrica em espiral, muitas engrenagens e face de vidro. Tudo isso mostra evidência de design para uma finalidade específica identificável. Tendo conduzido seus leitores nessa análise cuidadosa, Paley se volta para tirar uma conclusão criticamente importante sobre a complexidade e o propósito óbvio do mecanismo:

> Tendo esse mecanismo sido observado (o que requer, de fato, um exame do instrumento, e talvez algum conhecimento prévio do assunto, para percebê-lo e compreendê-lo; mas, como dissemos, uma vez observado e compreendido), a inferência que pensamos inevitável é que o relógio deve ter tido um criador: que deve ter existido, em algum momento e em algum lugar ou outro, um artífice ou artífices que o construíram para o propósito que achamos a que ele realmente responde, que conceberam sua construção e projetaram seu uso.[7]

A discussão prolongada de Paley sobre o relógio visa estabelecer uma estrutura de interpretação, capaz de ser transferida para outros objetos que

---

5 William Paley, *Natural Theology: Or Evidences of the Existence and Attributes of the Deity*, 12. ed. [Teologia Natural: ou evidências da existência e atributos da divindade, 12. ed.]. Londres: Faulder, 1809, p. 1.
6 O termo original é *contrivance*, que em algumas ocasiões também pode ser traduzido por "engenhosidade" [N. E.].
7 Ibidem, p. 3.

CIÊNCIA E A FILOSOFIA DA RELIGIÃO

parecem mostrar evidências de design. A análise detalhada de Paley do mecanismo do relógio visa estabelecer que este é uma *invenção*, mostrando evidências de que foi inicialmente projetado e posteriormente construído para uma finalidade específica, indicando, portanto, a existência de um *designer*. E, para Paley, esses mesmos padrões podem ser discernidos no mundo biológico.

Muitos apologistas cristãos do início do século 18 apelaram à beleza e à ordem do mundo físico como evidências para a existência de Deus. Paley mudou de foco, voltando sua atenção para o mundo biológico. A astronomia pode de fato apontar para a magnificência e maravilha de Deus para os crentes; no entanto, não podia, antes de tudo, provar a existência de Deus.

> Minha opinião sobre Astronomia sempre foi de que ela *não* é o melhor meio pelo qual provar a atuação de um Criador inteligente; mas que, sendo isso provado, ela mostra, melhor que todas as outras ciências, a magnificência de suas operações. Ela eleva a mente que já foi convencida a visões mais sublimes da Deidade do que qualquer outro objeto o faz; mas ela não é tão bem-adaptada, como alguns outros temas são, para esse tipo de argumento.[8]

Paley ressalta que a observação dos planetas e das estrelas aponta para sua simplicidade. "Não vemos nada a não ser pontos brilhantes, círculos luminosos ou as fases das esferas que refletem a luz incidente sobre elas."[9] Para Paley, no entanto, a inferência de design baseia-se na evidência de complexidade. "Deduzimos o design da relação, adequação e correspondência das *partes*. Portanto, é necessário um certo grau de *complexidade* para tornar um objeto adequado a essa espécie de argumento."[10] Paley descobriu essa complexidade nas estruturas do mundo biológico – acima de tudo, no olho humano.

Quem, perguntava-se Paley, poderia observar as complexidades do olho humano – que ele descreve detalhadamente – e não ver que ele também tem um *designer*? O olho, sugere ele, é análogo a um telescópio:

---

8 Ibidem, p. 378.
9 Ibidem, p. 379.
10 Ibidem.

Há precisamente a mesma prova de que o olho foi feito para a visão, como há para que o telescópio foi feito para ajudá-lo. Eles são feitos com os mesmos princípios; ambos sendo ajustados às leis pelas quais a transmissão e a refração dos raios de luz são reguladas. [...] O que um fabricante de instrumentos de precisão poderia ter feito a mais para mostrar seu conhecimento de seus princípios, sua aplicação desse conhecimento, a forma adequada de seus meios a seu fim [...] para testemunhar conselho, escolha, consideração, propósito?[11]

Tendo desenvolvido essa analogia, Paley enfatiza a superioridade do olho sobre o telescópio. O olho é mais engenhosamente projetado que o telescópio e é melhor adaptado para lidar com uma ampla variedade de circunstâncias, como níveis diferentes de iluminação ou o intervalo de distâncias dos objetos a serem vistos. Para Paley, isso exige que o olho e o telescópio sejam considerados inventos. Como o olho é mais engenhoso e funcional que o telescópio, o criador desse invento natural merece mais admiração e louvor do que o criador do telescópio.

O ponto essencial de Paley é que a natureza testemunha uma série de estruturas biológicas que são "inventadas" – ou seja, projetadas e construídas com um objetivo claro em mente. "Toda indicação de invenção, toda manifestação de design, que existia no relógio, existe nas obras da natureza."[12] De fato, Paley argumenta, a diferença é que a natureza mostra um grau ainda maior de invenção e engenhosidade que o relógio. Talvez seja justo dizer que o melhor de Paley está em como ele lida com a descrição de estruturas naturais imensamente complexas, como o olho humano ou o coração, tratando ambos como máquinas projetadas com propósitos específicos em mente.

Tem sido dada tanta atenção à analogia inicial de Paley, que os estágios posteriores de seu argumento são frequentemente ignorados, particularmente alguns levantados pelo filósofo cético David Hume em relação às formas anteriores de teologia natural. Hume destacou que esse argumento do design pode levar a múltiplas divindades ou a nenhuma divindade. O ato de criação não implicava a existência continuada de um criador. "Um

---

11 Ibidem, pp. 18-19.
12 Ibidem, pp. 17-18

CIÊNCIA E A FILOSOFIA DA RELIGIÃO

grande número de homens se une na construção de uma casa ou navio, na criação de uma cidade, na fundação de uma comunidade: por que várias divindades não poderiam combinar entre si de criar e estruturar um mundo?"[13] Não é necessário que o *designer* original ainda exista para o relógio continuar a existir, independentemente do destino de seu inventor. E o caráter moral do *designer*? Hume sugeriu que este mundo é "defeituoso e imperfeito". Ele poderia, Hume argumentou, ter sido a primeira tentativa frustrada de criação por parte de "alguma divindade infantil", ou o "produto da velhice e decrepitude" de algum Deus criador que houvesse decaído em uma senilidade incompetente.

Paley lida com essas preocupações através de um longo e cumulativo argumento, cujos estágios posteriores são frequentemente ignorados por seus intérpretes. Primeiro, ele aborda a questão de saber se existe apenas um criador. Seu argumento, embora complexo, reduz-se à afirmação de que há uma consistência de propósito e design dentro da natureza, indicando que existe apenas uma mente por trás do que é observado. A constância e a universalidade das leis da natureza, por exemplo, apontam claramente para uma única racionalidade expressa dentro do mundo natural. Além disso, sugere Paley, falar de design implica imediatamente que o *designer* é uma pessoa e não uma força abstrata. Mas o *designer* é bom e sábio?

Paley usa aqui uma forma do argumento de perfeição, que foi desenvolvido por vários autores anteriores, inclusive pelo avô paterno de Charles Darwin, Erasmus Darwin, conhecido por sua obra *Zoönomia; or the Laws of Organic Life* [Zoonomia; ou as leis da vida orgânica] (1794-1796). Paley argumenta que o caráter de um *designer* seria revelado naquilo que é projetado. Como os inventos naturais parecem ter surgido para o bem geral das criaturas, é razoável inferir que o criador pretende o bem da criação – e que Deus é, portanto, bom.

O argumento de Paley foi influente, especialmente a nível popular. Sua premissa fundamental é que a natureza contém estruturas biologicamente complexas, que não podem ser atribuídas ao acaso. Seu apelo à ciência popular – especialmente à história natural – deu uma nova motivação para o

---

13 David Hume, *Dialogues Concerning Natural Religion* [Diálogos sobre religião natural]. Nova York: Penguin, 1990, p. 79.

estudo atento e apreciativo do mundo natural. Entretanto, Paley dependia do consenso científico do início do século 18, segundo o qual o mundo era essencialmente estático e não sujeito a mudanças radicais. A noção essencialmente estática de criação, de Paley, reflete uma crença de que existe uma ordem imutável e projetada para as coisas. A *Origem das Espécies*, de Charles Darwin, veio propor uma descrição muito diferente da origem de complexidade biológica, atribuindo-a ao fenômeno da seleção natural, não a design e construção divinos.

Ainda assim, a abordagem de Paley não foi totalmente desacreditada por Darwin. Muitos teólogos ingleses das décadas de 1860 e 1870 consideravam que, na realidade, Darwin havia resgatado a abordagem de Paley à teologia natural, colocando-a em uma base intelectual mais firme, retificando uma premissa defeituosa e, em última análise, fatal. Charles Kingsley ponderava que a palavra "criação" implicava um processo, e não um mero evento, de modo que a teoria de Darwin realmente esclareceu o mecanismo da criação. "Sabíamos antigamente que Deus era tão sábio, que podia fazer todas as coisas; mas eis que ele é ainda tão mais sábio, que pode fazer todas as coisas se fazerem a si mesmas."[14] Onde Paley pensava em criação estática, na qual Deus parecia desempenhar apenas um papel de uma figura nominal, Kingsley defendia que Darwin tornara possível ver a criação como um processo dinâmico, fundamentalmente teleológico, dirigido pela providência divina. O deísmo, para Kingsley, oferecia apenas um "sonho arrepiante de um universo morto, não governado, por um Deus ausente"; o darwinismo, quando corretamente interpretado, oferecia a visão de um universo vivo, que constantemente melhorava sob a direção sábia de seu benevolente criador.

Richard Dawkins sustenta que a seleção natural – o "processo cego, inconsciente e automático que Darwin descobriu"[15] – remove todos os motivos para falar de maneira significativa sobre a natureza como tendo sido "projetada". Dawkins concede que seja possível falar em "aparência de design", insistindo que essa aparência decorra de um processo natural sem propósito. A seleção natural, portanto, subverte qualquer argumento

---

14 Charles Kingsley, 'The Natural Theology of the Future,' in *Westminster Sermons*. Londres: Macmillan, 1874, pp. v–xxxiii.
15 Richard Dawkins, *The Blind Watchmaker: Why the Evidence of Evolution Reveals a Universe without Design*, Londres: Penguin, 1988, p. 5. [Ed. Bras.: *O relojoeiro cego*. São Paulo: Companhia das Letras, 2001].

de design. A lógica do argumento de Dawkins é um pouco opaca nesse momento. Não está claro por que aceitar a explicação de Darwin do mecanismo de evolução exige que alguém abandone a crença em bondade ou propósito. De fato, o máximo que Dawkins pode dizer com base em uma abordagem empírica é que há uma *aparente* ausência de propósito. Como aponta o filósofo Alvin Plantinga, a afirmação de que a evolução não tem propósito é um "acréscimo metafísico ou teológico"[16] a qualquer descrição puramente científica da evolução. Plantinga defende que há várias maneiras pelas quais Deus poderia ter guiado a evolução da vida, compatíveis com a teoria da evolução de Darwin.

A AMBIGUIDADE DA "PROVA": JUSTIFICAÇÃO NA CIÊNCIA E NA TEOLOGIA

O conceito de "prova" desempenha um papel importante na ciência e na teologia, sendo geralmente entendido como designando argumentos ou observações que oferecem razões convincentes para acreditar que certa teoria deve ser considerada correta. O biólogo ateu Richard Dawkins fornece um bom exemplo dessa abordagem à evidência. Na segunda edição de seu influente livro *The Selfish Gene* [O gene egoísta], Dawkins propõe uma dicotomia absoluta entre "fé cega" e "evidência esmagadora, disponível ao público":

> Mas, afinal, o que é fé? É um estado de espírito que leva as pessoas a acreditar em algo – não importa o quê – na total ausência de evidências de apoio. Se houvesse boas evidências de apoio, a fé seria supérflua, pois, de qualquer forma, as evidências nos obrigariam a acreditar.[17]

Essa visão da relação entre evidência e crença nas ciências naturais, embora reconheça corretamente a importância de identificar e avaliar evidências que possam ser aduzidas em apoio a uma crença, deixa de fazer

---

16 Alvin Plantinga, *Where the Conflict Really Lies: Science, Religion, and Naturalism*. Oxford: Oxford University Press, 2011, p. 14. [Ed. Bras.: *Ciência, religião e naturalismo: onde está o conflito?* São Paulo: Vida Nova, 2018.]

17 Richard Dawkins, *The Selfish Gene*, 2. ed. Oxford: Oxford University Press, 1989, p. 330. [ed. Bras.: *O gene egoísta*. São Paulo: Companhia das Letras, 2007.]

uma distinção criticamente importante entre "total ausência de evidências de apoio" e "ausência de evidências de total apoio".

Para apreciar a importância desse ponto, considere o debate atual na cosmologia sobre se o "Big Bang" deu origem a um único universo ou a uma série de universos (o chamado "multiverso"). Muitos cientistas ilustres apoiam a primeira abordagem, da mesma forma que muitos cientistas igualmente notáveis apoiam a segunda. No momento, a questão não pode ser resolvida com um apelo à evidência disponível. Ambas são opções reais para cientistas pensantes e informados, que tomam suas decisões com base em seus julgamentos sobre a melhor forma de interpretar as evidências e acreditar – embora não possam provar – que sua interpretação está correta. Para colocar isso de forma mais técnica, eles acreditam que sua posição é *justificada*, mas sabem que não pode ser *provada*.

Uma questão semelhante surge em relação à teoria quântica. Qual modelo está certo? A abordagem de Copenhague? Ou a abordagem rival de Louis de Broglie e David Bohm, geralmente conhecida como teoria da onda piloto? Ou a interpretação dos "muitos mundos", proposta por Hugh Everett? Como esses três modelos são empiricamente equivalentes, não se pode realizar nenhum experimento para resolver a questão, que deve se basear em julgamentos complexos e disputados sobre elegância conceitual, simplicidade e se esses modelos parecem ter sido construídos para favorecer alguma agenda metafísica. No entanto, essas dificuldades não impedem que, individualmente, os teóricos quânticos tomem decisões sobre sua escolha preferida. Eles podem não ser capazes de provar que ela esteja certa, mas podem oferecer bons motivos para essa escolha.

Em sentido estrito, "prova" só é possível nos campos da lógica e da matemática. Assim, podemos provar que $2 + 2 = 4$ ou que "o todo é maior que a parte" – mas não que exista um multiverso ou que a abordagem de Copenhague à teoria quântica esteja correta. John Polkinghorne – um físico teórico que se tornou teólogo – insiste que o verdadeiro problema, tanto na ciência quanto na religião, é se uma crença pode ser considerada *avalizada* ou *justificada*:

> Nem a ciência nem a religião podem entreter a esperança de estabelecer provas logicamente impositivas do tipo que apenas um tolo poderia negar. Ninguém

CIÊNCIA E A FILOSOFIA DA RELIGIÃO

pode evitar algum grau de precariedade intelectual, e há uma consequente necessidade de um certo grau de ousadia cautelosa na busca pela verdade. Experiência e interpretação se entrelaçam em uma circularidade inevitável. Mesmo a ciência não pode escapar completamente desse dilema (a teoria interpreta experimentos; os experimentos confirmam ou invalidam as teorias).[18]

Boas razões podem ser dadas para acreditar que uma teoria científica (ou crença religiosa) é justificada, mesmo que fiquem aquém da prova rigorosa que esperamos na lógica ou na matemática.

A "justificação" pode ser entendida como o processo pelo qual uma crença se torna uma crença *justificada* – por exemplo, através da enumeração das boas razões que alguém possa ter para defender uma crença como provavelmente verdadeira. Como Laurence Bonjour coloca: "A questão básica é se *eu* tenho boas razões para pensar que *minhas* crenças são verdadeiras (e, se houver, quais são as formas que essas razões assumem)".[19] Para alguns filósofos, como Alvin Plantinga, a principal diferença entre uma crença básica e uma crença propriamente básica está na confiabilidade na produção dessa crença. A ciência exige, com razão, que justifiquemos nossas crenças com base nos melhores conhecimentos e métodos à nossa disposição. No entanto, como Stanley Fish apontou, esses métodos de investigação e corpos de conhecimento mudam ao longo do tempo:

> [A defesa da verdade objetiva] não procederá citando evidências não mediadas e inquestionáveis, mas citando evidências que me parecem conclusivas, dadas as características do mundo como eu o vejo e a força dos argumentos que afirmo de forma não problemática, pelo menos por agora. Em resumo, confio no mundo que me foi entregue pelas tradições de investigação e demonstração em que atualmente tenho fé. Acompanhando os melhores argumentos e corpos de evidência que se tem no momento, é isso o que objetividade significa.[20]

---

18 John Polkinghorne, *Theology in the Context of Science* [Teologia no contexto da ciência]. London: SPCK, 2008, pp. 84–86.
19 Laurence Bonjour e Ernest Sosa, *Epistemic Justification: Internalism vs. Externalism, Foundations vs. Virtues* [Justificação Epistêmica: Internalismo vs. Externalismo, Fundamentos vs. Virtudes]. Oxford: Blackwell, 2003, p. 174 (ênfase no original).
20 Stanley Fish, "Evidence in Science and Religion, Part Two." *New York Times*, 9 April 2012.

O argumento de Fish merece uma consideração cuidadosa: métodos de investigação e premissas normativas são incorporados em contextos sociais e profissionais e, portanto, mudam com o tempo. A mesma "evidência" ou observação está aberta a ser interpretada de diferentes maneiras em diferentes locais socioculturais.

Na seção anterior, consideramos os argumentos de William Paley, em 1802, para a existência de Deus com base em um apelo à complexidade biológica. Paley claramente considerava que estava oferecendo uma "prova" da existência de Deus (ou pelo menos de um criador). Entretanto, um estudo mais cuidadoso de suas afirmações deixa claro que Paley não quer dizer que essas observações sejam uma *prova lógica*, mas uma *demonstração retórica*, semelhante à encontrada em um tribunal de justiça inglês. No entanto, em 1836, uma série de reformas legais no sistema jurídico inglês pôs fim à ideia simplista de que a "evidência" havia assumido a forma de fatos falando por si. O conceito de evidência foi agora reconhecido como uma noção *teórica*, não uma noção *empírica*. Evidência não é algo observado dentro da natureza ou lido a partir dela. A evidência é moldada por suposições, por hipóteses que criam uma estrutura na qual uma observação desempenha um papel particularmente significativo. Uma observação factual pode apoiar várias teorias possíveis. Portanto, é importante identificar a teoria que traz o maior grau de "ordem e conexão a uma massa de fatos". As observações factuais, portanto, só se tornam evidências quando colocadas dentro de um contexto apropriado de interpretação.

Em contextos legais, científicos e teológicos, a questão de como uma crença pode ser tida como "justificada" é de considerável importância, independentemente da diversidade de pontos de vista sobre que quantidade de evidências pode-se dizer que justifica uma crença ou precisamente quais critérios – extrínsecos ou intrínsecos – devem ser usados para decidir entre crenças. Como observamos no capítulo 3, o conceito de "inferência à melhor explicação" reconhece as sérias dificuldades em provar que determinada crença é correta; em vez disso, visa determinar qual dentre várias opções teóricas deve ser preferida, mesmo reconhecendo que isso não significa declarar que ela é verdadeira.

A AÇÃO DE DEUS NO MUNDO

Uma das interseções mais interessantes entre o pensamento científico e o religioso diz respeito à maneira pela qual se pode dizer que Deus age no mundo. Por exemplo, Deus age dentro das leis da natureza? Ou essas leis podem ser violadas ou transcendidas a fim de servir a algum propósito divino especial? Essas perguntas permanecem vivas e importantes. As últimas duas décadas testemunharam uma onda de interesse na questão de saber se, e em que medida, pode-se dizer que Deus age no mundo. Pode-se entender que Deus age inteiramente dentro e através das estruturas e capacidades regulares da natureza ou uma explanação robusta da ação divina também exige que afirmemos que Deus age especialmente de forma a redirecionar o curso dos eventos no mundo natural, providenciando assim resultados que não teriam ocorrido se Deus não tivesse agido dessa maneira?

Embora essa discussão às vezes seja moldada em termos de uma noção genérica de divindade, os engajamentos recentes mais significativos com a questão têm refletido concepções judaico-cristãs de Deus. A linguagem da ação divina é parte integrante do Antigo e do Novo Testamento. O Deus de Israel é frequentemente e definitivamente retratado e descrito como um Deus que atua na história. A identidade e o caráter de Deus são entendidos como visíveis na esfera da ação e reflexão humanas. Essa concentração em ações de Deus na natureza e na história pode levar à negligência de temas importantes (como formas mais sutis e discretas de atividade divina na experiência cotidiana), além de criar uma noção essencialmente impessoal de Deus como força espiritual. No entanto, apesar dessas importantes qualificações, Israel entendeu e representou Deus como alguém que agia na natureza e na história. O Novo Testamento mantém essa tradição e a concentra na vida, morte e ressurreição de Jesus de Nazaré.

Em 1988, o papa João Paulo II comemorou os trezentos anos da publicação dos *Principia*, de Newton, patrocinando uma série de eventos com o título geral de "Perspectivas Científicas sobre a Ação Divina". Essa série de eventos continuou por quase vinte anos, abrindo algumas questões importantes sobre como – e se – poderia ser dito, de maneira significativa, que Deus "age" no mundo da natureza. O debate sobre a ação divina especial ocorre dentro uma estrutura do discurso científico, definida em termos de "leis da natureza", que suscitam preocupações significativas (muitas vezes baseadas no filósofo David Hume) sobre a noção de "interferência" divina nas estruturas regulares do mundo.[21] Com o benefício de uma visão retrospectiva, pode-se agora ver que o importante "Projeto sobre Ação Divina", mencionado anteriormente, foi assombrado pelo medo de que abordagens intervencionistas da ação divina parecessem questionar a validade das leis da natureza.

A seguir, exploraremos três abordagens amplas para essa importante questão que foram influentes nos últimos cem anos, antes de considerar brevemente algumas abordagens mais recentes baseadas na noção de indeterminação na mecânica quântica. Começamos com a noção de que Deus age através das leis da natureza.

Deísmo: Deus age através das leis da natureza

Os historiadores geralmente concordam que o conceito moderno de "leis da natureza", entendido como descrições matemáticas de regularidades sem exceção, surgiu pela primeira vez na cultura ocidental durante o início do período moderno, principalmente pela influência de Galileu, Kepler e Newton. Embora o conceito de regularidade da natureza fosse amplamente aceito durante a Idade Média, a expressão específica "leis da natureza" não era usada para indicar essa racionalidade, mas em geral era empregada para fazer referência a leis *morais* que, se acreditava, eram fundamentadas em uma ordem divinamente estabelecida. Na época de Newton, no entanto, a expressão "leis da natureza'" estava se tornando bem estabelecida nos círculos científicos, com o sentido de certos princípios fundamentais, capazes de serem expressos matematicamente, que capturavam e expressavam relações estruturais essenciais dentro do mundo da natureza.

A ênfase newtoniana na regularidade da natureza, particularmente quando associada à crescente tendência de pensar a natureza como análoga a um mecanismo automático, criava dificuldades para qualquer noção de intervenção divina no mundo natural. A intervenção parecia implicar

---

21 David Hume, *Dialogues Concerning Natural Religion* [Diálogos sobre a religião natural]. Nova York: Penguin, 1990, p. 79.

CIÊNCIA E A FILOSOFIA DA RELIGIÃO

rompimento da ordem natural ou subversão das leis da natureza. Isaac Newton não tinha dificuldade com a ideia de que Deus havia estabelecido as "leis da natureza"; ele estava preocupado, no entanto, com a ideia de que Deus poderia violar essas leis, no que lhe parecia um ato de potencial anarquia. As "leis da natureza" foram, portanto, interpretadas como opondo-se à abertura causal nas estruturas da natureza.

Essa hostilidade em relação à ação divina especial é claramente refletida nos escritos religiosos de Newton. Ele considerava os relatos de milagres na igreja primitiva como "fingidos" e argumentava que os relatos bíblicos de milagres estavam mais preocupados com a raridade de sua ocorrência do que com suas supostas origens divinas. Muitos teólogos do século 18 – como Jonathan Edwards – consideravam que a cosmovisão científica de Newton minava a crença religiosa tradicional, principalmente por causa de suas suspeitas e hesitações em relação a qualquer noção de ação divina além do ato primordial da criação.

A ênfase newtoniana na regularidade mecânica do universo estava intimamente ligada à ascensão do movimento conhecido como "deísmo". Pesquisas recentes sobre a natureza do deísmo enfatizaram que não se tratava de um movimento coordenado, bem-definido, mas sim de um amplo espectro de opiniões individuais caracterizadas por graus variados de ceticismo quanto à racionalidade e utilidade das crenças religiosas tradicionais. O deísmo assume muitas formas para ser coberto por uma única definição ou história, mesmo que seja útil pensar nele como uma família de crenças e atitudes.

Apesar dessas dificuldades de definição, o que geralmente é entendido como uma posição "deísta" pode ser convenientemente resumido da seguinte forma: Deus criou o mundo de maneira racional e ordenada, refletindo sua própria natureza racional, e dotou a ordem natural com a capacidade de se desenvolver e funcionar sem a necessidade de sua presença ou envolvimento contínuo. Esse ponto de vista, que se tornou especialmente influente no século 18, tendia a seguir Kepler ao pensar no mundo como um relógio e em Deus como um relojoeiro. Deus dotara o mundo com certo design autossustentável, de modo que pudesse funcionar posteriormente sem a necessidade de intervenção contínua. Portanto, não é por acaso que William Paley escolheu usar a imagem de um relógio e de um relojoeiro como parte de sua célebre defesa da existência de um Deus criador.

Então, como Deus age no mundo, de acordo com o deísmo? A resposta simples para essa pergunta é que Deus *não* age no mundo. Ao contrário, Deus estabeleceu uma estrutura dentro da qual o mundo pode funcionar. Como um relojoeiro, Deus dotou o universo de regularidade inviolável (expressa nas "leis da natureza") e acionou seu mecanismo. Tendo fornecido ímpeto para pôr o sistema em movimento e estabelecido os princípios que governam esse movimento, não resta mais nada para Deus fazer. O mundo é análogo a um relógio em grande escala, que é completamente autônomo e autossuficiente. Nenhuma ação de Deus é necessária para seu funcionamento contínuo.

Inevitavelmente, isso levou à questão de saber se Deus poderia ser completamente eliminado da visão de mundo newtoniana. Se não havia mais nada para Deus fazer, que necessidade concebível havia para qualquer tipo de ser divino? Se pudesse ser demonstrado que existem certos princípios autossustentáveis ativos no mundo, não haveria necessidade da ideia tradicional de "providência" – ou seja, da mão sustentadora e reguladora de Deus estar presente e ativa ao longo de toda a existência do mundo.

A cosmovisão newtoniana encorajou, assim, a perspectiva de que, embora Deus pudesse ter criado o mundo, não havia mais necessidade de envolvimento divino. A descoberta das leis de conservação (por exemplo, as leis de conservação da quantidade de movimento) parecia implicar que Deus havia dotado a criação de todos os mecanismos necessários para prosseguir. Esse é o argumento do astrônomo Pierre-Simon Laplace (1749-1827) em seu famoso comentário ao imperador francês Napoleão Bonaparte sobre a ideia de Deus como sustentador do movimento planetário: "Não preciso dessa hipótese".

Entretanto, como esclarecem os escritos de Agostinho de Hipona e de Tomás de Aquino, é perfeitamente possível afirmar que Deus age no mundo através das leis da natureza, sem abandonar a crença na providência divina. Por exemplo, considere a afirmação de Agostinho de Hipona sobre o papel das "qualidades determinadas" divinamente criadas no mundo natural para garantir um processo ordenado de desenvolvimento natural.

CIÊNCIA E A FILOSOFIA DA RELIGIÃO 181

O funcionamento normal da natureza está sujeito a suas próprias leis naturais, segundo as quais todas as criaturas vivas têm suas inclinações determinadas. [...] Os elementos das coisas materiais não vivas também têm suas qualidades e forças determinadas, por meio das quais funcionam e se desenvolvem como o fazem. [...] A partir desses princípios primordiais, tudo o que emerge o faz em seu próprio tempo e no devido curso dos eventos.[22]

Para explorar mais esse ponto, passaremos a considerar o entendimento mais ativista de como Deus age no mundo, devido a Tomás de Aquino e autores modernos influenciados por ele, que se concentram em causas secundárias dentro da ordem natural.

Tomismo: Deus age por causas secundárias

Uma abordagem um pouco diferente da questão da ação de Deus no mundo pode ser baseada nos escritos do principal teólogo medieval, Tomás de Aquino. A concepção de Tomás sobre a ação divina focaliza a distinção entre causas primárias e secundárias. Segundo Tomás, Deus não trabalha diretamente no mundo, mas através de causas secundárias. Contudo, embora possamos distinguir entre causalidade primária e secundária – ou entre causalidade divina e natural – e argumentar que funcionam em diferentes níveis, é importante compreender que elas não são absolutamente independentes uma da outra, porque a causalidade divina é, em última instância, a causa da causalidade própria das criaturas.

A abordagem de Tomás de Aquino é mais bem-explicada em termos de analogia. Imagine uma pianista talentosa, que tem a capacidade de tocar piano lindamente. No entanto, a excelência de sua execução depende em parte da qualidade de seu piano. Um piano desafinado ou mecanicamente defeituoso não permitirá que ela faça uma apresentação satisfatória de um Noturno de Chopin, não importa quão bem ela possa tocar o instrumento. Nessa analogia, a pianista é a causa primária da performance e, o piano, a causa secundária. Ambos são necessários; cada um tem um papel significativamente diferente a desempenhar. A capacidade da causa primária de alcançar o efeito desejado depende da causa secundária usada

---

22 Agostinho de Hipona, *De Genesi ad litteram* [Comentário literal de Gênesis], IX.17.

para esse fim. No entanto, a analogia da pianista e seu piano é deficiente em um aspecto importante, na medida em que falha em correlacionar as causas primárias e secundárias como tendo suas origens fundamentais no mesmo agente.

Tomás de Aquino usa esse apelo a causas secundárias para lidar com alguns dos problemas relacionados à presença do mal no mundo. Sofrimento e dor não devem ser atribuídos à ação direta de Deus, mas à fragilidade e debilidade das causas secundárias através das quais Deus trabalha. Deus, em outras palavras, deve ser visto como a causa primária e, as variadas agências no mundo, como causas secundárias associadas.

Tomás de Aquino argumenta, portanto, que Deus é o "motor imóvel", a causa primordial de toda ação, sem a qual nada poderia acontecer. Contudo, ele concede que Deus possa agir *indiretamente*, através de causas secundárias. Uma cadeia de causalidade pode ser discernida, colocando Deus novamente como o criador e o motor primordial de tudo o que acontece no mundo. Contudo, Deus em geral não age *diretamente* no mundo, mas através da cadeia de eventos que Ele inicia e guia.

Para Aristóteles (de quem Tomás de Aquino extrai muitas de suas ideias), causas secundárias são capazes de atuar por si mesmas. Os objetos naturais são capazes de agir como causas secundárias em virtude de sua própria natureza. Essa visão era inaceitável para os filósofos teístas da Idade Média, fossem cristãos ou muçulmanos. Por exemplo, o notável autor islâmico Al-Ghazali (1058–1111) sustentava que a natureza está completamente sujeita a Deus e, portanto, é impróprio falar em causas secundárias independentes. Deus causa as coisas diretamente. Se um raio incendeia uma árvore, o fogo não é causado pelo raio, mas por Deus. Deus deve, portanto, ser visto como a causa primária, que sozinha é capaz de mover outras causas. Na visão de muitos historiadores da ciência, essa abordagem da causalidade divina (muitas vezes conhecida como "ocasionalismo") não contribuiu positivamente para o desenvolvimento das ciências naturais, pois minimizava a regularidade das ações e eventos na natureza e suas características de aparentarem ser "semelhantes a leis".

Assim, fica claro que a abordagem de Tomás de Aquino leva à ideia de Deus dando início a um processo que se desenvolve sob a orientação divina. Deus, por assim dizer, *delega* a ação divina a causas secundárias dentro

CIÊNCIA E A FILOSOFIA DA RELIGIÃO 183

da ordem natural. Por exemplo, Deus poderia mover, a partir de dentro, uma vontade humana para que alguém que estivesse doente recebesse assistência. Aqui, uma ação que expressa a vontade de Deus é realizada *indiretamente* por Deus – entretanto, de acordo com Tomás de Aquino, ainda podemos falar que essa ação foi "causada" por Deus de forma significativa. A abordagem de Tomás se mostrou proveitosa e tem sido adotada e adaptada por aqueles que desejam afirmar o envolvimento divino no "Big Bang" e no processo de evolução biológica.

Uma abordagem relacionada foi desenvolvida pelo teólogo e filósofo britânico Austin Farrer (1904-1968). Essa descrição da ação divina é frequentemente denominada de "agência dupla". Segundo Farrer, toda ação que ocorre no mundo inclui um papel causal para um ou mais agentes ou objetos no mundo (as causas "secundárias") e um papel distinto para Deus como causa "primária" do que ocorre. Poderíamos, portanto, falar de um nexo ordenado de causas e efeitos criados que, em última análise, dependem da ação divina. Duas ordens diferentes de eficácia podem ser distinguidas: uma ordem "horizontal" de causas e efeitos criados, e uma ordem "vertical", através da qual Deus estabelece e sustenta a primeira.

A noção de operação divina indireta na natureza, através de causas secundárias governadas pelas "leis da natureza", desempenhou um papel importante na construção de respostas teológicas à teoria evolutiva de Darwin. Autores como Aubrey Moore (1848-1890) perceberam a ênfase de Darwin nas "leis impressas na matéria pelo Criador", uma noção que ganhou um perfil significativamente mais destacado na segunda edição da *Origem das Espécies* do que na primeira. Para Moore, a ação de Deus era revelada em leis naturais, que não deveriam ser entendidas nos termos do "quase deísmo" da teologia natural de Paley, mas em termos de uma teologia imanentista da natureza, que Moore considerava muito mais compatível com o cristianismo.

> A ciência havia empurrado o Deus dos deístas para cada vez mais longe, e no momento em que parecia que ele seria expulso completamente, o darwinismo apareceu e, sob o disfarce de um inimigo, fez o trabalho de um amigo. Ele conferiu à filosofia e à religião um benefício inestimável, mostrando-nos que devemos escolher entre duas alternativas. Ou Deus está presente em toda parte na nature-

184   COLEÇÃO FÉ, CIÊNCIA & CULTURA

za, ou Ele não está em lugar algum. Ele não pode delegar seu poder a semideuses chamados de "segunda causa". Na natureza, tudo deve ser obra dele, ou nada.[23]

Embora as opiniões de Moore sobre causalidade secundária estejam sujeitas a críticas (Tomás de Aquino, por exemplo, não trata tais causas como "semideuses"), sua análise é claramente de interesse neste momento, particularmente no engajamento com a visão estática da criação, de Paley.

Teologia do Processo: Deus age através da persuasão

Concorda-se, em geral, que as origens da filosofia do processo estão nos escritos do filósofo anglo-americano Alfred North Whitehead (1861-1947), especialmente em sua importante obra *Process and Reality* [Processo e Realidade] (1929). Reagindo contra a visão bastante estática do mundo associada à metafísica tradicional (expressa em ideias como "substância" e "essência"), Whitehead concebia a realidade como um processo. O mundo, como um todo orgânico, é algo dinâmico, não estático; algo que *acontece*. A realidade é composta de elementos constitutivos definidos como "entidades reais" (*actual entities*) ou "ocasiões reais" (*actual occasions*) e, portanto, é caracterizada por transformação, mudança e evento.

Todas essas "entidades" ou "ocasiões" (para usar os termos originais de Whitehead) têm certo grau de liberdade para se desenvolver em resposta à sua circunvizinhança. Talvez seja nesse ponto que a influência das teorias biológicas evolucionárias possa ser discernida: como Pierre Teilhard de Chardin (1881-1955), Whitehead estava preocupado em permitir o desenvolvimento dentro da criação, sujeito a alguma direção e orientação gerais. Esse processo de desenvolvimento é, portanto, colocado em um contexto permanente de ordem, que é visto como um princípio organizador essencial para o crescimento. Whitehead argumenta que Deus pode ser identificado com esse pano de fundo de ordem dentro do processo. Whitehead trata Deus como uma "entidade", embora distingua Deus de outras "entidades" com base na imperecibilidade. Outras entidades existem por um período finito; Deus existe permanentemente. Cada entidade,

---

23 Aubrey Moore, "The Christian Doctrine of God," in *Lux Mundi: A Series of Studies in the Religion of the Incarnation* [Lux Mundi: uma série de estudos sobre a religião da encarnação], editado por Charles Gore. Londres: John Murray, 1890, pp. 57–109; citação na p. 99.

portanto, recebe influência de duas fontes principais: entidades anteriores e Deus.

Causação, desse modo, não é uma questão de uma entidade ser compelida a agir de uma determinada maneira: é uma questão de *influência* e *persuasão*. As entidades se influenciam de maneira "dipolar" – mentalmente e fisicamente. Precisamente o mesmo é verdadeiro para Deus e para outras entidades. Deus só pode agir de maneira persuasiva, dentro dos limites do próprio processo. Deus "mantém as regras" do processo. Assim como Deus influencia outras entidades, também é influenciado por elas. Deus, para usar a famosa frase de Whitehead, é "um companheiro sofredor que entende". Deus é assim afetado e influenciado pelo mundo. Esse aspecto do pensamento de Whitehead foi desenvolvido no contexto da interação ciência-religião por vários autores, especialmente Ian R. Barbour.

A filosofia do processo, portanto, redefine a onipotência de Deus em termos de persuasão ou influência dentro do processo global do mundo. Esse é um desenvolvimento importante, pois explica a atração desse modo de entender a relação de Deus com o mundo no que se refere ao problema do mal. Onde a defesa tradicional do mal moral, baseada em livre-arbítrio, argumentando que os seres humanos são livres para desobedecer ou ignorar Deus, a teologia do processo argumenta que os componentes individuais do mundo são, da mesma forma, livres para ignorar as tentativas divinas de influenciá-los ou persuadi-los. Eles não são obrigados a responder a Deus. Deus é, assim, absolvido de responsabilidade tanto pelo mal moral quanto pelo natural.

A defesa tradicional de Deus diante do mal, baseada em livre-arbítrio, é persuasiva (embora a extensão dessa persuasão seja contestada) no caso do mal moral – ou seja, o mal resultante de decisões e ações humanas. Mas e o mal natural? E os terremotos, a fome e outros desastres naturais? A filosofia do processo argumenta que Deus não pode forçar a natureza a obedecer à vontade ou ao propósito divinos por isso. Deus só pode tentar influenciar o processo por dentro, por persuasão e atração. Cada entidade desfruta de um grau de liberdade e criatividade, por cima dos quais Deus não pode passar.

Embora esse entendimento da natureza persuasiva da atividade de Deus tenha méritos óbvios, principalmente pela maneira como oferece uma resposta ao problema do mal (como Deus não está no controle, Deus não pode ser responsabilizado pela maneira como as coisas aconteceram), críticos da filosofia do processo têm sugerido que esse é um preço muito alto a pagar. A ideia tradicional da transcendência de Deus parece ter sido abandonada ou radicalmente reinterpretada em termos da primazia e permanência de Deus como uma entidade dentro do processo. Em outras palavras, a transcendência divina significa pouco mais que o fato de Deus sobreviver e superar outras entidades.

Anteriormente, observamos a importância de Ian Barbour como uma influência formativa sobre o campo da ciência e da religião. Barbour defendeu o uso da filosofia do processo como base intelectual para a facilitação e consolidação desse diálogo intelectual. Em vez de ver o surgimento do campo de "ciência e religião" como uma resposta pragmática à necessidade de duas poderosas forças culturais se engajarem em diálogo, Barbour argumenta que existe uma ponte intelectual entre as duas, o que torna esse diálogo necessário e adequado.

O principal aspecto da teologia do processo do qual Barbour se apropria para facilitar esse diálogo é a rejeição da doutrina clássica da onipotência de Deus: Deus é um agente entre muitos, e não o soberano Senhor de todos. Como Barbour aponta, a filosofia do processo afirma "um Deus de persuasão, em vez de compulsão, [...] que influencia o mundo sem determiná-lo".[24] A teologia do processo, portanto, situa as origens do sofrimento e do mal no mundo a uma limitação radical ao poder de Deus. Deus deixou de lado (ou simplesmente não tem) a capacidade de coagir, mantendo apenas a capacidade de persuadir. A persuasão é vista como um meio de exercer poder de maneira que os direitos e a liberdade dos outros sejam respeitados. Deus é obrigado a persuadir cada aspecto do processo a agir da melhor maneira possível. Não há, porém, garantia de que a persuasão benevolente de Deus leve a um resultado favorável. O processo não tem obrigação de obedecer a Deus. Como comenta Barbour, a teologia do processo põe em questão "a expectativa tradicional de uma vitória absoluta sobre o mal".[25]

---

24 Ian G. Barbour, *Religion in an Age of Science* [Religião na era da ciência]. São Francisco: HarperSanFrancisco, 1990, p. 29.
25 Ibidem, p. 224.

Deus pretende o bem da criação e age em seus melhores interesses. No entanto, a opção de obrigar tudo a fazer a vontade divina não pode ser exercida. Como resultado, Deus é incapaz de impedir que certas coisas aconteçam. Guerras, fome e holocaustos não são coisas que Deus deseja; elas não são, no entanto, coisas que Deus pode impedir, devido às limitações radicais impostas ao poder divino. Deus não é, portanto, responsável pelo mal; nem se pode dizer, de maneira alguma, que Deus deseja ou aceita tacitamente a existência do mal. Os limites metafísicos impostos a Deus são tais, que impedem qualquer interferência na ordem natural das coisas.

Barbour considera essa abordagem (especialmente conforme estabelecido nos escritos do próprio Whitehead) valiosa para iluminar a maneira por meio do qual a ciência e a religião interagem. Permite que Deus seja visto como presente e ativo na natureza, trabalhando dentro dos limites e das restrições da ordem natural. Seria justo, a essa altura, categorizar Barbour como um "panenteísta" (a visão de que "Deus está presente em todas as coisas", que não deve ser confundida com "panteísmo", a visão de que todas as coisas são divinas).

Talvez a maneira mais interessante de Barbour usar as ideias distintivas da filosofia do processo esteja relacionada à teoria da evolução. Barbour argumenta que o processo evolutivo é influenciado por – mas *não* dirigido por – Deus. Isso permite que ele lide com o fato de que o processo evolutivo parece ter sido longo, complexo e dispendioso. "Houve muitos becos sem saída, espécies extintas e muito desperdício, sofrimento e mal para atribuir todos os eventos à vontade específica de Deus". Deus influencia o processo para o bem, mas não pode ditar com precisão qual forma ele vai assumir. É aqui que a influência de Barbour tem sido particularmente significativa, com muitos trabalhos contemporâneos explorando as implicações religiosas do sofrimento evolutivo, apelando aos princípios da filosofia do processo para mostrar que Deus não determina diretamente a forma precisa do processo evolutivo. Ele sofre, junto com outros, dentro desse processo.

As ideias básicas de Whitehead também foram desenvolvidas por vários autores, principalmente Charles Hartshorne, Schubert Ogden e John B. Cobb. Hartshorne modificou a noção de Deus de Whitehead em várias direções, talvez de maneira mais significativa ao sugerir que o Deus da filosofia do processo deveria ser pensado mais como uma pessoa do que como uma entidade. Isso permite que ele conteste uma das críticas mais significativas à filosofia do processo: a de que ela compromete a ideia da perfeição divina. Se Deus é perfeito, como ele pode mudar? A mudança não equivale a uma admissão de imperfeição? Hartshorne redefine "perfeição" em termos de uma receptividade à mudança que não compromete a superioridade de Deus. Em outras palavras, a capacidade de Deus de ser influenciado por outras entidades não significa que Deus é reduzido ao seu nível. Deus supera outras entidades, mesmo que seja afetado por elas.

A filosofia do processo não tem dificuldade em falar da "ação de Deus dentro do mundo", pois oferece uma estrutura na qual essa ação pode ser descrita em termos de "influência dentro do processo". Contudo, a abordagem específica adotada causa ansiedade ao teísmo tradicional, que é crítico da noção de Deus associada à teologia do processo. Para os teístas tradicionais, o Deus da filosofia do processo frequentemente parece ter pouca relação com o Deus descrito no Antigo ou Novo Testamento.

Teoria Quântica: Deus age através da indeterminação

Mais recentemente, uma quarta abordagem emergiu como significativa, em grande parte como resultado do programa "Perspectivas Científicas da Ação Divina", mencionado anteriormente. As três abordagens descritas anteriormente são amplamente encontradas nas discussões teológicas e filosóficas sobre agência divina. Nos últimos anos, entretanto, foram complementadas por outras abordagens. Embora esses entendimentos mais recentes de agência divina ainda não tenham recebido um amplo grau de aceitação, eles têm interesse e importância suficientes para serem mencionados aqui.

Uma abordagem, baseada no modelo de Copenhague da mecânica quântica, sustenta que a ideia de *indeterminação* oferece uma maneira de pensar sobre as ações de Deus no mundo. Eventos que poderiam parecer como ocorrendo aleatoriamente são realmente causados por agência divina. O apelo dessa abordagem é óbvio. A maioria dos filósofos quer afirmar que qualquer crença na liberdade real de agentes, sejam humanos ou divinos, requer um futuro aberto, e não um futuro que seja predeterminado. A abordagem de Copenhague à mecânica quântica incorpo-

CIÊNCIA E A FILOSOFIA DA RELIGIÃO

ra essa noção de indeterminação, sugerindo assim que a agência divina pode operar sem detecção ou interferência na autonomia das entidades naturais (particularmente as vivas). Assim, Deus é o "determinador das indeterminações".

Essa abordagem é adotada por Robert John Russell em sua proposta NIODA[26] (ação divina objetiva não intervencionista), desenvolvida como parte do programa "Perspectivas Científicas sobre Ação Divina". Russell está especificamente preocupado em saber se é possível dizer que Deus age objetivamente na natureza, embora evitando a violação das leis naturais. Russell argumenta que a ação especial de Deus "resulta em consequências específicas e objetivas na natureza, consequências que não teriam resultado sem a ação especial de Deus". Embora isso possa parecer um apelo ao esquema do "Deus das lacunas", Russell argumenta que não é esse o caso. Deus criou o mundo de tal maneira que é capaz de agir de maneiras especiais sem interferir no fluxo dos processos naturais. Os processos físicos estão abertos à direção ou influência de Deus porque Deus os criou dessa maneira. "Deus cria o universo de modo que os eventos quânticos ocorram sem causas naturais suficientes e atua dentro desses processos naturais e junto às causas naturais para provocá-los."[27]

No entanto, existem problemas com essa posição potencialmente atraente. Mesmo que uma abordagem indeterminista da teoria quântica seja favorecida, críticos como Jeffrey Koperski argumentam que o resultado teológico de tal estratégia está próximo do deísmo. A interpretação indeterminista de Copenhague quanto à teoria quântica pode muito bem ser dominante; porém outras – como a desenvolvida por David Bohm – são deterministas e parecem não oferecer um nexo quântico indeterminado como forma de salvaguardar a ideia de agência divina. Tampouco há qualquer indicação de que flutuações quânticas possam ter a força cumulativa necessária para se falar, de modo significativo, em Deus "agindo" no mundo.

Uma das questões significativas na discussão da ação divina diz respeito ao *status* da noção de "leis da natureza". Elas devem ser vistas como

---

26 Sigla para a expressão em inglês *Non-Interventionist Objective Divine Action*. [N. T.]
27 Robert John Russell, 'Divine Action and Quantum Mechanics: A Fresh Assessment,' in *Quantum Mechanics: Scientific Perspectives on Divine Action* [Mecânica quântica: perspectivas científicas da ação divina], editado por Robert John Russell et al. Cidade do Vaticano: Vatican Observatory, 2001, pp. 293–328; citação na p. 295.

princípios invioláveis que governam os processos dentro do universo? Ou simplesmente como sínteses de observações, sem nenhum sentido de que sejam reguladoras ou normativas? Philip Clayton e outros têm sustentado que há boas razões para se pensar que existem sistemas de fenômenos emergentes dependentes das leis da natureza, mas que apresentam também potencialidades causais emergentes, que não podem ser previstas por tais leis.

Outros se voltaram para a noção de "causação descendente", frequentemente afirmada de formas ligeiramente vagas e imprecisas. A ideia básica é que podemos considerar formas de "causação de cima para baixo" ou "causação descendente" dentro do mundo natural, muito especialmente quanto ao modo como a mente humana opera sobre vários componentes do corpo humano. A maneira como a mente humana controla o corpo pode ser análoga à maneira como Deus governa o universo?

É uma possibilidade fascinante, mas que no momento permanece difícil de avaliar. A sugestão de que a causação mental possa elucidar a interação entre a ação divina e o livre-arbítrio humano tem um apelo óbvio. Por exemplo, ao iniciar processos transmitidos por neurônios, não se pode dizer que a mente viola ou substitui a natureza ou as propriedades dos neurônios. Uma das dificuldades mais óbvias, por exemplo, é que a relação entre o conceito de "mente" e o cérebro humano ainda não é completamente compreendida. Poderíamos eventualmente falar do cérebro – e não da mente – controlando outras partes do corpo? Isso reduziria seriamente o valor dessa abordagem.

Uma terceira maneira de pensar sobre agência divina é considerar Deus como uma fonte de informação. John Polkinghorne e Arthur Peacocke sustentaram essa hipótese de entender a ação divina como um "*input* de informação pura". Deus pode ser considerado um coreógrafo, que permite a seus dançarinos certo grau de liberdade em seus movimentos, ou um compositor, que permite que uma orquestra explore possíveis variações para uma sinfonia ainda inacabada. A beleza dessa abordagem reside, em parte, no fato de que, pelo menos à primeira vista, a transferência de informações parece não exigir violação das leis de conservação. Entretanto, seus críticos apontam que o *input* de informações em um sistema implica 0 reorganização de energia ou de matéria, aparentemente dando assim

CIÊNCIA E A FILOSOFIA DA RELIGIÃO

origem a praticamente as mesmas dificuldades encontradas por outras abordagens mais tradicionais.

MILAGRES E LEIS DA NATUREZA

Como observamos anteriormente, o conceito de "leis da natureza", enquanto descrições matemáticas de regularidades que não apresentam nenhuma exceção, surgiu pela primeira vez durante o período moderno, principalmente pela influência de Galileu, Kepler e Newton. Como Peter Harrison e outros historiadores destacaram, os principais cientistas desse período, quase sem exceção, tinham um duplo compromisso: por um lado, com uma ciência baseada em um universo mecânico governado por leis imutáveis da natureza e, por outro, com um Deus onipotente, que intervinha na ordem natural de tempos em tempos, violando essas leis da natureza.

Os principais cientistas dessa época não viam isso como problemático. Robert Boyle, por exemplo, escreveu que, embora Deus tivesse estabelecido as leis da natureza, "[...] ele não amarrou suas próprias mãos com elas, assim pode reforçar, suspender, anular e reverter qualquer uma delas como achar conveniente". Newton, por sua vez, considerava que dado evento pode parecer milagroso para um observador e natural para outro, dependendo do estado de conhecimento do observador.

Os milagres são assim chamados não porque são obras de Deus, mas porque raramente acontecem e, por esse motivo, geram admiração. Se eles acontecessem constantemente, de acordo com certas leis impressas na natureza das coisas, não seriam mais milagres maravilhosos, mas seriam considerados na filosofia como parte dos fenômenos da natureza, apesar de a causa de suas causas ser desconhecida por nós.[28]

A expressão "leis da natureza" não era usada, de maneira ampla, antes de 1650, embora seja encontrada com frequência após essa data. Esse pon-

---

28 Newton, citado por Richard Westfall, *Science and Religion in Seventeenth Century England* [Ciência e religião na Inglaterra do século 17]. New Haven, CT: Yale University Press, 1970, pp. 203–204.

to histórico é significativo, pois as discussões modernas sobre milagres, que se estabelecem a partir de 1650 são quase invariavelmente formuladas em termos de "violação das leis da natureza" – expressão particularmente associada à crítica de milagres por David Hume.

Crítica dos milagres por David Hume

A crítica influente de David Hume aos milagres depende de compreendê-los como "violações das leis da natureza" ou "transgressões de uma lei da natureza por determinada vontade da Deidade ou pela interposição de algum agente invisível".[29] Há uma inconsistência óbvia aqui dentro do próprio pensamento de Hume. Uma das contribuições mais distintivas de Hume à filosofia da ciência é um rigoroso ceticismo em relação ao processo indutivo. Como, perguntava Hume, podemos chegar a conclusões que vão além dos exemplos passados dos quais tivemos experiência? Hume argumenta que o raciocínio indutivo se baseia no princípio "de que exemplos dos quais não tivemos experiência devem se parecer com aqueles dos quais já tivemos, e que o curso da natureza continua sempre uniformemente o mesmo".[30] O raciocínio indutivo assume, assim, sua própria validade ao oferecer uma justificativa para sua prática. Uma lei universal da natureza só pode ser estabelecida indutivamente. Como a possibilidade de uma observação futura que a torne inválida não pode ser excluída, essas "leis" devem ser vistas como provisórias e parciais, não universais e necessárias. Pelos próprios critérios de Hume, um "milagre" pode ser uma violação das leis da natureza – ou a invalidação antecipada da universalidade dessa lei.

As visões de Hume sobre os processos indutivos que conduzem à formulação de "leis da natureza" o levam a concluir que a regularidade que elas expressam não é uma característica do "mundo real", mas é uma construção da mente humana, que impõe ordem a ele. O exagero de Hume não foi bem recebido pela comunidade científica, que geralmente considera essa regularidade uma característica intrínseca do mundo, descoberta

---

29 David Hume, *An Enquiry Concerning Human Understanding*. Oxford: Clarendon Press, 2007, p. 62. [Ed. Bras.: *Investigações sobre o entendimento humano e sobre os princípios da moral*. São Paulo: Editora Unesp, 2004.]
30 Ibidem.

CIÊNCIA E A FILOSOFIA DA RELIGIÃO					193

(não imposta) pela investigação humana. Por exemplo, considere os comentários do físico Paul Davies, que seriam amplamente endossados pelos cientistas naturais:

> É importante entender que as regularidades da natureza são reais. [...] Creio que qualquer sugestão de que as leis da natureza sejam projeções similares da mente humana é absurda. A existência de regularidades na natureza é um fato matemático objetivo. [...] Na condução da ciência, estamos descobrindo regularidades e conexões reais da natureza, não as inscrevendo na natureza.[31]

Uma abordagem religiosa (e especialmente cristã) dessa discussão se concentrará no ordenamento do mundo como algo que existe neste mundo, independentemente de a mente humana reconhecê-lo ou não, e que esse ordenamento pode ser entendido como relacionado à doutrina da criação. Embora muitos cientistas naturais tenham descartado o arcabouço teológico original que levou seus predecessores dos séculos 17 e 18 a falar em "leis da natureza", não há razão para que tal entendimento não deva ser reapropriado por cientistas naturais sensíveis aos aspectos religiosos do trabalho deles.

Há um segundo ponto que precisa ser mencionado aqui. A definição de milagre dada por Hume, como muitas vezes foi apontado, tem a infeliz consequência de que poucos teriam acreditado em "milagre", como Hume define, nos primeiros 1.600 anos da história cristã. Por quê? Porque poucos, se é que havia alguém, acreditavam em "leis da natureza" absolutas com esse nome antes de 1650. Tomás de Aquino, escrevendo no século 13, descreveu um milagre como algo que "supera as capacidades da natureza", não fazendo referência à violação de leis da natureza. (Uma visão semelhante foi apresentada pelo papa Bento XIV em 1738: um milagre é um evento cuja ocorrência excede o poder da natureza física e visível).

O filósofo holandês Baruch Spinoza fez uma crítica importante aos milagres em 1670. Em sua obra *Tractatus Theologico-Politicus* [Tratado teológico-político], Spinoza argumentou que os milagres eram impossíveis,

---

31 Paul Davies, The Mind of God: The Scientific Basis for a Rational World. Nova York: Simon & Schuster, 2005, p. 81-82. [Ed. Bras.: *A mente de Deus: a ciência e a busca do sentido último*. Rio de Janeiro: Ediouro, 1994.]

pois as "leis da natureza" são decretos de Deus que são expressões da necessidade e perfeição da natureza divina. "Nada acontece na natureza que esteja em contradição com suas leis universais." Como um milagre representa uma violação ou contravenção das leis da natureza, qualquer um que sugerir que Deus realizou milagres teria que aceitar que Deus contradisse sua própria natureza, o que é claramente absurdo.

Albert Einstein frequentemente indicava seu respeito e dívida para com Spinoza, observando que "os seguidores de Spinoza veem nosso Deus na maravilhosa ordem e regularidade de tudo o que existe".[32] Einstein sugere que a crença em um Deus pessoal era a "principal fonte dos conflitos atuais entre as esferas da religião e da ciência". Por quê? Porque a "doutrina de um Deus pessoal que interfere nos eventos" não era consistente com a "regularidade ordenada" dos processos naturais. Deus não quebra as leis da natureza. Para Einstein, o conceito de um Deus pessoal implicava um Deus que não respeitava as leis da natureza – a despeito de tê-las estabelecido em primeiro lugar. Einstein parece ter acreditado que permitir que Deus fosse "pessoal" abria caminho para que Deus fosse caprichoso ou extravagante.

Esses pontos históricos são importantes ao estabelecer um contexto para a discussão de milagres, tanto no meio científico quanto no religioso. O conceito de "lei da natureza" é aqui entendido como uma regra divinamente estabelecida de que certas coisas devem acontecer e outras não. Contudo, muitos filósofos da ciência responderiam criticamente a essa abordagem, vendo-a como uma interpretação exagerada da ideia de "lei da natureza". [Consideram que] as leis naturais são melhor entendidas como generalizações indutivas incompletas, e reduzem qualquer lei natural universal a uma abordagem estatística semelhante à encontrada na teoria quântica.

Albert Einstein, conhecido por sua rigorosa busca pelas leis fundamentais da natureza, ficava consternado com a crescente tendência da teoria quântica de usar abordagens estatísticas. A citação frequentemente atribuída a Einstein – "Deus não joga dados" – é na verdade uma contração displicente de uma afirmação mais elaborada: "Parece difícil dar uma espiada

---

32 Albert Einstein, *Ideas and Opinions*. Nova York: Crown Publishers, 1954, pp. 47–48.

CIÊNCIA E A FILOSOFIA DA RELIGIÃO

195

nas cartas de Deus. Mas que ele jogue dados e use métodos "telepáticos" (como a atual teoria quântica exige dele) é algo que não consigo acreditar por um único momento".[33] O ponto de Einstein é que a noção de causalidade se torna complexa no contexto da teoria quântica, levantando questões sobre o que uma "lei da natureza" poderia ser capaz de estipular nessa situação. Einstein acreditava que deveria ser possível formular as ideias da teoria quântica como leis da natureza e não em termos de probabilidades estatísticas.

A definição de "milagre" de Hume permanece influente e é frequentemente o ponto de partida para discussões contemporâneas dessa noção. Por exemplo, em seu *Concept of Miracle* (1970), o filósofo da religião Richard Swinburne segue Hume ao definir um milagre como "uma violação de uma lei da natureza por um deus". Muitos autores contemporâneos, incluindo cientistas e filósofos, também resistem à noção de "leis da natureza" como sendo simplesmente generalizações indutivas que resumem o comportamento observado de eventos físicos. O físico Paul Davies, por exemplo, sustenta que as leis da natureza estão embutidas no universo, levando-o a "apoiar fortemente a ideia platônica de que as leis estão 'lá fora', transcendendo o universo físico".[34]

O debate continua. Como o próprio Hume ressaltou, as generalizações indutivas são necessariamente incompletas e, por esse motivo, não podem ser consideradas "comprovadas" ou "universais". Além disso, o avanço da ciência implica inevitavelmente reavaliação e, às vezes, correção do que as gerações anteriores consideravam estar firmemente estabelecido. Esse argumento é apresentado repetidamente por autores que estão alertas ao perigo de ficarem presos ao que uma época ou geração considerava suposições evidentemente verdadeiras sobre o mundo natural. Nosso conhecimento das leis da natureza se expandirá ao longo do tempo. Uma das discussões mais influentes sobre esse ponto é encontrada no livro de F. R. Tennant, *Miracle and Its Philosophical Presuppositions* [O milagre e suas pressuposições filosóficas] (1925), no qual ele fez essa afirmação significa-

---

33 Albert Einstein, carta a Cornelius Lanczos, 12 de março de 1942; in H. Dukas e B. Hoffmann, eds., *Albert Einstein: The Human Side* [Albert Einstein: o lado humano]. Princeton, NJ: Princeton University Press, 1979, p. 68.
34 Paul Davies (2005), p. 86.

tiva: "até que tenhamos chegado a algo como onisciência quanto à constituição e às capacidades intrínsecas da natureza, não podemos afirmar que nenhuma maravilha esteja além delas".[35]

Keith Ward sobre milagres

Essa discussão se concentra excessivamente na ideia de milagre como algo que viola – outros diriam que expande – nossa compreensão das leis da natureza. E quanto ao seu significado religioso, que não é concebido em termos de violação das leis da natureza, mas em termos de ser um sinal da presença ou atividade de Deus? O teólogo britânico Keith Ward esclareceu esse ponto em seu livro *Divine Action* (1990):

> É bastante insatisfatório pensar em milagres apenas como eventos raros, altamente improváveis e fisicamente inexplicáveis. O teísta não tem interesse na alegação de que eventos físicos anômalos ocorrem. Os eventos nos quais o teísta está interessado são atos de Deus; e os atos divinos não ocorrem arbitrariamente ou apenas como mudanças anômalas e totalmente inexplicáveis no mundo.[36]

Para Ward, os milagres são melhor compreendidos como "epifanias do Espírito", que visam revelar que a natureza não deve ser considerada como um sistema físico fechado. Pelo contrário, a natureza pode ser interpenetrada e reordenada por Deus, que, antes de tudo, foi quem a criou. Ward, portanto, situa sua discussão sobre milagres dentro de uma compreensão mutável do universo, como ele a vê na ciência contemporânea, que oferece uma imagem de um universo que é muito "mais solta" e mais aberta do que a revelada pela mecânica newtoniana, um tanto determinística. "A imagem integral, 'sem costura', da natureza como um sistema causal fechado é muito menos convincente do que poderia parecer."[37]

Ward também critica o entendimento inflado de Hume sobre uma "lei da natureza" e sua aparente exclusão dos objetivos de Deus em, antes de tudo, estabelecer o universo:

---

35 F. R. Tennant, *Miracle and Its Philosophical Presuppositions* [O milagre e suas pressuposições filosóficas]. Cambridge: Cambridge University Press, 1925, p. 33.
36 Keith Ward, *Divine Action* [Ação divina]. Londres: Collins, 1990, p. 196.
37 Ibidem, pp. 177-178.

CIÊNCIA E A FILOSOFIA DA RELIGIÃO

Se pensarmos que as leis foram criadas por Deus, as próprias leis devem existir por algum motivo – e se Deus é um agente pessoal, esse motivo poderia muito bem justificar algumas ocorrências que transcendem princípios gerais semelhantes a leis.[38]

Ward oferece um exemplo para nos ajudar a entender seu ponto de vista. Suponha que Deus pretenda que os seres humanos possam conhecer e amar a Deus e desfrutar da presença divina. Se esse for realmente o caso, esse objetivo estará refletido nas estruturas causais do universo. O que acontece para ajudar a criar esse relacionamento não é, então, uma "violação" das leis da natureza, mas sim o cumprimento teleológico delas. Ward enfatiza esse ponto da seguinte maneira:

> Leis da natureza são princípios gerais da regularidade inteligível que governam o cosmos físico, mas há razão de sobra para um teísta pensar que existem princípios mais elevados do que leis da natureza – princípios que atraem pessoas finitas para um relacionamento consciente com o Criador. Milagres, eventos que transcendem as regularidades da natureza, resultam da aplicação de tais princípios inteligíveis.[39]

Wolfhart Pannenberg sobre milagres

O teólogo alemão Wolfhart Pannenberg adota uma abordagem mais teológica da questão dos milagres,[40] argumentando que as "leis da natureza" têm um *status* puramente provisório, até que sejam colocadas em um fundamento teórico mais firme pela análise teológica. Então, milagres representam violações das leis da natureza? Pannenberg admite que eles podem realmente ser entendidos dessa maneira e que isso levanta algumas questões científicas muito difíceis. "O conceito de 'milagre' como uma violação da lei natural subverte o próprio conceito de lei." Contudo, essa é uma declaração moderna da questão, que pode ser corrigida considerando-se abordagens anteriores do problema. Pannenberg destaca com par-

---

38 Keith Ward, "Believing in Miracles." *Zygon*, 37, n. 3 (2002), 741–750; citação na p. 743.
39 Ididem, p. 746.
40 Wolfhart Pannenberg, "The Concept of Miracle." *Zygon*, 37, n. 3 (2002), 759–762.

198 COLEÇÃO FÉ, CIÊNCIA & CULTURA

ticular aprovação a abordagem de Agostinho de Hipona (354-430), que enfatizava que eventos desse tipo não ocorrem contrariamente à natureza das coisas. Eles podem realmente parecer contrários a essa ordem, mas isso se deve ao nosso conhecimento limitado do curso da natureza.

Pannenberg defende a rejeição da noção de "milagre" como *contra naturam* – isto é, como um evento que contradiz ou viola as leis da natureza. A abordagem de Agostinho de Hipona, conforme exposto em seu comentário sobre o Gênesis, baseia-se no reconhecimento de que experimentamos ou observamos certos eventos como incomuns e excepcionais, em contraste com os padrões habituais de eventos. "Um milagre é apenas um evento ou ação incomum, e a interpretação religiosa o identifica como um ato de Deus." O que é realmente milagroso, na visão de Pannenberg, são as próprias leis da natureza. Por que existe essa ordem em um mundo radicalmente contingente? "A ordem da natureza pela lei natural é um dos maiores milagres, tendo em vista a contingência básica dos eventos e de sua sequência."

Pannenberg leva essa ênfase à contingência ainda mais longe, ao afirmar que as contingências são imprevisíveis. Alguns veem a mão de Deus em certas contingências, interpretando certos eventos como milagres, não porque violem as leis da natureza, mas porque se destacam como incomuns.

> De vez em quando, no entanto, ocorrem contingências que conscientizam as pessoas da contingência básica que permeia toda a realidade. Uma ocorrência tão incomum pode ser experimentada como um "milagre" e as pessoas religiosas a interpretarão como um ato de Deus, um "sinal" da atividade contínua do Criador na criação e, talvez, de coisas novas por vir.[41]

Por esse motivo, argumenta Pannenberg, a abordagem agostiniana do milagre deve ser defendida. Não exige nenhuma oposição à ordem da natureza descrita em termos de lei natural. "Requer apenas que admitamos que não sabemos tudo sobre como os processos da natureza funcionam."

---

41 Ibidem, p. 761.

CIÊNCIA E A FILOSOFIA DA RELIGIÃO

ATEOLOGIA NATURAL? ARGUMENTOS EVOLUTIVOS DE DESMISTIFICAÇÃO CONTRA DEUS

Finalmente, nos voltamos ao surgimento de uma série de argumentos ligados a interpretações particulares das visões de Darwin sobre a seleção natural ou a "Síntese Evolucionária Estendida", segundo a qual um entendimento evolutivo das origens das capacidades racionais humanas põe em questão a racionalidade da crença em Deus. O tema fundamental subjacente ao que veio a ser conhecido como "argumentos evolutivos de desmistificação" é que as origens e características da religião podem ser explicadas em bases evolutivas sem a necessidade de invocar a existência de Deus.

Existem algumas dificuldades significativas no que se refere a uma abordagem tão genérica da religião; talvez a mais notável é que não haja uma definição empírica estabelecida de "religião". Pode ser natural para nós pensar na religião em termos essencialistas, vendo-a como uma categoria universal, que compreende exemplos individuais desse universal – como budismo, cristianismo e hinduísmo –, para que generalizações sumativas possam ser feitas sobre a "essência da religião". Entretanto, historicamente, as visões sobre natureza, função e identidade da religião variaram de um local histórico para outro, como o fazem hoje. A categoria "religião" é provavelmente melhor vista como uma construção social útil que tem pouca ou nenhuma base na investigação científica. O termo é socialmente importante – por exemplo, em relação à garantia do direito básico de "liberdade religiosa" (o que claramente exige algum acordo sobre o que conta como religião). Definições simplistas de religião em termos de uma crença específica em deuses ou seres espirituais – subjacentes à ousada declaração de Daniel Dennett, ainda que imprecisa, de que "uma religião sem Deus ou deuses é como um vertebrado sem espinha dorsal"[42] – são tornadas problemáticas pelo budismo, que se recusa obstinadamente a se conformar a essas definições.

A maioria dos argumentos evolutivos de desmistificação se concentra na utilidade social da religião como um fator que aumenta seu poten-

---

42 Daniel C. Dennett, *Breaking the Spell: Religion as a Natural Phenomenon* [Quebrando o feitiço: a religião como um fenômeno natural]. Nova York: Viking Penguin, 2006, p. 9.

cial de sobrevivência, tornando a questão da definição menos importante. Crenças que incentivam o surgimento de atitudes pró-sociais provavelmente levarão a uma maior possibilidade de sobrevivência para as comunidades que as adotam. Isso, é claro, levanta a questão da distinção entre religião e ética, na medida em que, embora um sistema ético possa ser derivado de crenças "religiosas", ele também pode surgir por razões pragmáticas.

Muitos têm defendido o caráter adaptativo da religião, visto que a religião encoraja a coesão e a disciplina social, dando a um grupo maior capacidade de sobreviver e de se reproduzir. Há muito que se reconhece que uma das principais funções da religião é a promoção desse tipo de solidariedade de grupo, que muitas vezes é fortalecida por meio de rituais, expressando tanto os fundamentos da identidade do grupo quanto os perigos que a acompanham. Esse vínculo social fortalecido dentro de um grupo não deve ser visto como um fim em si mesmo; aumentando a solidariedade, a religião facilita a cooperação dentro do grupo, melhorando assim suas perspectivas de sobrevivência.

Mas a capacidade da religião de aumentar as perspectivas de sobrevivência em grupo é uma consequência de sua verdade ou de sua utilidade? Uma perspectiva evolutiva das origens da religião mostra que suas ideias evoluíram, não em resposta à busca pela verdade, mas para aumentar a capacidade do grupo de florescer e se reproduzir? Essa linha de investigação está por trás do surgimento de "argumentos evolutivos de desmistificação", alguns dos quais sustentam que o processo evolutivo leva a uma explicação redutiva das crenças religiosas como acidentais e não confiáveis.

Um conjunto de argumentos evolutivos de desmistificação baseia-se nas origens da religião, sustentando que o fenômeno da religião pode ser explicado em bases evolutivas sem a necessidade de apelar à existência de um deus ou de outra agência ou entidade transcendente. O filósofo Robert Nola, por exemplo, argumenta que a religião surge naturalmente e, portanto, é explicada por fatores naturais – subvertendo implicitamente qualquer suposição de que a religião seja justificada ao apelar a qualquer agência ou entidade sobrenatural. Outros argumentam que isso representa um exemplo da "falácia genética", na qual uma teoria das origens sociais de um sistema ou comunidade é considerada como a explicação definitiva,

CIÊNCIA E A FILOSOFIA DA RELIGIÃO

excluindo outras. Diferentes níveis de explicação são possíveis. Uma explicação evolutiva de como a música se desenvolveu, por exemplo, não esgota a questão de seu valor atual para os indivíduos ou de sua utilidade social. As perspectivas evolucionárias também não explicam adequadamente as crenças justificadas. Esse argumento evolutivo de desmistificação claramente presumiu que explicar as origens da religião equivale a mostrar que as crenças religiosas são falsas.

Uma descrição evolutiva das origens da religião não exclui outras causas ou explicações da religião – ou qualquer comunidade de crenças comparável. Nola parece acreditar que as descrições teológicas e evolutivas da religião são incompatíveis, talvez refletindo uma dependência imprudente da metáfora do "conflito" sobre o relacionamento entre elas. Na realidade, várias explicações sobre as origens da religião, operando em diferentes níveis, podem ser dadas, e cada uma delas será inadequada para explicar as especificidades da religião como um fenômeno em geral ou as características específicas de qualquer comunidade religiosa. Como observou a filósofa de Oxford, Janet Radcliffe-Richards, em suas críticas à desmistificação evolutiva do altruísmo, "explicar como o altruísmo veio a existir não mostra que o altruísmo não é real, assim como explicar como um bolo foi feito não mostra que o bolo não é real".[43]

Uma segunda abordagem propõe que as origens da crença religiosa residem na falta de confiabilidade das faculdades racionais humanas. A evolução não seleciona de acordo com qualquer capacidade de buscar e encontrar a verdade, mas sim devido à capacidade de sobreviver e de se reproduzir. "A seleção natural não se importa com a verdade; ela se importa apenas com o sucesso reprodutivo." Embora se possa argumentar que faz sentido sugerir que a evolução nos projetou para avaliar o mundo com precisão e formar crenças verdadeiras, permanece a questão de se algumas falsas crenças, pelo menos, podem ser vantajosas em termos adaptativos?

Essa linha de pensamento leva a um segundo conjunto de argumentos evolutivos de desmistificação, segundo os quais a religião é o resultado de uma capacidade falha de raciocínio, refletindo o fato de que a evolução

---

43 Janet Radcliffe-Richards, *Human Nature after Darwin: A Philosophical Introduction* [A natureza humana depois de Darwin: uma introdução filosófica]. Londres: Routledge, 2000, p. 180.

não seleciona a verdade das crenças humanas. A religião é, portanto, considerada o resultado de faculdades racionais humanas imperfeitas, o que nos leva a sustentar certas crenças que acabam se adaptando devido a seus resultados pró-sociais. John Wilkins e Paul Griffiths, por exemplo, argumentam que as crenças empíricas têm uma clara vantagem evolutiva – por exemplo, ajudando-nos a identificar possíveis estratégias de sobrevivência. Portanto, é possível argumentar que as faculdades racionais humanas funcionam bem em um domínio (o empírico), mas não tão bem em outros (como o religioso ou o moral).

Contudo, não é nada claro para onde isso nos leva. Argumentar que as faculdades racionais humanas têm uma origem evolutiva não implica que elas levem a crenças falsas. É sabido que diferentes áreas de engajamento e interação – como ciências, ética e teologia – usam estratégias e normas racionais diferentes, adaptadas às suas tarefas e objetivos de pesquisa. Wilkins e Griffiths têm razão em levantar questões sobre a racionalidade de nossos julgamentos, decorrentes de nosso passado evolutivo; no entanto, no final, eles dependem dessas mesmas faculdades racionais na avaliação da confiabilidade de seus julgamentos introduzindo um grau desconfortável de circularidade e autorreferência na discussão.

TEOLOGIA NATURAL: É DEUS A "MELHOR EXPLICAÇÃO" DO NOSSO UNIVERSO?

Na seção anterior, consideramos alguns argumentos que sugerem que o fenômeno da religião ou uma crença específica em Deus pode ser "explicada" pelas ciências naturais. Embora esses argumentos sejam mais fracos do que muitos acreditam, eles levantam uma questão totalmente legítima: de que maneira Deus pode ser visto como a "melhor explicação" do nosso universo? Existe algum caminho intelectual que conecte a observação do nosso mundo a uma realidade transcendente, como Deus? Essa questão é frequentemente explorada com referência à noção de "teologia natural", que há muito é reconhecida como um tema importante no campo da ciência e da religião.

Em seu sentido mais geral, a teologia natural sugere que existe um elo entre o mundo natural e o transcendente. É uma intuição profundamente

CIÊNCIA E A FILOSOFIA DA RELIGIÃO

humana, compartilhada por artistas e cientistas. G. K. Chesterton foi um dos muitos a apontar como a imaginação humana ultrapassa os limites da razão, buscando uma realidade pouco vislumbrada, que parece estar além do limiar de nossa experiência. "Todo verdadeiro artista", afirmou Chesterton, sente "que está tocando as verdades transcendentais; que suas imagens são sombras de coisas vistas através do véu".[44] Outra maneira de expressar isso é encontrada nos escritos do filósofo José Ortega y Gasset,[45] que admite não haver um "arco" de evidências que vincule de forma segura e inequívoca o mundo empírico e a realidade transcendente. No entanto, Ortega nos pede para imaginar um arco romano, ligando dois pilares. Parte do arco desabou, mas ainda podemos ver o traço do arco original e fazer a conexão agora imaginativa, mas antes real, entre os dois pilares.

Embora a expressão "teologia natural" (latim: *theologia naturalis*) fosse conhecida pelos primeiros autores cristãos, não era comumente usada por escritores medievais, como Tomás de Aquino. Como observou, com razão, o estudioso de Oxford, C. C. J. Webb, no início do século 20, estudos históricos indicaram que a expressão "teologia natural" raramente foi usada durante os períodos patrístico e medieval, e só foi mais amplamente utilizada no século 16, principalmente por causa da influência do estudioso catalão do século 15, Raimundo de Sebonde (c. 1385-1436).

Imagina-se que a obra *Liber Creaturarum* [O Livro das Criaturas], de Sebonde, tenha sido escrita nos últimos dois anos de sua vida. Uma decisão editorial póstuma, do século 16, levou à adição do subtítulo *theologia naturalis* (ou "teologia natural") à segunda edição em latim dessa obra – e, portanto, à adoção do termo "teologia natural" para descrever a forma ampla do envolvimento teológico com a natureza, que Sebonde louvava. Entretanto, a expressão em latim *theologia naturalis* pode ser entendida tanto como "uma teologia natural" quanto "uma teologia da natureza". Ela pode ser entendida tanto como o processo de argumentar da natureza para Deus como de ver a natureza do ponto de vista da fé. Sebonde tende a adotar a segunda dessas duas abordagens.

---

44 G. K. Chesterton, *The Everlasting Man*. San Francisco: Ignatius Press, 1993, p. 105. [Ed. Bras.: *O homem eterno*. Cajamar, SP: Mundo Cristão, 2010.]
45 José Ortega y Gasset, 'El origen deportivo del estado.' *Citius, Altius, Fortius*, 9, n. 1–4(1967): 259–276.

O trabalho de Sebonde foi amplamente imitado, com o aparecimento de várias publicações de editores franceses e espanhóis no século 16 desenvolvendo seu método e abordagem, moldando as expectativas de como uma "teologia natural" deveria ser, na teoria e na prática. Contudo, a forma de "teologia natural" encontrada na obra de Sebonde tem pouca relação com os entendimentos modernos desse conceito, que surgiram dois séculos depois. A teologia natural não é entendida como um empreendimento apologético, mas é mais vista como um engajamento *afetivo* com a ordem natural, vista da perspectiva da fé. O tratado de Sebonde, embora inclua algumas seções catequéticas posteriores, que tratam de teologia dogmática, é realmente uma obra de espiritualidade, e não de teologia.

Embora os filósofos da religião tendam a definir "teologia natural" como o "ramo da filosofia que investiga o que a razão humana, sem ajuda da revelação, pode nos dizer a respeito de Deus", um exame do desenvolvimento histórico da teologia natural indica que essa é apenas uma das várias formas que ela tem assumido durante esse processo. Esse entendimento específico da teologia natural emerge principalmente na Inglaterra do final do século 17, e é moldado pelo contexto cultural e intelectual daquele período, particularmente pela crescente sensação de afastamento entre os modos de pensar científico e religioso. A expressão "físico-teologia" às vezes é usada para se referir a essa abordagem específica da teologia natural.

A "físico-teologia" surgiu como uma ferramenta intelectual que encorajou a pesquisa científica dentro da cultura persistentemente religiosa da Inglaterra durante o século 18, além de afirmar o valor e a racionalidade da religião dentro de uma cultura cada vez mais científica. Sua ênfase na transparência racional da natureza e na facilidade com que isso era mapeado em um catálogo religioso de significados parecia contornar as grandes controvérsias teológicas da época, ao mesmo tempo que encorajava o surgimento das ciências naturais. Em seu auge, no início do século 18, a "físico-teologia" (do grego: *physikos*, "natural") era vista como reveladora e proclamadora da harmonia fundamental do universo, fundamentada nas "leis da natureza" estabelecidas por um benevolente criador.

Uma das declarações mais conhecidas dessa visão de um universo harmonioso é encontrada na famosa "Ode" de Joseph Addison, de 1712 – um

CIÊNCIA E A FILOSOFIA DA RELIGIÃO

comentário extenso sobre Salmos 19:1, o qual declara que as regularidades do mundo natural exibem a sabedoria e a racionalidade de seu Criador. Para Addison, as regularidades do Sol, da Lua e dos planetas eram uma manifestação publicamente acessível da presença divina dentro do universo:

> O infatigável Sol, dia após dia,
> O poder de seu Criador anuncia,
> E publica para cada continente
> A obra de uma Mão Onipotente.[46]

A razão humana foi capaz de discernir essa regularidade e expressá-la matematicamente. Para Addison e seus contemporâneos, a racionalidade e a elegância dessa visão de harmonia cósmica eram uma garantia da perfeição de Deus na criação:

> No ouvido da Razão, todos rejubilam,
> E uma voz gloriosa domina,
> Para sempre cantando, enquanto brilham,
> A Mão que nos criou é Divina.[47]

Atualmente, existe amplo reconhecimento da diversidade de perspectivas possíveis com respeito à teologia natural, incluindo abordagens intelectuais com duas direções bastante diferentes: da natureza para Deus e de Deus para a natureza. Na sequência, descrevemos brevemente quatro perspectivas de teologia natural, duas das quais representam o primeiro tipo de abordagem e, duas outras, o segundo:

1. A teologia natural refere-se a uma forma de raciocínio, independente da revelação, que reflete sobre as implicações teístas da beleza ou da complexidade do mundo natural. Como observamos anteriormente, esse entendimento específico da teologia natural é amplamente referido como "físico-teologia" e emergiu como uma presen-

---

46 Joseph Addison, "Ode", in Christopher Ricks, ed., *The Oxford Book of English Verse*. Oxford: Oxford University Press, 1999, p. 246.
47 Ibidem.

ça intelectual significativa na Inglaterra do século 18. A trajetória do pensamento aqui é da observação do mundo natural à inferência da existência de Deus, sem pressupor ou estabelecer uma relação de dependência com relação a ideias reveladas. Essa abordagem pode se basear na ordem ou na beleza do mundo natural, ambas consideradas como tendo implicações apologéticas.

2. A teologia natural designa uma teologia que vem "naturalmente" à mente humana – isto é, sem o auxílio da revelação divina. Pode ser considerada como uma demonstração da racionalidade intrínseca da fé cristã, usando formas naturais de raciocínio. O chamado "argumento ontológico" de Anselmo para a existência de Deus é um bom exemplo dessa abordagem. No *Proslógio*, Anselmo não apela à revelação para justificar a racionalidade da fé e não se envolve com o mundo natural, concentrando-se nos padrões de raciocínio humano, apontando para suas implicações.

Ambas as perspectivas de teologia natural esboçadas acima assentam seus pontos de partida no mundo da natureza e apontam para uma divindade genérica, que então demanda correlação com uma compreensão mais específica da divindade, como o conceito cristão de Deus.

E quanto às perspectivas de teologia natural que se originam dentro de uma comunidade de fé e são informadas por suas crenças distintas? Vamos considerar duas abordagens desse tipo.

3. A teologia natural deve ser entendida primordialmente como uma "teologia da natureza" – isto é, como uma maneira especificamente cristã de ver ou entender o mundo natural, refletindo as suposições centrais da fé cristã, para contrastar ou mesmo opor-se a descrições naturalistas ou seculares da natureza. O movimento do pensamento aqui é de dentro da tradição cristã em direção à natureza, e não da natureza em direção à fé (como na segunda abordagem, mencionada acima). Essa abordagem pressupõe a revelação divina e reflete o entendimento específico da natureza que resulta quando a natureza é vista dessa perspectiva. Ela se origina da tradição cristã e estabelece um modo especificamente cristão de ver a ordem natural.

CIÊNCIA E A FILOSOFIA DA RELIGIÃO

4. A teologia natural é o resultado intelectual da tendência natural da mente humana de desejar ou de se inclinar para Deus. Tradicionalmente, essa abordagem faz um apelo ao "desejo natural de ver Deus", desenvolvido por Tomás de Aquino e outros, embora possa ser formulada de várias maneiras – como a afirmação de Bernard Lonergan de que há uma tendência inata do intelecto humano para entender a existência. Nessa abordagem, é natural que a mente humana busque por Deus; a teologia natural é o resultado dessa busca, fundamentada em uma espécie de "instinto de voltar para casa"[48] intelectual ou imaginativo, que existiria na humanidade.

Outras abordagens podem, é claro, ser discernidas e desenvolvidas. O ponto a ser apreciado aqui é que "teologia natural" designa um empreendimento intelectual multifacetado, que resiste à definição, mas é rico em aplicações e explora possíveis conexões entre o mundo da natureza e uma realidade transcendente – como o conceito cristão de Deus. Essas conexões são múltiplas e complexas. Tradicionalmente, elas se concentram na reflexão sobre Deus como uma explicação para a beleza e a regularidade da natureza, usando modos de argumentação indutivo, abdutivo e dedutivo. No entanto, outras abordagens devem ser observadas, particularmente a clássica metáfora renascentista sobre os "Dois Livros de Deus", cujas origens podem ser rastreadas até o início do período medieval. Essa metáfora fortemente visual nos convida a ver Deus como o autor ou criador de dois "livros" distintos, mas relacionados – o "Livro da Natureza" e o "Livro das Escrituras" – e, assim, imaginar a natureza como um texto legível que requer interpretação de maneira comparável à interpretação cristã da Bíblia.

Os pontos fortes e os limites dessa abordagem podem ser vistos nos escritos do físico e teólogo John Polkinghorne. Seu ponto de partida é que, embora a teologia e as ciências naturais divirjam em seus métodos de pesquisa, elas compartilham a visão de uma compreensão aprofundada do nosso mundo. "Teologia e ciência diferem muito quanto à natureza do objeto de que tratam. No entanto, cada uma delas tenta compreender as-

---

48 A expressão usada no original, *homing instinct*, refere-se à capacidade que certos animais e aves têm de encontrar o caminho de volta para casa, depois de viajar longas distâncias. [N. T.]

pects da forma como o mundo é."[49] Ciente dos limites e deficiências da "físico-teologia", Polkinghorne argumentou em favor de uma "nova teologia natural" que fosse *reavivada* e *revisada*. Esta abordagem da teologia natural se vê como um suplemento às explicações das ciências naturais, em vez de se considerar uma rival ou concorrente da explicação científica. "O Deus da físico-teologia, consequentemente, era o Deus das lacunas, uma pseudodivindade que pretendia complementar a explicação científica quando esta estivesse em falta, mas estava, portanto, sempre sujeita a ser declarada redundante quando novos avanços científicos fornecessem sua própria explicação."[50]

A "nova" teologia natural de Polkinghorne não reivindica a existência de Deus, mas argumenta que sua abordagem oferece *insights* sobre um envolvimento mais amplo com o mundo natural, na medida em que propicia uma explicação mais satisfatória da natureza do que suas alternativas ateias ou naturalistas. Embora a própria ciência não pareça precisar de nenhuma suplementação teológica em seu próprio domínio distinto, ela levanta questões que não pode responder com base em seus próprios métodos de trabalho. "Existem metaquestões que surgem da nossa experiência e entendimento científicos, mas que nos apontam para além do que a ciência por si só pode presumir falar." Essas "metaquestões" são abordadas pela nova teologia natural.

Veja bons exemplo de tais metaquestões:

- Antes de mais nada, por que a ciência, em sua forma moderna e desenvolvida, é possível?
- Por que o universo físico é tão racionalmente transparente para nós, tal que possamos discernir seu padrão e estrutura, mesmo no mundo quântico, que tem pouca relação com nossa experiência cotidiana?
- Por que alguns dos padrões mais belos propostos pela matemática pura são realmente encontrados na estrutura do mundo físico?

---

49 John Polkinghorne, *One World: The Interaction of Faith and Science* [Um único mundo: a interação entre a fé e a ciência]. Londres: SPCK, 1986, p. 36.
50 Para o que se segue, veja John Polkinghorne, "The New Natural Theology". *Studies in World Christianity*, 1, n. 1 (1995): 43–44.

CIÊNCIA E A FILOSOFIA DA RELIGIÃO

A teologia natural oferece uma estrutura explicativa que suplementa – e não substitui – a das ciências naturais, permitindo uma compreensão mais ampla e profunda de seu potencial e limites. Polkinghorne sugere que outro exemplo de metaquestão surge da observação do ajuste fino do universo, geralmente expresso em termos do "princípio antrópico". Por que o universo aparentemente é "ideal" para a vida? Essa nova teologia natural oferece a percepção de que nosso universo pode ser visto como uma "criação que foi dotada por seu Criador com as condições exatas necessárias para sua história frutífera".

Polkinghorne, portanto, rejeita a ideia de teologia natural como um meio independente de demonstrar a existência de Deus. Seu argumento é que a teologia natural pertence justamente à "investigação teológica geral" e que visa oferecer uma visão aprimorada da maneira como o mundo é, complementando ou suplementando as ciências, em vez de tentar substituí-las.

Existem vários usos aos quais uma teologia natural pode ser aplicada. Um deles, como vimos, é afirmar a legitimidade intelectual de um diálogo entre ciência e religião – talvez vendo cada uma como oferecendo perspectivas diferentes, mas potencialmente complementares, de um mundo complexo. A teologia natural pode também servir para uma função adicional – levantar questões sobre a legitimidade do "cientificismo", destacando particularmente a visão empobrecida da natureza que surge da perspectiva de que apenas a ciência determina nossa compreensão e nossas atitudes em relação ao mundo natural.

Essa ansiedade sobre os limites das ciências naturais em nossa busca de significado é ecoada em "Lamia", o poema de John Keats, de 1820, que levanta preocupações sobre o efeito potencialmente empobrecedor de reduzir os belos e impressionantes fenômenos da natureza – como um arco-íris – à lógica abstrata da teoria científica. Essa estratégia reducionista é esteticamente empobrecedora, esvaziando a natureza de sua beleza e mistério e reduzindo-a a algo frio e clínico:

> Os encantos todos não voam
> Com o simples toque da fria filosofia?
> Uma vez, houve um espantoso arco-íris no céu:
> Nós conhecemos sua trama, sua textura; ela é dada

No enfadonho catálogo de coisas comuns.

A filosofia cortará as asas de um anjo ...[51]

A chave para a preocupação de Keats está em sua referência a "cortar" as asas de um anjo. Para Keats, o mundo natural é – e deve ser – uma porta de entrada para o reino do transcendente. A razão humana pode compreender algo do mundo real; suas ideias são complementadas pela capacidade da imaginação humana de refletir sobre o que está além do alcance do método empírico. Keats, como muitos outros poetas românticos, valorizava a imaginação humana, vendo-a como uma faculdade que permitia *insights* sobre o transcendente e sublime. A razão, em contraste, manteve a humanidade firmemente ancorada ao solo e ameaçou impedir que ela descobrisse suas dimensões espirituais mais profundas.

Para Keats, um arco-íris é destinado a elevar o coração e a imaginação humana, sugerindo a existência de um mundo além dos limites da experiência. Para autores científicos, como Richard Dawkins, o arco-íris permanece firmemente localizado no mundo da experiência humana, não tendo dimensão ou capacidade transcendente. O fato de poder ser explicado em termos puramente naturais pressupõe que não tenha nenhum significado como sinal de algo que esteja além dele. O "anjo" que, para Keats, pretendia elevar nossos pensamentos para o céu, teve suas asas cortadas; não pode mais fazer nada, a não ser espelhar o mundo dos eventos e aparências terrestres, na medida em que qualquer vínculo com um possível mundo transcendente foi rompido.

Para os teístas, esse entendimento imaginativamente deficiente e racionalmente truncado do mundo natural pode ser contestado e corrigido através de uma teologia natural. Essa teologia natural é capaz de enriquecer uma narrativa científica, impedindo-a de colapsar naquilo que Keats censurou como um "enfadonho catálogo de coisas comuns". Uma teologia natural fornece estrutura para um engajamento imaginativo informado com a natureza, permitindo que ela seja apreciada por sua beleza e não simplesmente tratada como um objeto de dissecação racional. Uma das características mais perturbadoras do cientificismo é o racionalismo exces-

---

51 John Keats, *Complete Poems* [Poemas completos], 3. ed. Londres: Penguin, 1988, p. 395.

sivo, que impede qualquer envolvimento sério com níveis mais profundos do mundo natural, incluindo seu impacto afetivo sobre nós.

UMA METAQUESTÃO: CRIAÇÃO
E UNIFORMIDADE DA NATUREZA

John Polkinghorne desenvolveu a ideia de "metaquestão" ao considerar a relação entre ciência e religião. "Existem metaquestões que surgem de nossa experiência e entendimento científicos, mas que nos apontam para além do que a ciência por si só pode presumir falar."[52] Um excelente exemplo de metaquestão diz respeito à uniformidade da natureza, que as ciências naturais devem assumir, mas que não podem provar.

Em sua obra de 1912, *The Problems of Philosophy*, o filósofo britânico Bertrand Russell levantou algumas questões difíceis sobre o método científico, observando que o empreendimento científico aparentemente dependia de certas suposições injustificáveis. A dificuldade essencial observada por Russell é que o método científico é obrigado a assumir a uniformidade da natureza para os seus procedimentos, mas não pode, por si só, substanciar essa suposição implícita. "A crença na uniformidade da natureza é a crença de que tudo o que aconteceu ou acontecerá é um exemplo de alguma lei geral para a qual *não* há exceções."[53] Mas quais são os fundamentos dessa crença, que é indiscutivelmente fundamental para o método científico?

A ciência pode descobrir regularidades e uniformidades; no entanto, os padrões passados de regularidade não podem ser considerados conducentes a qualquer grau de certeza. "O homem que alimentou a galinha todos os dias ao longo de sua vida torce o seu pescoço a certa altura, mostrando que visões mais refinadas sobre a uniformidade da natureza teriam sido úteis para a galinha."[54] A questão aqui diz respeito aos limites do raciocínio indutivo – uma questão levantada por David Hume, mas desenvolvida mais rigorosamente por Russell:

---

52 John Polkinghorne, "The New Natural Theology". *Studies in World Christianity*, 1, n. 1 (1995): 41–50; citação na p. 43.
53 Bertrand Russell, *The Problems of Philosophy* [Os problemas da filosofia]. Londres: Oxford University Press, 1912, p. 98.
54 Ibidem.

Assim, nosso princípio indutivo não pode, de qualquer forma, ser refutado por um apelo à experiência. O princípio indutivo, no entanto, não pode igualmente ser *provado* por um apelo à experiência. [...] Assim, todo conhecimento que, com base na experiência, nos diz algo sobre o que não é experimentado é baseado em uma crença que a experiência não pode confirmar nem refutar, mas que, pelo menos em suas aplicações mais concretas, parece estar tão firmemente enraizada em nós quanto muitos dos fatos da experiência.[55]

Russell argumenta, portanto, que a investigação empírica não pode fornecer uma justificativa da indução (ou de conceitos associados, como a uniformidade da natureza), pois qualquer justificativa indutiva ou empírica da indução seria simplesmente posta em questão. Quanto a esse ponto, "o próprio princípio não pode, sem circularidade, ser inferido a partir das uniformidades observadas, uma vez que é necessário justificar tal inferência", conforme Russell colocou em uma obra posterior.[56]

A relevância filosófica da doutrina da criação para as ciências naturais foi explorada em um artigo clássico, porém negligenciado, do filósofo de Oxford, Michael Foster, publicado em 1934, intitulado *The Christian Doctrine of Creation and the Rise of Modern Science* [A doutrina cristã da criação e o surgimento da ciência moderna]. Nesse artigo, Foster estabeleceu a maneira pela qual a crença de que a ordem natural foi criada teve grandes consequências para a investigação científica. Embora Foster tenha concentrado sua atenção particularmente nos desenvolvimentos dos séculos 17 e 18, ficará claro que sua análise continua a ter relevância para desenvolvimentos subsequentes.

Foster argumenta que as "implicações metafísicas do dogma cristão",[57] especialmente em relação à noção de criação, forneceram uma base intelectual para uma análise científica da natureza. Os métodos das ciências naturais refletem uma série de suposições sobre a natureza que se apoiavam nas crenças cristãs sobre Deus e a criação. Como parte de sua análise,

---

55 Ibidem, p. 99.
56 Bertrand Russell, *History of Western Philosophy*. Londres: George Allen & Unwin, 1946, pp. 673–674. [Ed. Bras.: *História da filosofia ocidental*. Brasília: Editora Universidade de Brasília; São Paulo: Companhia Editora Nacional, 1982.]
57 Michael B. Foster, "The Christian Doctrine of Creation and the Rise of Modern Science." *Mind*, 43 (1934): 446–468.

CIÊNCIA E A FILOSOFIA DA RELIGIÃO

Foster faz a observação de que a substituição de ideias pagãs da criação (especialmente aquelas que repousam na ideia de um "demiurgo") por ideias cristãs foi uma condição prévia essencial para o surgimento das ciências naturais.

Foster sugeriu que a doutrina cristã da criação tornava possível uma visão específica da natureza que encorajava o surgimento das ciências naturais. A doutrina da criação *ex nihilo* permitiu ao cientista abordar a natureza com a expectativa de que a racionalidade divina se refletisse em suas estruturas e funcionamento:

> Derivam daí dois pressupostos que serão facilmente reconhecidos como fundamentais para o método científico moderno: primeiro, o pressuposto de que o cientista não deve olhar para lugar algum além do mundo da própria natureza material para encontrar os objetos próprios de sua ciência; segundo (na verdade, um corolário do primeiro), que as leis inteligíveis que ele descobre ali não admitem exceção. Ambos são consequências da doutrina de que o mundo material é obra, não de um Demiurgo, mas de um criador onipotente. [...] Um Criador divino, que não é limitado por um material recalcitrante, pode incorporar suas ideias na natureza com a mesma perfeição com que estão presentes ao seu intelecto.[58]

Foster compara essa noção cristã de Deus com as que encontrou em sua leitura da filosofia grega clássica, e sugere que somente a primeira poderia oferecer uma base intelectual para os métodos das ciências naturais. Foster procurou distinguir as visões cristã e grega de natureza e identificar sua importância para o cientista natural. Ele situou a distinção mais fundamental entre as concepções grega e cristã de natureza no conceito de "criação". Afirmar que o mundo foi criado é fazer uma série de declarações significativas sobre a natureza:

> A natureza, na visão grega, inclui tudo. Inclui homens e deuses (homens e deuses são concidadãos do universo, diz Cícero, reproduzindo uma visão estoica); homens e deuses nascem de uma origem comum, disse Hesíodo. [...] A ciência

---

58 Michael B. Foster, "Christian Theology and Modern Science of Nature (II)." *Mind*, 45 (1936): 1–27; citação nas pp. 14–15.

da natureza é um estudo contemplativo; ela procede da contemplação sensorial das aparências de divindade à contemplação intelectual do divino em si. [...] Na concepção cristã, por outro lado, a natureza é feita por Deus, mas *não é* Deus. Há uma ruptura abrupta entre natureza e Deus. A adoração divina deve ser prestada somente a Deus, que é *totalmente diferente da natureza*. A natureza não é divina.[59]

Embora a abordagem de Foster exija algumas qualificações, ela destaca a importância do argumento de Polkinghorne de que a ciência depende de certos pressupostos críticos que ela mesma não pode fornecer, mas que são providos com equilíbrio intelectual por um enquadramento teológico.

SUGESTÕES DE LEITURA

Temas Gerais

Abraham, William J., e Frederick D. Aquino, eds. *The Oxford Handbook of the Epistemology of Theology* [Manual Oxford de epistemologia da teologia]. Oxford: Oxford University Press, 2017.

Adams, Marilyn McCord. *Horrendous Evils and the Goodness of God* [Males horrendos e a bondade de Deus]. Ithaca, NY: Cornell University Press, 1999.

Adams, Robert Merrihew. *The Virtue of Faith and Other Essays in Philosophical Theology* [A virtude da fé e outros ensaios em teologia filosófica]. Nova York: Oxford University Press, 1987.

Buchak, Laura. "Rational Faith and Justified Belief." In *Religious Faith and Intellectual Virtue* [Fé religiosa e virtude intelectual], editado por Laura Frances Callahan e Timothy O'Connor. Oxford: Oxford University Press, 2014, pp. 29–48.

Callahan, Laura Frances, e Timothy O'Connor. "Well-Tuned Trust as an Intellectual Virtue" [Confiança finamente ajustada como uma virtude intelectual]. In *Religious Faith and Intellectual Virtue* [Fé religiosa e virtude intelectual], editado por Laura Frances Callahan e Timothy O'Connor. Oxford: Oxford University Press, 2014, pp. 246–274.

---

59 Michael B. Foster, "Greek and Christian Ideas of Nature". *The Free University Quarterly*, 6 (1959): 122–127; citação nas pp. 123–124 (ênfase no original).

CIÊNCIA E A FILOSOFIA DA RELIGIÃO

Draper, Paul, e J. L. Schellenberg, eds. *Renewing Philosophy of Religion: Exploratory Essays* [Renovando a filosofia da religião: ensaios exploratórios]. Oxford: Oxford University Press, 2017.

Evans, C. Stephen, e R. Zachary Manis. *Philosophy of Religion: Thinking about Faith* [Filosofia da religião: pensando sobre fé]. Downers Grove, IL: InterVarsity Press, 2006.

Moser, Paul K. *The Elusive God: Reorienting Religious Epistemology* [O Deus elusivo: reorientando a epistemologia religiosa]. Cambridge: Cambridge University Press, 2008.

Plantinga, Alvin. *Warranted Christian Belief.* Oxford: Oxford University Press, 2000. [Ed. Bras.: *Crença cristã avalizada.* São Paulo: Vida Nova, 2018.]

Swinburne, Richard. *The Existence of God,* 2. ed. Oxford: Clarendon Press, 2004. [*A existência de Deus.* Brasília, DF: Editora Monergismo, 2015.]

Taliaferro, Charles, e Chad Meister, eds. *The Cambridge Companion to Christian Philosophical Theology* [Guia Cambridge à teologia filosófica cristã]. Cambridge: Cambridge University Press, 2009.

Ward, Keith. *The Christian Idea of God: A Philosophical Foundation for Faith* [A ideia cristã de Deus: um fundamento filosófico para a fé]. Cambridge: Cambridge University Press, 2013.

Wolterstorff, Nicholas. *Reason within the Bounds of Religion* [Razão dentro dos limites da religião]. Grand Rapids, MI: Eerdmans, 1976.

Wynn, Mark R. *Renewing the Senses: A Study of the Philosophy and Theology of the Spiritual Life* [Renovando os sentidos: um estudo da filosofia e da teologia da vida espiritual]. Oxford: Oxford University Press, 2013.

Yandell, Keith E. *The Epistemology of Religious Experience* [A epistemologia da experiência religiosa]. Cambridge: Cambridge University Press, 1993.

Argumentos favoráveis à existência de Deus

Collins, Robin. "A Scientific Argument for the Existence of God: The Fine-Tuning Design Argument" [Um argumento científico para a existência de Deus: o argumento do design finamente ajustado]. In *Reason for the Hope Within* [Razão da esperança interior], editado por Michael J. Murray. Grand Rapids, MI: Eerdmans, 1999, pp. 47–75.

Copan, Paul, e William Lane Craig. *The Kalām Cosmological Argument: Scientific Evidence for the Beginning of the Universe* [O argumento cosmológico Kalām: evidências científicas para o início do universo]. Nova York: Bloomsbury Academic, 2018.

Craig, William Lane. "In Defense of Theistic Arguments" [Em defesa dos argumentos teístas]. In *The Future of Atheism* [O futuro do ateísmo], editado por Robert B. Stewart. Londres: SPCK, 2008, pp. 67–96.

De Cruz, Helen. "The Enduring Appeal of Natural Theological Arguments." *Philosophy Compass*, 9, n. 2 (2014): 145–153.

Evans, C. Stephen. *Natural Signs and Knowledge of God: A New Look at Theistic Arguments* [Sinais naturais e conhecimento de Deus: um novo olhar sobre os argumentos teístas]. Oxford: Oxford University Press, 2010.

Gale, Richard M., e Alexander R. Pruss. "A New Cosmological Argument." *Religious Studies*, 35, n. 4 (1999): 461–476.

Glass, David H. "Darwin, Design and Dawkins' Dilemma." *Sophia*, 51, n. 1 (2012): 31–57.

Glass, David H. "Can Evidence for Design Be Explained Away?" [Pode a evidência por design ser descartada?] In *Probability in the Philosophy of Religion* [Probabilidade na filosofia da religião], editado por J. Chandler e V. Harrison, pp. 79–102. Oxford: Oxford University Press, 2012, pp. 79–102.

Gliboff, Sander. "Paley's Design Argument as an Inference to the Best Explanation, or, Dawkins' Dilemma." *Studies in History and Philosophy of Biological and Biomedical Sciences*, 31 (2000): 579–597.

Holder, Rodney D. *God, the Multiverse, and Everything: Modern Cosmology and the Argument from Design* [Deus, o multiverso e tudo o mais: a cosmologia moderna e o argumento do design]. Aldershot: Ashgate, 2004.

Johnson, Jeffery L. "Inference to the Best Explanation and the New Teleological Argument." *Southern Journal of Philosophy*, 31 (1991): 193–203.

Khamara, Edward J. "Hume Versus Clarke on the Cosmological Argument." *Philosophical Quarterly*, 42, n. 1 (1992): 34–55.

Koons, Robert C. "A New Look at the Cosmological Argument." *American Philosophical Quarterly*, 34, n. 2 (1997): 193–211.

CIÊNCIA E A FILOSOFIA DA RELIGIÃO 217

Loke, Andrew Ter Ern. *God and Ultimate Origins: A Novel Cosmological Argument* [Deus e as origens últimas: um novo argumento cosmológico]. Nova York: Palgrave Macmillan, 2017.

Lustig, Abigail. "Natural Atheology." In *Darwinian Heresies* [Heresias darwinianas], editado por Abigail Lustig, Robert J. Richards, e Michael Ruse. Cambridge: Cambridge University Press, 2004, pp. 69–83.

McGrath, Alister E. "Arrows of Joy: Lewis's Argument from Desire." In *The Intellectual World of C. S. Lewis* [O mundo intelectual de C. S. Lewis]. Oxford: Wiley-Blackwell, 2013, pp. 105–128.

Oderberg, David S. "Traversal of the Infinite, the 'Big Bang' and the Kalām Cosmological Argument." *Philosophia Christi*, 4 (2002): 304–334.

Oppy, Graham. "Hume and the Argument for Biological Design." *Biology and Philosophy*, 11 (1996): 519–534.

Peterfreund, Stuart. *Turning Points in Natural Theology from Bacon to Darwin: The Way of the Argument from Design* [Momentos decisivos na teologia natural de Bacon a Darwin: a via do argumento do design]. Nova York: Palgrave Macmillan, 2012.

Reichenbach, Bruce. "Explanation and the Cosmological Argument." In *Contemporary Debates in the Philosophy of Religion* [Debates contemporâneos na filosofia da religião], editado por Michael Peterson e Raymond van Arragon. Oxford: Wiley- Blackwell, 2004, pp. 97–114.

Roberts, Noel K. "Newman on the Argument from Design." *New Blackfriars*, 88 (2007): 56–66.

Ruse, Michael. "The Argument from Design: A Brief History." In *Debating Design: From Darwin to DNA* [Debatendo o design: de Darwin ao DNA], editado por William A. Dembski e Michael Ruse. Cambridge: Cambridge University Press, 2004, pp. 13–31.

Schlosshauer, Maximilian, Johannes Kofler, e Anton Zeilinger. "A Snapshot of Foundational Attitudes toward Quantum Mechanics." *Studies in the History and Philosophy of Modern Physics*, 44 (2013): 220–230.

Sosa, Ernest. "Natural Theology and Naturalist Atheology: Plantinga's Evolutionary Argument against Naturalism." In *Alvin Plantinga*, editado por Deane-Peter Baker. Cambridge: Cambridge University Press, 2007, pp. 93–106.

Wielenberg, Erik. "Dawkins's Gambit, Hume's Aroma, and God's Simplicity." *Philosophia Christi*, 11, n. 1 (2009): 113–127.

A ação de Deus no mundo

Clayton, Philip. "Towards a Theory of Divine Action That Has Traction." In *Scientific Perspectives on Divine Action: Twenty Years of Challenge and Progress* [Perspectivas científicas sobre a ação divina: vinte anos de desafio e progresso], editado por Robert John Russell, Nancey Murphy, e William R. Stoeger. Cidade do Vaticano: Vatican Observatory, 2008, pp. 85–110.

Crain, Steven Dale. *Divine Action and Indeterminism: On Models of Divine Action That Exploit the New Physics* [Ação divina e indeterminismo: sobre modelos de ação divina que exploram a nova física]. Notre Dame, IN: University of Notre Dame, Dissertation, 1993.

Gregersen, Niels H. "Special Divine Action and the Quilt of Laws: Why the Distinction between Special and General Divine Action Cannot Be Maintained" [Ação divina especial e colcha de leis: por que a distinção entre ação divina especial e geral não pode ser mantida]. In *Scientific Perspectives on Divine Action: Twenty Years of Challenge and Progress* [Perspectivas científicas sobre a ação divina: vinte anos de desafio e progresso], editado por Robert John Russell, Nancey Murphy, e William R. Stoeger. Cidade do Vaticano: Vatican Observatory, 2008, pp. 179–199.

Koperski, Jeffrey. "Divine Action and the Quantum Amplification Problem." *Theology & Science*, 13, n. 4 (2015): 379–394.

McGrath, Alister E. "Hesitations About Special Divine Action: Reflections on Some Scientific, Cultural and Theological Concerns." *European Journal for Philosophy of Religion*, 7, n. 4 (2015): 3–22.

Nelson, James S. "Divine Action: Is It Credible?" *Zygon*, 30 (1995): 267–280.

Polkinghorne, John. "Natural Science, Temporality, and Divine Action." *Theology Today*, 55 (1998): 329–343.

Russell, Robert John. "Does the 'God Who Acts' Really Act: New Approaches to Divine Action in Light of Science." *Theology Today*, 54 (1997): 43–65.

Russell, Robert John, Nancey Murphy, e C. J. Isham, eds. *Quantum Cosmology and the Laws of Nature: Scientific Perspectives on Divine Action*

CIÊNCIA E A FILOSOFIA DA RELIGIÃO

[Cosmologia quântica e as leis da natureza: perspectivas científicas sobre a ação divina]. Berkeley, CA: Center for Theology and Natural Sciences, 1993.

Russell, Robert John, Nancey Murphy, Arthur Peacocke. *Chaos and Complexity: Scientific Perspectives on Divine Action* [Caos e complexidade: perspectivas científicas da ação divina]. Cidade do Vaticano: Vatican Observatory e Berkeley, CA: Center for Theology and Natural Sciences, 1995.

Saunders, Nicholas. *Divine Action and Modern Science* [Ação divina e ciência moderna]. Cambridge: Cambridge University Press, 2002.

Silva, Ignacio. "John Polkinghorne on Divine Action: A Coherent Theological Evolution." *Science and Christian Belief*, 24, n. 1 (2012): 19–30.

Smedes, Taede A. *Chaos, Complexity, and God: Divine Action and Scientism* [Caos, complexidade e Deus: ação divina e cientificismo]. Louvain: Peeters, 2004.

Stoeger, William R. "God and Time: The Action and Life of the Triune God in the World." *Theology Today*, 55 (1998): 365–388.

Tracy, Thomas. "Scientific Perspectives on Divine Action? Mapping the Options." *Theology and Science*, 2 (2004): 196–201.

Tracy, Thomas F. "Special Divine Action and the Laws of Nature" [Ação divina especial e leis da natureza]. In *Scientific Perspectives on Divine Action: Twenty Years of Challenge and Progress* [Perspectivas científicas sobre a ação divina: vinte anos de desafio e progresso], editado por Robert John Russell, Nancey Murphy, e William R. Stoeger. Cidade do Vaticano: Vatican Observatory, 2008, pp. 249–283.

Vanhoozer, Kevin J. *Remythologizing Theology: Divine Action, Passion, and Authorship* [Remitologizando a teologia: ação divina, paixão e autoria]. Cambridge: Cambridge University Press, 2010.

Ward, Keith. *Divine Action* [Ação divina]. London: HarperCollins, 1990.

Wildman, Wesley J. "The Divine Action Project, 1988–2003." *Theology and Science*, 2 (2004): 31–75.

Milagres e leis da natureza

Collins, Jack. "Miracles, Intelligent Design, and God-of-the-Gaps." *Perspectives on Science and Christian Faith*, 55 (2003): 22–29.

Cziko, Gary. *Without Miracles: Universal Selection Theory and the Second Darwinian Revolution* [Sem milagres: teoria da seleção universal e segunda revolução darwiniana]. Cambridge, MA: MIT Press, 1995.

Dear, Peter R. "Miracles, Experiments, and the Ordinary Course of Nature." *Isis*, 81 (1990): 663–683.

Force, James E. "Providence and Newton's Pantokrator: Natural Law, Miracles, and Newtonian Science" [Providência e o Pantocrator de Newton: lei natural, milagres e a ciência newtoniana]. In *Newton and Newtonianism: New Essays* [Newton e newtonianismo: novos ensaios], editado por James E. Force e Sarah Hutton. Dordrecht: Kluwer, 2004, pp. 65–92.

Harrison, Peter. "Newtonian Science, Miracles, and the Laws of Nature." *Journal of the History of Ideas*, 56 (1995): 531–553.

Harrison, Peter. "The Development of the Concept of Laws of Nature" [O desenvolvimento do conceito de leis da natureza]. In *Creation: Law and Probability* [Criação: lei e probabilidade], editado por Fraser Watts. Aldershot: Ashgate, 2008, pp. 13–36.

Holder, Rodney D. "Hume on Miracles: Bayesian Interpretation, Multiple Testimony, and the Existence of God." *British Journal for the Philosophy of Science*, 49 (1998): 49–65.

Hughes, Christopher, e Robert Merihew Adams. "Miracles, Laws of Nature and Causation." *Aristotelian Society Supplement*, 66 (1992): 179–224.

Kistler, Max, "Laws of Nature, Exceptions and Tropes." *Philosophia Scientiae*, 7, n. 2 (2003): 189–219.

Mavrodes, George I. "Miracles and the Laws of Nature." *Faith and Philosophy*, 2 (1985): 333–352.

Miller, Jon. "Spinoza and the Concept of a Law of Nature." *History of Philosophy Quarterly*, 20, n. 3 (2003): 257–276.

Millican, Peter. "Earman on Hume on Miracles" [Earman sobre Hume e os milagres]. In *Debates in Modern Philosophy: Essential Readings and Contemporary Responses* [Filosofia moderna: leituras essenciais e respostas contemporâneas], editado por Stewart Duncan e Antonia Lo-Lordo. Nova York: Routledge, 2013, pp. 271–284.

Pannenberg, Wolfhart. "The Concept of Miracle." *Zygon*, 37, n. 3 (2002), 759–762.

Shaw, Jane. *Miracles in Enlightenment England* [Milagres no Iluminismo na Inglaterra]. New Haven, CT: Yale University Press, 2006.

Ward, Keith. "Believing in Miracles." *Zygon*, 37, n. 3 (2002), 741–750.

Argumentos evolutivos de desmistificação

De Cruz, Helen, e Johan De Smedt. *A Natural History of Natural Theology: The Cognitive Science of Theology and Philosophy of Religion* [Uma história natural da teologia natural: a ciência cognitiva da teologia e a filosofia da religião]. Cambridge, MA: MIT Press, 2015.

Dow, James W. "The Evolution of Religion: Three Anthropological Approaches." *Method & Theory in the Study of Religion*, 18, n. 1 (2006): 67–91.

FitzPatrick, William J. "Debunking Evolutionary Debunking of Ethical Realism." *Philosophical Studies*, 172 (2015): 883–904.

Jong, Jonathan, e Aku Visala, "Evolutionary Debunking Arguments against Theism, Reconsidered." *International Journal for Philosophy of Religion*, 76 (2014): 243–258.

Kahane, Guy. "Evolutionary Debunking Arguments." *Noûs*, 45, n. 1 (2011): 103–126.

Lustig, Abigail. "Natural Atheology" [Ateologia natural]. In *Darwinian Heresies* [Heresias darwinianas], editado por Abigail Lustig, Robert J. Richards, e Michael Ruse. Cambridge: Cambridge University Press, 2004, pp. 69–83.

Nola, Robert. "Do Naturalistic Explanations of Religious Beliefs Debunk Religion?" [As explicações naturalistas da crença religiosa desmistificam a religião?] In *A New Science of Religion* [Uma nova ciência da religião], editado por Gregory W. Dawes e James MacLaurin. Abingdon: Routledge, 2013, pp. 162–188.

Sosa, Ernest. "Natural Theology and Naturalist Atheology: Plantinga's Evolutionary Argument against Naturalism" [Teologia natural e ateologia naturalista: o argumento evolucionário contra o naturalismo de Plantinga]. In *Alvin Plantinga*, editado por Deane-Peter Baker. Cambridge: Cambridge University Press, 2007, pp. 93–106.

Street, Sharon. "A Darwinian Dilemma for Realist Theories of Value." *Philosophical Studies*, 127, n. 1 (2006): 109–166.

Teologia Natural

Adams, Edward. "Calvin's View of Natural Knowledge of God." *International Journal of Systematic Theology*, 3, n. 3 (2001): 280–292.

Barr, James. *Biblical Faith and Natural Theology* [Fé bíblica e teologia natural]. Oxford: Clarendon Press, 1993.

Brooke, John Hedley. "Science and the Fortunes of Natural Theology: Some Historical Perspectives." *Zygon*, 24 (1989): 3–22.

Brooke, John Hedley, Russell Re Manning, e Fraser Watts, eds. *The Oxford Handbook of Natural Theology* [Manual Oxford de Teologia Natural]. Oxford: Oxford University Press, 2013.

Craig, William Lane, e James Porter Moreland, eds. *The Blackwell Companion to Natural Theology* [Guia Blackwell de Teologia Natural]. Malden, MA: Wiley-Blackwell, 2009.

Fisher, Philip. *Wonder, the Rainbow, and the Aesthetics of Rare Experiences* [Admiração, o arco-íris e a estética de experiências raras]. Cambridge, MA: Harvard University Press, 1998.

Harrison, Peter. "Physico-Theology and the Mixed Sciences: The Role of Theology in Early Modern Natural Philosophy" [Teologia-física e as ciências misturadas: o papel da teologia na filosofia natural do início da Modernidade] In *The Science of Nature in the Seventeenth Century* [A ciência da natureza no século 17], editado por Peter Anstey e John Schuster. Dordrecht: Springer, 2005, pp. 165–183.

Joyce, George Hayward. *Principles of Natural Theology* [Princípios de teologia natural]. Londres: Longmans, Green and Co., 1922.

Lane, Belden C. "Jonathan Edwards on Beauty, Desire and the Sensory World." *Theological Studies*, 65, n. 1 (2004): 44–68.

Mandelbrote, Scott. "The Uses of Natural Theology in Seventeenth-Century England." *Science in Context*, 20 (2007): 451–480.

McGrath, Alister E. *Re-Imagining Nature: The Promise of a Christian Natural Theology* [Reimaginando a natureza: a promessa de uma teologia natural cristã]. Oxford: Wiley-Blackwell, 2016.

Peterfreund, Stuart. *Turning Points in Natural Theology from Bacon to Darwin: The Way of the Argument from Design* [Momentos decisivos na teologia natural de Bacon a Darwin: a via do argumento do design]. Nova York: Palgrave Macmillan, 2012.

Polkinghorne, John. "The New Natural Theology." *Studies in World Christianity*, 1, n. 1 (1995): 41–50.

Vidal, Fernando, e Bernard Kleeberg. "Knowledge, Belief, and the Impulse to Natural Theology." *Science in Context*, 20 (2007): 381–400.

Webb, C. C. J. *Studies in the History of Natural Theology* [Estudos em história da teologia natural]. Oxford: Clarendon Press, 1915.

Wildman, Wesley J. "Comparative Natural Theology." *American Journal of Theology and Philosophy*, 27, n. 2–3 (2006): 173–190.

CAPÍTULO 5

Modelos e analogias em ciência e religião

omo visualizamos sistemas complexos? Como formamos imagens mentais de entidades não observáveis ao tentarmos entendê-las e descobrir maneiras de explorá-las ainda mais? Um dos aspectos mais intrigantes da interface entre ciência e religião é o uso de "modelos" ou "analogias" como recursos visuais para representar entidades complexas – seja a entidade em questão um núcleo atômico ou Deus. O filósofo da ciência Ernan McMullin indica os modelos científicos como uma forma de representar e organizar as observações do mundo, ao chamar a atenção para suas estruturas ocultas que estão subjacentes a essas observações:

> Os cientistas constroem teorias que explicam as características observadas do mundo físico postulando modelos para a estrutura oculta das entidades que são estudadas. Essa estrutura é relacionada causalmente aos fenômenos observáveis, e o modelo teórico fornece uma aproximação dos fenômenos a partir dos quais o poder explicativo do modelo deriva.[1]

Um argumento semelhante é apresentado pelo filósofo da ciência Peter Godfrey-Smith, ao ressaltar que o uso científico de modelos geralmente

---

1 Ernan McMullin, "A Case for Scientific Realism" [Um caso pelo realismo científico] in *Scientific Realism*, editado por Jarrett Leplin. Berkeley, CA: University of California Press, 1984, pp. 8–40; citação nas pp. 26–27.

MODELOS E ANALOGIAS EM CIÊNCIA E RELIGIÃO

envolve o desenvolvimento de simplificações deliberadas, projetadas para tornar os problemas mais tratáveis:

> Um modelo é uma estrutura imaginada ou hipotética que descrevemos e investigamos na esperança de usá-lo para entender algum sistema ou domínio mais "complexo" do mundo real. O entendimento é obtido por meio de uma relação de semelhança, ou seja, alguma similaridade relevante entre o modelo e o sistema-alvo do mundo real.[2]

O argumento de Godfrey-Smith é que modelos não devem ser representações exatas de uma entidade ou sistema complexos; eles se assemelham a esse sistema em alguns pontos e, portanto, são capazes de estimular a formulação de perguntas e métodos de pesquisa planejados para permitir uma compreensão mais profunda da realidade mais complexa – e, consequentemente, o desenvolvimento de modelos mais confiáveis. No entanto, esses modelos não precisam ser analogias físicas – como o famoso modelo do átomo como um "sistema solar", desenvolvido por Ernest Rutherford no início do século 20, pois alguns modelos científicos assumem a forma de representações matemáticas.

Neste capítulo, vamos explorar as diferentes maneiras pelas quais esses "recursos visuais" são desenvolvidos e empregados em ciência e religião. São eles simplesmente maneiras úteis de visualizar o invisível e o inacessível? Precisamos ser capazes de imaginar coisas como elétrons, prótons e núcleos atômicos – e Deus. Ou eles também geram um programa de pesquisa, abrindo assim novas linhas de investigação, exploração e compreensão?

Os modelos desempenham uma função psicológica importante, na medida em que permitem aos seres humanos discernir um senso racional dentro do que muitas vezes parece ser um mundo sem forma e desordenado. Em 1897, o psicólogo William James destacou a necessidade humana de encontrar uma maneira de superar a confusão e a fluidez conceitual do mundo pelo uso de modelos e teorias, a fim de trazer a sua (presumida) racionalidade para um foco mais nítido:

---

2 Peter Godfrey-Smith, "Theories and Models in Metaphysics." *Harvard Review of Philosophy*, 14 (2006): 4–19; citação na p. 7.

Todas as magníficas conquistas das ciências físicas e matemáticas – nossas doutrinas da evolução, da uniformidade das leis e todo o resto – procedem de nosso desejo indomável de representar o mundo de uma forma mais racional em nossas mentes do que na forma em que ele é percebido pela ordem grosseira de nossa experiência. O mundo tem se mostrado, em grande medida, plástico a essa nossa demanda por racionalidade.[3]

Contudo, James sugere que essa percepção de ordem, reforçada pelo uso seletivo de modelos, pode originar-se tanto em nosso desejo de encontrar estruturas racionais quanto naquilo que o próprio universo revela.

A representação da realidade em ciência e religião é frequentemente concebida em termos de modelos, metáforas e analogias. Sendo assim, essas três categorias de representação constituem pontos diferentes em um espectro essencialmente contínuo de possibilidades intelectuais ou são abordagens distintas do processo de representação imaginativa? Não poderiam cientistas ou teólogos estarem enganados em suas concepções, confundindo as categorias de metáfora e analogia – supondo, antes de mais nada, que haja uma diferença genuína entre elas? Vários estudiosos tentaram explicar as diferentes características entre modelos, metáforas e analogias, e como elas poderiam afetar o uso dessas categorias em ciência e religião. A filósofa da ciência Daniela Bailer-Jones, por exemplo, aponta como essas três categorias são empregadas em todas as disciplinas, tornando difícil estabelecer, de forma precisa, sua natureza e função. Bailer-Jones sugere que um modelo pode ser pensado como "uma descrição interpretativa de um fenômeno que facilita o acesso a esse fenômeno".[4] Isso destaca a função heurística de um modelo e nos ajuda a entender que, ao focar apenas em certos aspectos do fenômeno, ele produz, na melhor das hipóteses, acesso parcial ao fenômeno.

Bailer-Jones considera uma metáfora como "uma expressão linguística na qual pelo menos uma parte da expressão é transferida de um domínio de aplicação (domínio-fonte), no qual é ela comum, para outro (domínio-alvo)

---

3 William James, *The Will to Believe, and Other Essays in Popular Philosophy* [A vontade de acreditar e outros ensaios de filosofia popular]. Cambridge, MA: Harvard University Press, 1979, p. 67.
4 Daniela M. Bailer-Jones, *Scientific Models in Philosophy of Science* [Modelos científicos em filosofia da ciência]. Pittsburgh, PA: University of Pittsburgh Press, 2013, p. 206.

no qual é incomum, ou provavelmente era incomum em um momento anterior, quando teria sido nova".[5] Isso enfatiza os aspectos criativos e imaginativos de uma metáfora e também nos permite entender como as metáforas podem perder sua força inovadora ao longo do tempo. No caso de uma analogia, Bailer-Jones aponta para a importância de uma semelhança entre relações em dois domínios diferentes, ajudando a fazer a transição de um fenômeno desconhecido ou novo para um conceito familiar ou mais facilmente compreendido.

Neste capítulo, vamos considerar o uso de modelos, metáforas e analogias em ciência e religião. É preciso deixar claro desde o início que não há acordo geral sobre o significado dos termos "modelo", "metáfora" e "analogia", e como eles devem ser distinguidos uns dos outros. Para explorar esta questão, vamos considerar como modelos, metáforas e analogias são desenvolvidos e usados tanto em ciência quanto em teologia, antes de explorar como Ian Barbour os aplicou ao caso específico da ciência e da religião.

O USO DE MODELOS NAS CIÊNCIAS NATURAIS

Os modelos são geralmente entendidos como formas de pensar ou representar sistemas complexos, que auxiliam na visualização do sistema e também fornecem uma maneira provisória de entendê-lo, baseado em algo que já nos é conhecido. Isso nos permite extrair inferências provisórias e formular hipóteses testáveis sobre o sistema mais complexo com base em um modelo mais simples ou mais conhecido.

Como deve ser evidente, a partir da breve análise apresentada acima, a filósofa da ciência Daniela Bailer-Jones desenvolveu um entendimento coerente de modelos, metáforas e analogias, embora existam claras zonas de superposição entre essas categorias. No entanto, os pontos de vista dela podem não ser compartilhados por cientistas e teólogos, dado o grau significativo de "imprecisão" nas definições. Em uma série de entrevistas com cientistas ativos em pesquisa no Reino Unido, Bailer-Jones os convidou a definir o que entendiam por modelos científicos e como consideravam a

---

5 Ibidem, p. 111.

sua função em programas de pesquisa científica. Essas entrevistas apontam para uma variedade considerável no uso do conceito de modelo.

Em termos gerais, Bailer-Jones descobriu que os cientistas tendem a pensar em modelos como "simplificações" do sistema que está sendo modelado. Para a biogeoquímica Nancy Dise, este é um elemento central de sua compreensão de um modelo científico:

> Geralmente, eu consideraria um modelo uma simplificação do sistema, incorporando os elementos mais importantes – o que você considera os mais importantes – desse sistema. Assim, você descreve o sistema, mas não o descreve em todos os detalhes.[6]

As entrevistas de Bailer-Jones com cientistas atuantes levaram-na a tirar cinco conclusões gerais sobre como eles entendiam o papel dos modelos em suas pesquisas, como se segue:[7]

1. A modelagem é amplamente considerada como central para se fazer ciência. Trata-se de um afastamento relativamente recente da preocupação com teorias.
2. Existe uma diversidade considerável em como os modelos são entendidos, sendo adotadas várias definições e descrições de modelos científicos.
3. Os modelos são comumente caracterizados por simplificações e omissões com o objetivo de "capturar a essência" do que está sendo modelado.
4. Os modelos são concebidos para propiciar *insights*, e não fazem isso por simplesmente descrever dados.
5. Embora os modelos tenham uma variedade de aspectos já especificados, espera-se também que sejam submetidos a testes empíricos.

Como as entrevistas de Bailer-Jones deixam claro, os cientistas naturais desenvolvem e usam regularmente modelos para representar, pelo menos,

---

6 Daniela M. Bailer-Jones, "Scientists' Thoughts on Scientific Models." *Perspectives on Science*, 10, n. 3 (2002): 275–301; citação na p. 284.
7 Ibidem, p. 291.

MODELOS E ANALOGIAS EM CIÊNCIA E RELIGIÃO 231

certos aspectos de sistemas complexos. Um modelo é entendido como uma maneira simplificada, desenvolvida por pesquisadores com o objetivo específico de representar um sistema complexo, permitindo que seus usuários obtenham uma compreensão maior de, pelo menos, alguns de seus múltiplos aspectos. Esses modelos são inventados, deliberadamente construídos para permitir que seus usuários visualizem e interpretem, mesmo que em parte, um sistema complexo e façam previsões sobre seu comportamento.

Um dos modelos mais conhecidos é o modelo "planetário" do átomo, desenvolvido em dezembro de 1910 pelo físico de Cambridge, Ernest Rutherford. Em vista da importância desse modelo, vamos considerar as circunstâncias que levaram Rutherford a desenvolvê-lo. A descoberta inicial que motivou Rutherford a desenvolver seu modelo "planetário" do átomo foi feita por seus colaboradores Hans Geiger e Ernest Marsden, em 1909. Para entender esse experimento, precisamos colocá-lo em seu próprio contexto.

O salto conceitual de Rutherford surgiu através de seus estudos de radioatividade – o processo pelo qual núcleos atômicos instáveis se decompõem espontaneamente para formar núcleos mais estáveis pela liberação de energia e partículas subatômicas. Uma das descobertas mais importantes de Rutherford ocorreu em 1899, quando ele mostrou que elementos radioativos – como o rádio – emitiam o que ele chamava de "raios alfa", "raios beta" e "raios gama". Mais tarde, compreendeu-se que os chamados "raios alfa", na realidade, eram núcleos de hélio com carga positiva, os "raios beta" eram elétrons com carga negativa e os "raios gama" eram radiação eletromagnética de alta energia.

Em 1904, após a descoberta do elétron, o físico britânico J. J. Thomson propôs o que ficou conhecido como o modelo "pudim de passas" do átomo. Thomson sugeriu que os átomos eram análogos à conhecida iguaria inglesa, o "pudim de passas", no qual os elétrons carregados negativamente (as passas) estariam espalhados através de uma matriz esférica positiva (o pudim como um todo). O modelo de Thomson acomodava com sucesso as duas descobertas empíricas sobre átomos que eram conhecidas no momento: que os elétrons são partículas com carga negativa e que os átomos não têm carga elétrica efetiva. O conceito de um "núcleo atômico" denso e central não era conhecido por Thomson. Para Thomson, o átomo consistia num volume sólido redondo, que era carregado positivamente. Os elétrons estavam embutidos nesse volume sólido. A carga negativa geral dos elétrons era balanceada com precisão pela carga positiva total do volume sólido, de modo que o próprio átomo não carga efetiva.

Em uma série de experimentos entre 1908 e 1913, Rutherford e seus jovens colegas, Hans Geiger e Ernest Marsden, analisaram como partículas alfa carregadas positivamente (a esta altura, o termo "raios" havia sido eliminado) eram defletidas quando impactavam átomos de ouro. Um feixe de partículas alfa era projetado sobre tiras de folhas de ouro, com apenas alguns átomos de espessura, medindo-se a amplitude da deflexão do feixe em relação à direção original. Com base no modelo de átomo de Thomson, era previsto que o fluxo de partículas alfa seria consistentemente desviado de alguns graus da sua trajetória original. As partículas alfa e o núcleo atômico eram carregados positivamente. Quando uma partícula alfa se aproximava do núcleo, experimentava repulsão eletrostática e, portanto, era defletida.

Geiger e Marsden, no entanto, descobriram que a maioria das partículas alfa passava pela folha de ouro sem quase nenhuma deflexão, embora um número pequeno (cerca de 1 em 8.000) fosse desviado de ângulos muito grandes. Rutherford ficou surpreso com esse resultado e percebeu que era necessária uma nova maneira de pensar sobre a estrutura do átomo.

> Foi o evento mais incrível que já aconteceu comigo em minha vida. Era quase tão incrível quanto se você disparasse uma bomba de 15 polegadas sobre um pedaço de papel de seda e ela voltasse e atingisse você. [...] Vi que era impossível obter algo dessa ordem de magnitude, a menos que você adotasse um sistema no qual a maior parte da massa do átomo estivesse concentrada em um minúsculo núcleo. Foi então que tive a ideia de um átomo com um centro massivo diminuto, carregando uma carga.[8]

Rutherford percebeu que esse resultado completamente inesperado significava que a massa do átomo não estava uniformemente dispersa pelo átomo, mas estava altamente concentrada em uma região extremamente pequena de carga positiva (o núcleo), cercada por elétrons. O átomo não

---

8 Rutherford, citado em E. N. da C. Andrade, *Rutherford and the Nature of the Atom* [Rutherford e a natureza do átomo]. Londres: Heinemann, 1965, p. 111.

MODELOS E ANALOGIAS EM CIÊNCIA E RELIGIÃO 233

consistia numa substância uniformemente densa, mas tinha um núcleo superdenso cercado por espaço vazio. Era, portanto, necessária uma nova maneira de visualizar o átomo, o que ajudaria a criar experimentos para esclarecer melhor sua estrutura e propriedades.

O novo modelo de átomo de Rutherford retratava o núcleo como seu centro de massa, com elétrons dispersos no espaço ao seu redor – de certa forma análogo ao Sol como o centro do sistema solar. Imaginar um átomo como um sistema solar em miniatura ajudou a visualizar a estrutura do átomo, pois era isso o que estava sendo revelado pela deflexão das partículas alfa. O átomo consiste num corpo central (o núcleo), no qual está concentrada praticamente toda a sua massa. Os elétrons orbitam esse núcleo da mesma maneira que os planetas orbitam o Sol. Embora as órbitas dos planetas fossem determinadas pela atração gravitacional do Sol, Rutherford argumentava que as órbitas dos elétrons eram determinadas pela atração eletrostática entre os elétrons carregados negativamente e o núcleo carregado positivamente. O modelo era visualmente simples, fácil de entender e oferecia uma estrutura teórica que explicava pelo menos parte do comportamento conhecido dos átomos naquele momento.

Depois que um modelo é construído e testado, ele pode ser desenvolvido de forma a incluir algumas características mais complicadas do sistema, que foram inicialmente ignoradas em sua construção. Para nos ajudar a refletir sobre esse assunto, vamos considerar agora um dos mais simples e mais conhecidos modelos científicos – o "modelo cinético" dos gases.

O MODELO CINÉTICO DOS GASES

O comportamento dos gases foi estudado em detalhes a partir do século 17, particularmente pelo físico inglês Robert Boyle e pelo físico e inventor francês Jacques Charles (cujas invenções incluíram o balão de hidrogênio, em 1783). Uma série de experimentos examinava a maneira como os gases se comportavam quando tinham pressão, volume e temperatura alterados. Em termos gerais, o volume de um gás é inversamente proporcional à sua pressão e diretamente proporcional à sua temperatura, expressa em kelvin.

Os experimentos detalhados de Boyle e Charles mostraram que o comportamento dos gases poderia ser descrito em termos de uma série de leis que se aplicavam a todos os gases a baixas pressões, independentemente de sua identidade química. As duas leis mais famosas são conhecidas como "Lei de Boyle" e "Lei de Charles", podendo ser formuladas do seguinte modo:

$$\text{Lei de Boyle: } pV = \text{constante}$$

$$\text{Lei de Charles: } V = \text{constante} \times T$$

Onde p é a pressão do gás, V seu volume e T sua temperatura, expressa em termos da escala de temperatura criada por Lord Kelvin, segundo a qual 0° centígrado é 273,15 kelvin. (Essa escala identifica a temperatura de "zero absoluto" como -273,15 °C.) A "equação do gás perfeito", que combina essas duas leis e outras observações, pode ser formulada como:

$$pV = nRT$$

Onde R é a constante dos gases (8,31446 J K^{-1} mol^{-1}) e n o número de moles de gás presente. Essa equação é válida universalmente, independentemente da identidade do gás em questão.

Então, como esse comportamento pode ser explicado? O "modelo cinético" dos gases oferece uma maneira de visualizar um gás ideal, permitindo que seu comportamento seja previsto e compreendido. O termo "cinético" vem do vocábulo grego *kinesis* ("movimento") e refere-se à característica principal desse modelo de gás – isto é, que as moléculas de gás se movem e, portanto, não são estáticas. O "modelo cinético" é baseado em três suposições básicas:

1. Um gás consiste em moléculas em movimento aleatório incessante, que não interagem de maneira alguma (por exemplo, sendo atraídas uma pela outra por sua massa ou repelidas uma da outra por uma carga eletrostática).
2. O tamanho das moléculas é desprezível, pois seu diâmetro é considerado insignificante em comparação com a distância média percorrida pela molécula entre as colisões.

3. Ao atingir as paredes de seu recipiente, as moléculas do gás sofrem colisões perfeitamente elásticas, nas quais a energia cinética translacional da molécula permanece inalterada. Em outras palavras, supõe-se que as moléculas do gás não se tornem mais lentas como resultado das colisões com as paredes do recipiente.

De fato, o modelo sugere que pensemos nas moléculas de gás como bolas de sinuca ou bilhar, movendo-se dentro de um recipiente e colidindo constantemente com suas paredes. É bastante fácil usar esse modelo para prever como a pressão, o volume e a temperatura estão relacionados. Por exemplo, a pressão no recipiente pode ser calculada em termos da taxa de variação de *momentum* das moléculas de gás. As leis dos gases mencionadas acima podem ser derivadas teoricamente com base nesse modelo de gases, sugerindo que a teoria cinética é um bom modelo básico para esses sistemas.

O modelo é muito simples e, portanto, não leva em consideração algumas características mais complexas do comportamento dos gases. Por exemplo, ele presume que o volume ocupado por moléculas de gás seja desprezível, de modo que a parte do volume total de gás ocupado por essas moléculas possa ser desconsiderada nos cálculos. Embora isso seja verdade a baixas pressões, torna-se uma complicação mais séria a pressões mais altas. O modelo também ignora colisões e forças intermoleculares (que são insignificantes à baixa pressão) e se concentra na maneira como essas moléculas impactam as paredes do recipiente. Os termos "gás perfeito" ou "gás ideal" são usados para deixar claro que essa simplicidade teórica não é realmente observada em gases reais!

Esse modelo pode ser mais sofisticado, para permitir que os aspectos mais complicados do sistema sejam modelados. Como observado, o modelo não leva em conta o fato de que as moléculas de gás têm um tamanho definido. Este fato pode ser ignorado em baixas pressões; a altas pressões, no entanto, o volume ocupado pelas moléculas de gás começa a se tornar significativo. Isso pode ser incorporado à modelagem matemática do sistema da seguinte maneira. Anteriormente, vimos como o comportamento dos gases poderia ser previsto usando a seguinte fórmula:

$$pV = nRT$$

Essa fórmula assume que as moléculas de gás são de tamanho desprezível. Um pequeno ajuste na fórmula permite levar em consideração o tamanho finito das moléculas. Se b é o volume real ocupado pelas moléculas de gás, então o comportamento desse gás é dado pela fórmula:

$$P(V-b) = nRT$$

Esse padrão é uma característica básica do desenvolvimento e da aplicação de modelos científicos. Os aspectos básicos do padrão que emergem podem ser definidos da seguinte maneira:

1. O comportamento de um sistema é investigado e alguns padrões são observados – por exemplo, que a compressão de um gás leva a um aumento de sua temperatura.
2. É desenvolvido um modelo, que visa explicar as observações mais importantes sobre o modo como o sistema se comporta.
3. O modelo apresenta fragilidades em vários pontos, geralmente devido à sua simplicidade.
4. O modelo pode então se tornar mais complexo, a fim de levar em conta essas fragilidades.

Os modelos são formas claramente úteis de visualizar ou entender sistemas complexos. No entanto, eles podem ser mal interpretados. Dois mal-entendidos podem surgir através do uso de modelos nas ciências naturais. Primeiro, alguns assumem que os modelos são *idênticos* aos sistemas aos quais estão associados. O modelo atômico de Rutherford nos ajuda a entender algumas das características dos átomos – como a concentração de massa em um espaço muito pequeno – se pensarmos neles como sistemas solares em miniatura, com elétrons orbitando um núcleo central como planetas orbitando o Sol. No entanto, isso é simplesmente uma representação visual útil de um átomo, que auxilia na explicação e na interpretação. Isso deve ser levado *a sério* (na medida em que claramente tem alguma relação com o sistema que está sendo modelado); não é, no entanto, para ser tomado *literalmente*.

O segundo erro que pode ser cometido é assumir que todos os aspectos do modelo estão necessariamente presentes no sistema que está sendo

MODELOS E ANALOGIAS EM CIÊNCIA E RELIGIÃO 237

modelado. O modelo e o sistema que está sendo modelado se parecerão de algumas maneiras, mas não de outras. Para nos ajudar a entender esse segundo ponto, vamos considerar um excelente exemplo desse problema – a suposição de que, como o som parecia ser uma analogia útil para a luz e o som exigia um meio pelo qual viajar, isso também se aplicaria à luz.

COMPLEMENTARIDADE: LUZ ENQUANTO ONDA E PARTÍCULA

Os físicos do século 18 discordavam sobre a natureza da luz. Alguns consideraram que eram feixes de pequenas partículas; outros consideravam a luz uma forma de movimento ondulatório. Em sua obra *Óptica* (1704), Newton considerava que um feixe de luz consistia numa série de pequenas partículas movendo-se rapidamente, ou "corpúsculos" (do termo latino *corpuscula*, "pequenos corpos"). O reflexo da luz por um espelho era análogo a atirar bolas contra uma parede e observá-las quicar de volta. O físico holandês Christiaan Huygens discordava, argumentando que a luz era composta de ondas e que alguns aspectos de seu comportamento eram mais bem-explicados com base nesse modelo.

A teoria corpuscular da luz, de Newton, passou a dominar a física durante o século 18. Isso levou a duas previsões importantes. A primeira dessas previsões foi feita pelo cientista natural inglês John Mitchell em um artigo apresentado à *Sociedade Real*, em 1783. Como a luz consistia num feixe de partículas que seria atraído pela força gravitacional de uma estrela, Mitchell argumentou que algumas estrelas poderiam ser tão massivas, que suas forças gravitacionais impediriam que os feixes de luz deixassem suas superfícies. Como a famosa maçã de Newton, essas partículas de luz simplesmente cairiam no chão. Mitchell propôs, assim, a existência de "estrelas escuras", que não podiam ser vistas porque a luz seria incapaz de se libertar da força de sua gravidade. Os cálculos de Mitchell sugeriram que isso aconteceria se a estrela tivesse 500 vezes a massa do nosso Sol. Hoje, essas estrelas escuras são conhecidas como "buracos negros".

Segunda, se a luz consistisse num feixe de partículas, a teoria da gravitação de Newton previa que essas partículas viajariam em linha reta, a menos que fossem desviadas pela gravidade. Em 1804, o matemático alemão Johann Georg von Soldner publicou um artigo calculando a quantidade pela qual um feixe de luz seria desviado pelo campo gravitacional de uma estrela – como o Sol. Von Soldner concluiu que o efeito previsto era pequeno demais para ser observado pelos instrumentos de seu tempo; assim, ninguém levou adiante esse assunto.

Porém, durante o século 19, um crescente corpo de evidências experimentais sugeriu que a luz era melhor compreendida como um movimento de onda. Em 1801, o físico inglês Thomas Young concebeu o experimento da "dupla fenda", sugerindo que a luz se comporta como ondulações ou ondas em um lago de água. Em meados do século 19, esse modo de pensar sobre a luz ganhou ascendência. A luz, como o som, era entendida como uma forma de movimento ondulatório.

Muitos físicos passaram a enfatizar a analogia entre luz e som e tirar disso conclusões que hoje são consideradas arriscadas e superdimensionadas. O som requer um meio – como ar ou metal – pelo qual viajar. Se uma fonte de som – como uma campainha – for colocada em um recipiente de vidro e o ar for bombeado para fora, a intensidade do som diminuirá gradualmente e finalmente desaparecerá. O som precisa se propagar através de algo e não pode viajar no vácuo. Muitos físicos concluíram que, como o som precisava de um meio para ser transmitido e a luz era análoga ao som, a luz também precisava de um meio para ser transmitida. Mas o quê? O termo "éter luminífero" ("luminífero" significa "que dá suporte à luz") foi usado para se referir a essa substância invisível que, segundo se acreditava, preenchia o espaço vazio e, portanto, permitia que a luz viajasse através do espaço.

Entretanto, esse aspecto da analogia acabou revelando-se incorreto. A luz não precisa viajar através de nenhum meio. Não existe nenhum "éter". O experimento de Michelson-Morley, de 1887, foi projetado para detectar o "vento etéreo" – isto é, o resultado do movimento do éter em relação à Terra, à medida que a Terra se movia pelo espaço. Esse experimento falhou, embora tenha levado algum tempo para que a implicação do resultado negativo fosse totalmente aceita e compreendida pela comunidade científica. Ou o éter estava totalmente em repouso com relação ao movimento da Terra ou não existia. Ao final, foi preciso aceitar que não havia suporte experimental para a existência do "éter luminífero". Pelo menos a esse respeito, havia uma distinção fundamental entre luz e som.

MODELOS E ANALOGIAS EM CIÊNCIA E RELIGIÃO 239

Tudo mudou em 1905, quando Albert Einstein propôs uma explicação teórica brilhante para o efeito fotoelétrico, ao sugerir que, sob certas condições, a luz se comportava como um feixe de partículas. Einstein teve o cuidado de dar a essa ideia um caráter instrumental – em outras palavras, era uma maneira útil de pensar sobre a luz. No entanto, ela rapidamente se transformou em uma descrição realista da luz como um fluxo do que mais tarde passou a ser conhecido como "fótons".

O "efeito fotoelétrico" foi observado pela primeira vez em 1887 pelo físico alemão Heinrich Hertz e investigado detalhadamente mais tarde pelo colega de Hertz, Philipp Lenard. Em um artigo de 1902, Lenard mostrou que, se um feixe de luz fosse projetado sobre certos metais, ele era capaz de ejetar elétrons da superfície de alguns deles. Os experimentos de Lenard revelaram que a taxa de emissão de elétrons da superfície do metal era diretamente proporcional à intensidade da luz projetada sobre ele. Quanto mais brilhante a luz, mais elétrons eram deslocados da superfície do metal. Porém, Lenard descobriu também que o brilho ou a intensidade do feixe de luz projetado na superfície do metal parecia não afetar a energia desses elétrons emitidos. Os elétrons emitidos pela exposição a uma luz muito brilhante apresentavam a mesma energia que os emitidos pela exposição a uma luz muito fraca. Além disso, os fotoelétrons eram emitidos apenas se a frequência da luz excedesse um limiar de frequência, que variava de um metal para outro.

Essas observações não faziam sentido dentro dos entendimentos então existentes sobre a natureza da luz. Einstein argumentou que o efeito fotoelétrico era melhor entendido em termos de uma colisão entre um pacote de energia semelhante a uma partícula incidente (isto é, luz) e um elétron próximo à superfície do metal. O elétron só poderia ser ejetado do metal se os pacotes de luz incidentes (ou feixes de energia semelhantes a partículas, agora conhecidos como "fótons") tivessem energia suficiente para desalojar esse elétron. O fator crítico que determina se um elétron é ejetado não é a intensidade da luz, mas sua frequência. Além disso, se a energia do pacote de luz que chega é menor que certa quantidade (a "função trabalho" do metal em questão), nenhum elétron será emitido, independentemente da intensidade do bombardeio com a luz. Foi uma peça de análise brilhante e levou Einstein a receber o Prêmio Nobel de Física em

1921 "por seus serviços à Física Teórica e, especialmente, por sua descoberta da Lei do Efeito Fotoelétrico".

A sugestão de Einstein enfrentou intensa oposição antes da Primeira Guerra Mundial, principalmente porque parecia envolver o abandono do entendimento clássico predominante de exclusividade total entre ondas e partículas: algo poderia ser uma ou outra coisa – mas não ambas. Gradualmente, a visão de Einstein ganhou aceitação, de modo que a luz agora é pensada em termos de "fótons", que apresentam tanto as propriedades de ondas quanto de partículas. O comportamento da luz, às vezes, é melhor explicado como uma partícula e, outras vezes, como uma onda. Então, como o comportamento da luz deve ser expresso em termos de sua ontologia? Em outras palavras, qual é a natureza da luz?

Na década de 1920, ficou claro que o comportamento da luz era tal, que precisava ser explicado através de um modelo ondulatório quanto a alguns aspectos e através de um modelo corpuscular quanto a outros. O trabalho de Louis de Broglie sugeriu que até mesmo a matéria deveria ser considerada como uma onda sob algumas circunstâncias. Essas teorias levaram o físico teórico dinamarquês Niels Bohr a desenvolver o seu conceito de "complementaridade". Para Bohr, os modelos clássicos de "ondas" e "partículas" eram ambos necessários para explicar o comportamento da luz e da matéria. Isso não significa que os elétrons "são" partículas ou que "são" ondas; significa que, o quer que sejam em última instância, seu comportamento pode ser descrito com base em modelos de ondas ou de partículas, e que uma descrição completa desse comportamento requer que sejam usadas duas maneiras mutuamente exclusivas de representá-los.

Não se trata aqui de um expediente intelectualmente superficial e preguiçoso de afirmar duas opções mutuamente exclusivas em vez de tentar determinar qual é a superior. Como já foi enfatizado, trata-se – para Bohr – do resultado inevitável de uma série de teorias e experimentos críticos que demonstraram a impossibilidade de representar a situação de qualquer outra maneira. Em outras palavras, Bohr sustentava que os dados experimentais à sua disposição o forçaram a concluir que uma situação complexa (o comportamento da luz e da matéria) tinha que ser representada usando dois modelos aparentemente contraditórios e incompatíveis. Esse princípio de reunir dois modelos aparentemente inconciliáveis de um

MODELOS E ANALOGIAS EM CIÊNCIA E RELIGIÃO

fenômeno complexo a fim de explicar seu comportamento é conhecido como o "princípio da complementaridade".

RACIOCÍNIO ANALÓGICO: GALILEU E AS MONTANHAS DA LUA

Galileu Galilei é amplamente considerado – e com razão – um dos mais importantes pesquisadores científicos do início da Era Moderna, e está particularmente associado às principais descobertas astronômicas através do uso do então recém-inventado telescópio. Galileu foi o primeiro a observar as quatro principais luas do planeta Júpiter durante o inverno de 1609-1610, a densa estrutura estrelada da Via Láctea e as montanhas da Lua.

No entanto, essas declarações familiares precisam de uma exploração mais aprofundada. Galileu *realmente* observou montanhas na Lua? Afinal, seu telescópio só lhe permitia estudar a superfície da Lua em duas dimensões. O que Galileu realmente observou através de seu telescópio foi a mudança nos padrões de claro e escuro na superfície da Lua, que posteriormente interpretou como evidência da existência de montanhas, análogas às encontradas na Terra. Ele *interpretou* suas observações sobre os padrões variáveis de claro e escuro na face da Lua como resultado da mudança da posição do Sol enquanto a Lua orbitava ao redor da Terra, de modo que as sombras lançadas pelas montanhas lunares variavam em extensão e intensidade durante o período da órbita da Lua ao redor da Terra.

Em um estudo cuidadoso da estrutura lógica da conclusão de Galileu, de que ele estava observando montanhas na superfície da Lua e não simplesmente mudanças nos padrões de claro e escuro, a historiadora e filósofa da ciência Marta Spranzi identificou os elementos centrais do argumento analógico que o levou a essas conclusões:[9]

1. Estamos familiarizados com o fenômeno terrestre de montanhas e planícies iluminadas pelo Sol de diferentes maneiras, levando a diferentes padrões de luz e sombra.

---

9 Marta Spranzi, "Galileo and the Mountains of the Moon: Analogical Reasoning, Models and Metaphors in Scientific Discovery." *Journal of Cognition and Culture*, 4, n. 3–4 (2004): 451–483, especialmente p. 461.

2. Suponha que fôssemos capazes de nos colocar a alguma distância da Terra – por exemplo, na superfície da Lua. O que veríamos se observássemos esses padrões de mudança na face da Terra? Como eles seriam se os desenhássemos em duas dimensões? Sabe-se que Galileu fez isso, usando seu conhecimento do uso de perspectiva na arte. Embora essa imagem represente uma realidade imaginada, Galileu estava seguro de que a teoria renascentista da perspectiva era suficientemente confiável para permitir que isso fosse feito.

3. Agora, suponha que devêssemos desenhar as diferentes imagens das sombras e manchas de luz que observamos na Lua usando um telescópio em momentos diferentes durante sua órbita ao redor da Terra. Novamente, sabe-se que Galileu fez isso.

4. Agora, imagine que esses dois desenhos – uma representação real da superfície da Lua vista através de um telescópio e uma representação imaginada de montanhas terrestres vistas à distância – fossem comparados. Eles não seriam significativamente semelhantes, se não idênticos?

5. Por raciocínio analógico, podemos concluir que os desenhos que fizemos da Lua indicam que estamos realmente observando a presença de montanhas e vales na superfície lunar.

Galileu expõe esse argumento em detalhes em sua obra *Mensageiro Sideral* (1610), observando como os padrões vistos na superfície da Lua parecem ser cumes, iluminados de diferentes maneiras pela luz do Sol.

> Um grande número de pequenos pontos escuros, totalmente separados da parte escura, está distribuído por toda parte em quase toda a região [da Lua] já banhada pela luz do Sol. [...] Todos esses pequenos pontos que acabamos de mencionar sempre concordam com isso: eles têm uma parte escura no lado direcionado ao Sol, enquanto no lado oposto ao Sol são coroados com bordas mais resplandecentes, como cumes brilhantes.[10]

---

10 Ibidem, pp. 466-467.

MODELOS E ANALOGIAS EM CIÊNCIA E RELIGIÃO

Galileu argumenta que esse padrão já é conhecido das montanhas terrestres.

> Temos uma visão quase inteiramente semelhante na Terra, próximo ao nascer do Sol, quando os vales ainda não estão banhados pela luz, mas as montanhas ao redor do Sol já são vistas brilhando com a luz. [...] Assim como as sombras dos vales terrestres diminuem à medida que o Sol se eleva, essas manchas lunares perdem a escuridão à medida que a parte luminosa cresce. [...] Ora, na Terra, antes do amanhecer, os picos das montanhas mais altas não são iluminados pelos raios de Sol enquanto as sombras ainda cobrem a planície?[11]

Galileu se referia às áreas planas da superfície lunar como "mares". Novamente, seu processo de argumentação é analógico. Na Terra, as coisas mais próximas a essas características lunares são os oceanos. No entanto, Galileu deixou claros os limites dessa analogia: não havia razão para supor que esses "mares" lunares contivessem água. As analogias funcionam dentro de limites; é importante identificá-los e respeitá-los.

Esse argumento da analogia é parte integrante do método científico. Padrões intrigantes no mundo natural podem ser explicados, pelo menos em parte, propondo uma analogia com um conjunto conhecido de observações. Esse processo é subjacente à proposta de Darwin de um processo de "seleção natural" dentro do campo biológico, de alguma forma paralelo ao processo de "seleção artificial" que foi amplamente utilizado na agricultura britânica na década de 1850. Em vista de sua importância, vamos explorar isso com mais detalhes na seção a seguir.

USANDO MODELOS CIENTÍFICOS DE FORMA CRÍTICA: O PRINCÍPIO DA SELEÇÃO NATURAL, DE DARWIN

Em sua obra *Origem das Espécies* (1859), Charles Darwin propôs a "seleção natural" como o processo subjacente que explicava o fenômeno da evolução biológica. O gênio de Darwin não estava em mostrar que a evolução biológica ocorreu, mas em sugerir um mecanismo por trás dela.

---

11 Galileo Galilei, *Sidereus Nunceus* [Mensageiro Sideral]. Chicago: University of Chicago Press, 1989, p. 41.

O modo como Darwin desenvolveu a noção de "seleção natural" é de particular interesse, pois ilustra claramente algumas das questões que surgem pelo uso de analogias ou metáforas no desenvolvimento de teorias científicas. Darwin viu sua tarefa como a de entender a desconcertante diversidade de plantas e animais, vivos e extintos, que geralmente eram uma fonte de mistério para aqueles que o precederam.

O primeiro capítulo de *Origem das Espécies* examina a "seleção artificial" – a maneira pela qual criadores profissionais e jardineiros criam novas formas de gado e de plantas domésticas. Darwin argumenta que esse processo de "seleção artificial", familiar aos seus leitores, era análogo a um processo de "seleção natural" que acreditava estar ocorrendo dentro da própria natureza por longos períodos de tempo. (O termo "seleção natural" aparece pela primeira vez nos escritos de Darwin após março de 1840, quando ele leu um manual padrão de manejo de gado, intitulado *Cattle: Their Breeds, Management and Diseases* [Gado: suas raças, manejo e doenças], que explicava os métodos e resultados da seleção artificial.)

Darwin introduziu o termo "seleção natural" como um meio metafórico e não literal de se referir a um processo que acreditava ser o meio mais convincente de explicar os padrões de diversidade observados por ele na natureza.

> Todas as minhas noções sobre como as espécies mudaram derivam de um longo e continuado estudo dos trabalhos de agricultores e horticultores; e creio que vejo meu método com muita clareza nos meios utilizados pela natureza para modificar suas espécies e *adaptá-las* às maravilhosas e requintadamente belas contingências às quais todos os seres vivos estão expostos.[12]

Essa passagem é significativa por dois motivos. Primeiro, ela deixa claro que Darwin via claramente uma analogia entre o conhecido processo de "seleção artificial" e o processo inferido ou proposto – mas *não observado* e intrinsecamente *inobservável* – de seleção *natural*. Segundo, ela implica também a noção de um processo *consciente* de seleção. Em alguns mo-

---

12 Charles Darwin. *Origin of Species* [A origem das espécies], *6th* ed. Londres: John Murray, 1866, pp. 91–92.

MODELOS E ANALOGIAS EM CIÊNCIA E RELIGIÃO

mentos, Darwin fala explicitamente da natureza modificando sua espécie e adaptando-a. Aparentemente, é permitido que a analogia implique que a seleção ativa do criador de animais ou plantas, de alguma maneira, encontre paralelo dentro da própria natureza. Isso é certamente sugerido por suas frequentes referências à "natureza" como um agente que "seleciona" ativamente boas variantes.

Mas essa analogia não está sendo levada longe demais? Pode-se falar de a natureza "selecionar" alguma coisa, quando "seleção" parece implicar propósito, escolha e inteligência? O colega de Darwin, Alfred Russell Wallace, foi um dos muitos que ficaram alarmados com a aparente sugestão de Darwin de um processo ativo de seleção por parte de uma natureza personificada, que fosse então entendida como tendo poderes de análise racional e um objetivo intencional.

A analogia da "seleção natural" desenvolvida por Darwin transfere noções de intenção, seleção ativa e propósito final do *modelo* (os procedimentos estabelecidos de seleção artificial) para *aquilo que o modelo pretende explicar ou iluminar* (a ordem natural). Tanto no nível verbal quanto no conceitual, o conceito antropomórfico de "propósito" é mantido, apesar da aparente intenção de Darwin de eliminar qualquer noção de propósito ou design deliberado. O próprio Darwin percebeu os perigos de sua maneira um tanto antropomórfica de falar sobre "natureza" e acrescentou um prefácio à terceira edição da *Origem das Espécies* (1861), no qual enfatizou que a ideia de "seleção natural" não implicava que a natureza escolhesse o que desejava produzir.

O uso de Darwin da analogia da "seleção natural" ilustra adequadamente os aspectos positivos e negativos de um argumento a partir da analogia. Positivos, porque a analogia permite que uma situação complexa seja iluminada ou parcialmente compreendida por um apelo a um evento, processo ou ação conhecido e compreendido. Mas também negativos, porque pode levar à transferência de aspectos inadequados do modelo para aquilo que o modelo pretende explicar. Darwin claramente não pretendia que seus leitores entendessem que a natureza agia intencional e racionalmente na "seleção" de variantes. No entanto, como Darwin veio a descobrir, era precisamente isso que a analogia sugeria a muitos de seus leitores.

Uma analogia vívida pode facilmente ser mal compreendida. As evidências sugerem que pelo menos alguns dos leitores de Darwin não perceberam que a "seleção natural" era uma metáfora e a viam como uma verdade literal, implicando que a natureza escolhia ativamente seus resultados preferidos. Sabemos como Darwin queria que seus leitores interpretassem a metáfora da "seleção natural". Como observamos anteriormente, Darwin adicionou um prefácio explicativo à terceira e subsequente edição de *Origem das Espécies*, esclarecendo – e, portanto, restringindo – o significado de "seleção natural". Suas palavras merecem um estudo atento neste momento:

> Vários autores compreenderam mal ou se opuseram ao termo Seleção Natural. [...] Outros objetaram que o termo seleção implica em escolha consciente dentre os animais que são modificados; e até se insistiu que, como as plantas não têm vontade, a seleção natural não lhes é aplicável! No sentido literal da palavra, sem dúvida, seleção natural é um termo falso; mas quem já se opôs aos químicos falando das afinidades eletivas dos vários elementos? E também não se pode dizer estritamente que um ácido elege a base com a qual preferencialmente se combina. Foi dito que falo da seleção natural como um poder ativo ou Deidade; mas quem se opõe a um autor que fala da atração da gravidade como governando o movimento dos planetas? Todo mundo sabe o que significa e está implícito em tais expressões metafóricas; e elas são quase necessárias por brevidade. Então, novamente, é difícil evitar personificar a palavra Natureza; mas, por Natureza, quero dizer apenas a ação e o produto agregados de muitas leis naturais, e por leis a sequência de eventos, conforme apurado por nós.

Esta passagem é de considerável importância, devido à sua afirmação explícita da natureza analógica ou metafórica do termo "seleção natural". É um "termo falso" – isto é, um termo que não pode ser forçado para seus limites literais de significado. Darwin deixa claro que, embora a metáfora pareça endossar e abraçar as ideias de "escolha ativa" e certa personificação do agente de seleção (que poderia ser considerado essencial para a noção de "seleção"), ele não pretendia afirmar essas coisas ao usar o termo "seleção natural".

Então, o que acontece se nos for apresentada uma analogia para algo que não podemos ver diretamente – como Deus ou salvação – e tivermos

MODELOS E ANALOGIAS EM CIÊNCIA E RELIGIÃO 247

que descobrir como interpretá-la por conta própria? Darwin teve oportunidade de interpretar sua própria analogia em benefício de seus leitores. Porém, no caso das analogias religiosas, para as quais nos voltamos agora, não há intérprete com autoridade que possa nos dizer com precisão como a analogia de Deus como "pastor" ou a de salvação como "adoção" deve ser interpretada. Como ficará claro, isso nos ajuda a entender por que modelos, metáforas e analogias religiosos são tão poderosos em seu apelo à imaginação, mas resistentes a permitir interpretações rígidas.

O USO DE MODELOS E METÁFORAS NA TEOLOGIA CRISTÃ

O cristianismo, como a maioria das religiões, usa linguagem analógica ou metafórica para falar sobre Deus e temas relacionados – como a natureza da salvação. Por quê? Porque essas realidades excedem a capacidade da mente humana de compreendê-las. Por esse motivo, essas realidades precisam ser adaptadas às habilidades humanas – um processo conhecido como "acomodação". A Bíblia cristã e a longa tradição de reflexão sobre esse texto fazem uso extensivo de analogias e modelos, claramente destinados a transmitir ideias sobre Deus de maneiras simples e acessíveis. Isso tem dois resultados significativos, ambos importantes para qualquer entendimento do uso religioso de modelos ou analogias. Primeiro, essas analogias são vistas como formas confiáveis, mas incompletas de pensar sobre Deus ou sobre a transcendência. Segundo, há muito mais em Deus ou na transcendência do que essas analogias são capazes de transmitir. A mente humana é incapaz de compreender Deus completamente e apenas parcialmente consegue alcançar a realidade de Deus, de maneira que seja informada e guiada pelo uso apropriado de modelos, analogias e metáforas.

Isso imediatamente coloca a questão do "mistério" – aqui entendido não como algo enigmático, mas algo tão vasto ou complexo, que a mente humana luta para concebê-lo. Quando confrontados com essa situação, tendemos a reduzir o mistério para algo com o qual podemos lidar, limitando efetivamente Deus ao nível de nossas concepções, ao invés de expandir nossas concepções para que elas possam apresentar a natureza de Deus mais efetivamente. O teólogo suíço Emil Brunner estava atento à tendência humana de reduzir Deus ao que consideramos intelectualmente administrável. Ele defendia, por exemplo, que a doutrina da Trindade deveria ser vista como uma "doutrina de segurança", pensada para nos impedir de diluir ou distorcer a majestade e a glória de Deus por meio de nossas tentativas bem-intencionadas de tornar Deus inteligível. Voltaremos a este ponto mais adiante neste capítulo.

Contudo, o uso de analogias e metáforas na teologia também destaca a importância da imaginação humana na reflexão religiosa. Imagens de quaisquer tipos nos convidam ao engajamento, tornando a reflexão mais aberta, ao invés de fechá-la. Muitos autores do Iluminismo que endossavam a busca da Era da Razão por respostas objetivas e concisas às perguntas resistiram ao uso de metáforas, preocupados com sua fluidez conceitual. O filósofo político do século 17, Thomas Hobbes, por exemplo, falava das metáforas como "palavras sem sentido e ambíguas", de modo que "raciocinar sobre elas é perambular entre inúmeros absurdos".[13] O que Hobbes via como vício, outros viam como virtude – uma capacidade de permitir a exploração imaginativa de uma imagem, identificando seus múltiplos significados possíveis e explorando como eles poderiam ser avaliados e aplicados.

Então as analogias são apenas ilustrações úteis, sem conexão ontológica com o que são usadas para explicar? Ou há algo mais profundo acontecendo, de modo que analogias ou metáforas devem ter alguma conexão com o que significam? Muitos teólogos argumentam que o uso especificamente cristão de metáforas está enraizado em uma doutrina da criação que confere a certos aspectos do mundo natural e social a capacidade de expressar Deus como seu criador. A seguir, exploraremos essa ideia, que é frequentemente denominada "analogia do ser" (do latim *analogia entis*). Sua formulação mais conhecida é encontrada nos escritos do teólogo do século 13, Tomás de Aquino.

Tomás de Aquino *sobre a* Analogia Entis *("Analogia do Ser")*

Como podemos descrever Deus usando termos humanos? Muitos argumentam que isso limita Deus ao reino do humano ou do natural e deixa de levar em conta a transcendência de Deus em relação à ordem natural. Se

---

13 Thomas Hobbes, *Leviathan* [Leviatã]. Londres: Andrew Crooke, 1651, p. 28.

eu dissesse "Deus é bom", correria o risco de descrever ou mesmo definir Deus em termos de concepções humanas de bondade, que geralmente são falhas e egoístas. Por esse motivo, Tomás de Aquino argumentou que os termos aplicados a Deus não podem significar exatamente o mesmo que se fossem aplicados às coisas no mundo da experiência humana. Por esse motivo, Tomás argumenta que as palavras que usamos para nos referir a Deus devem ser analógicas, usadas em sentidos diferentes, mas relacionados aos encontrados na vida cotidiana.

Tomás, dessa forma, afirmou a natureza analógica da linguagem teológica. Quando digo que "Deus é bom", não estou definindo Deus pelos padrões humanos de bondade, como se houvesse uma correspondência direta entre a bondade divina e a humana. Estou dizendo que há uma relação analógica – uma *similaridade*, mas não uma *identidade* – entre essas noções. Isso nos permite evitar duas maneiras inadequadas de falar sobre Deus – a univocidade, na qual pensamos que nossas palavras significam exatamente a mesma coisa quando são usadas para nos referirmos a Deus ou a criaturas; e a equivocidade, na qual pensamos que nossas palavras são tão indeterminadas, que de forma alguma podemos falar sobre Deus de maneira significativa.

Entretanto, talvez a contribuição mais significativa de Tomás de Aquino para a discussão de analogias entre Deus e o mundo da criação seja encontrada em seus escritos posteriores, como a *Suma Contra os Gentios* e a *Suma Teológica*. Tomás de Aquino liga aqui a natureza análoga de Deus e da ordem criada com uma doutrina de similaridade causal, enfatizando a transmissão ativa de propriedades de Deus para as criaturas. Criação é um ato de causação, que leva a ordem criada a ter uma semelhança com seu criador.

Deus é, portanto, uma causa analógica. Em outras palavras, a criação do mundo por Deus envolve a criação de uma esfera que é análoga ao criador, e essa correspondência analógica intrínseca entre Deus e a ordem natural está subjacente ao uso legítimo da linguagem analógica. O filósofo católico alemão Erich Przywara descreveu a "analogia do ser" como a "metafísica *a priori* do catolicismo" e estendeu a abordagem de Tomás para incluir questões mais amplas do que a linguagem teológica. Nossa preocupação nesta seção, no entanto, está na descrição da ideia de Tomás, e não na forma mais desenvolvida associada ao Przywara.

A abordagem de Tomás dá legitimidade teológica ao uso de analogias extraídas do mundo da criação para nos ajudar a pensar em Deus. A utilidade dessa abordagem não é um feliz acidente; está fundamentada em uma característica distinta do mundo da natureza – ou seja, que é criação de Deus e, portanto, carrega, de alguma maneira e até certo ponto, a impressão de Deus.

Esse entendimento teológico, no entanto, não resolve a questão de como as analogias teológicas como, por exemplo, "Deus como pastor", devem ser interpretadas. Ele estabelece as bases para esse processo, mas ele mesmo não determina seus resultados. Há duas tarefas interpretativas principais que precisam ser realizadas:

1. A interpretação de analogias individuais, particularmente à luz do contexto cultural em que foram originalmente usadas – por exemplo, a analogia de "adoção", usada nas cartas paulinas como uma imagem de salvação, que é fundamentada no direito de família romano.
2. A correlação e interconexão de grupos de analogias para entender como elas se relacionam e qual é o cenário maior que resulta de sua combinação. Isso geralmente envolve resolver tensões entre essas analogias.

Ian T. Ramsey sobre o modelo da economia divina

No início deste capítulo, observamos como, em 1910, Ernest Rutherford expôs seu influente modelo de átomo como um sistema solar em miniatura. Rutherford observou padrões de deflexão de partículas alfa disparadas sobre finas folhas de ouro, que não eram consistentes com o modelo de átomo então geralmente aceito – o modelo de pudim de passas de J. J. Thomson, de 1904. Os elementos básicos do entendimento emergente de Rutherford sobre o átomo combinaram com o resultado desse experimento – a massa do átomo sendo concentrada em um "minúsculo centro massivo", os elétrons orbitando esse núcleo central e o restante do átomo consistindo em espaço vazio. No entanto, Rutherford sabia que precisava desenvolver uma representação visual desse novo entendimento.

Ele, portanto, tomou um modelo desenvolvido para um propósito completamente diferente – o modelo copernicano do sistema solar – e o adap-

MODELOS E ANALOGIAS EM CIÊNCIA E RELIGIÃO   251

tou. O modelo de Copérnico para o sistema solar ofereceu a Rutherford um padrão conceitual existente, uma imagem visual cientificamente conhecida, com três elementos principais: um objeto massivo no centro, vastas áreas de espaço e corpos menores que orbitam essa massa central. Havia dificuldades – por exemplo, os elétrons *realmente* orbitavam o núcleo? Mas era bom o suficiente para o propósito de Rutherford. Seu novo modelo teórico do átomo podia ser representado visualmente usando uma analogia conhecida.

Então, esse processo de construção de modelos é também encontrado na teologia cristã? Pode parecer, à primeira vista, que a resposta seja "não". A maioria dos modelos teológicos é extraído da Bíblia cristã. Há, porém, exemplos de modelos teológicos que são emprestados de outros contextos, geralmente para correlacionar *insights* bíblicos usando uma imagem ou conceito familiar extraído do contexto cultural de um teólogo. A seguir, vamos considerar as reflexões do teólogo e filósofo de Oxford, Ian T. Ramsey, sobre a ideia de "economia divina" – um modelo de atividade divina que encontrou ampla aceitação nas igrejas cristãs de língua grega dos primeiros cinco séculos.

Durante a década de 1960, Ramsey escreveu uma série de obras sobre o problema da linguagem religiosa e a relação entre ciência e religião, muitas vezes focando em questões originadas do predomínio do positivismo lógico, que colocavam objeções à legitimidade da linguagem religiosa. Ramsey dedicou dois trabalhos a esses tópicos: *Religious Language* (1957) e *Models and Mystery* (1964). A religião, argumenta ele, é como qualquer outra disciplina – ela desenvolve sua própria linguagem em resposta à sua área de discurso e usa modelos para ajudar a compreender aspectos de uma realidade complexa:

> Várias disciplinas, apesar de suas diferenças necessárias e características, têm, no entanto, uma característica comum de grande significado, uma característica que muitas vezes é negligenciada e frequentemente mal compreendida: o uso que fazem de modelos. É pelo uso de modelos que cada disciplina fornece sua compreensão de um mistério que confronta todas elas.[14]

---

14 Ian T. Ramsey, *Models and Mystery* [Modelos e mistério]. Londres: Oxford University Press, 1964, p. 1.

A defesa de Ramsey quanto à legitimidade da linguagem teológica é importante por si só; entretanto, nossa preocupação aqui é com a maneira como ele resolve a questão de como correlacionar múltiplos modelos de Deus.

As reflexões finais de Ramsey sobre esse tópico foram publicadas postumamente em *Models for Divine Activity* [Modelos para a atividade divina] (1973). Depois de observar como a Bíblia faz uso extensivo de "modelos" de Deus – como o Espírito Santo, Ramsey explora como os primeiros teólogos cristãos adotaram um conceito puramente secular e o desenvolveram como um modelo de atividade divina. O termo grego *oikonomia* – talvez melhor traduzido como uma "administração ordenada" – era amplamente usado na cultura secular para se referir à organização e administração das sociedades. Os teólogos logo perceberam que isso fornecia uma estrutura para o desenvolvimento de uma descrição interconectada da ação de Deus no mundo, particularmente em relação à salvação. A expressão "economia da salvação" começou a ser usada para se referir aos padrões ordenados de atividade divina – incluindo a criação, o ato de redenção em Cristo e o ministério subsequente da igreja cristã. O modelo da "economia divina" não era bíblico, mas era um esquema secular que permitia aos primeiros teólogos cristãos mostrar a coerência do padrão bíblico de ação divina na criação e redenção. Contudo, com a passagem do contexto cultural desse modelo na Antiguidade Clássica tardia, o modelo perdeu sua plausibilidade e parece que deixou de ser usado no discurso teológico cristão.

Observe que Ramsey não estava sugerindo que os primeiros teólogos cristãos inventaram certas crenças sobre Deus com referência a ideias seculares. Seu argumento é muito mais sutil e interessante. Ramsey argumenta que os primeiros teólogos cristãos tinham um entendimento bem desenvolvido quanto à ação de Deus na criação, quanto à natureza da redenção do mundo realizada por Deus em Cristo e uma crescente compreensão do papel da igreja na manutenção da vida de fé. O que eles precisavam – e o que encontraram no modelo secular da *oikonomia* – era uma estrutura conceitual que lhes permitia manter tudo isso unido, como três elementos de um todo maior, distintos, porém interconectados. Essa capacidade integradora de modelos ou analogias é importante tanto na ciência quanto na teologia. Os elementos básicos já eram conhecidos; o que era novo era a estrutura que permitia vê-los como parte de um todo integral.

MODELOS E ANALOGIAS EM CIÊNCIA E RELIGIÃO

Arthur Peacocke sobre a aplicação teológica de modelos e analogias

Arthur Robert Peacocke foi para o Exeter College, na Universidade de Oxford, em 1942, para estudar Química. A essa altura, o curso de Química da Universidade de Oxford durava quatro anos. Após os três anos iniciais de ensino, o último ano consistia num projeto substancial de pesquisa. Peacocke foi supervisionado, durante seu último ano de graduação, pelo ganhador do prêmio Nobel Sir Cyril Hinshelwood (1897–1967) no Laboratório de Físico-Química, e permaneceu com ele para sua subsequente pesquisa de doutorado. Em 1973, ele aceitou o cargo de decano do Clare College, em Cambridge, o que lhe permitiu desenvolver seu interesse na interface entre ciência e religião. De 1985 a 1999, ele atuou como diretor do Ian Ramsey Centre, em Oxford, que tem interesse especial em promover o estudo de questões relacionadas à interação entre ciência e religião.

Em comum com muitos dos que trabalham na interface entre ciência e religião, Peacocke defende uma forma de "realismo crítico", em que os modelos desempenham um papel importante como intermediários no processo de produção de conhecimento. Tanto a ciência quanto a teologia usam imagens na tentativa de oferecer uma descrição confiável e responsável do mundo como ele realmente é.

> Penso que a ciência e a teologia *visam* retratar a realidade; que ambas o fazem em linguagem metafórica com o uso de modelos; e que suas metáforas e modelos são passíveis de correção no contexto das comunidades contínuas que os geraram. Essa filosofia da ciência ("realismo crítico") tem a virtude de ser a filosofia de trabalho implícita, embora muitas vezes não articulada, de cientistas atuantes que visam descrever a realidade, mas conhecem muito bem sua falibilidade ao fazê-lo.[15]

Tendo afirmado que alguma forma de realismo crítico é parte integrante do método científico, Peacocke argumenta que a teologia também visa representar a realidade usando modelos ou analogias. As imagens usadas para visualizar a realidade podem, no entanto, ser culturalmente condicionadas e, portanto, podem exigir revisão ou modificação para garantir o uso

---

15 Arthur Peacocke, *Paths from Science Towards God: The End of All Our Exploring* [Caminhos da ciência em direção a Deus: o fim de todas as nossas explorações]. Oxford: Oneworld, 2001, p. 9.

254 COLEÇÃO FÉ, CIÊNCIA & CULTURA

contínuo. Contudo, a compreensão do caráter provisório de nossas *representações da realidade* não nos obriga a abandonar a ideia de um mundo real que de alguma forma seja representado dessa maneira.

> A teologia, a formulação intelectual das experiências e crenças religiosas também emprega modelos que podem ser descritos de maneira semelhante. Insisto que um realismo crítico seja também a filosofia mais apropriada e adequada a respeito da linguagem religiosa e das proposições teológicas. Os conceitos e modelos teológicos devem ser considerados parciais, adequados e corrigíveis, mas necessários e, de fato, as únicas maneiras de fazer referência à realidade denominada "Deus" e as relações de Deus com a humanidade.[16]

Embora reconheça a diversidade de tipos de realismo científico, Peacocke defendia um "núcleo comum" de proposições – principalmente, que a renovação científica é progressiva e acumulativa e que o objetivo da ciência é descrever a realidade. Peacocke defende também o realismo crítico em teologia. Como na ciência, os conceitos e modelos teológicos são parciais, inadequados e revisáveis. No entanto, ao contrário daqueles da ciência, eles incluem uma função afetiva forte, envolvendo as emoções tanto quanto a mente. Para Peacocke, tanto a ciência quanto a religião operam com base em um "realismo crítico", que reconhece que os modelos são "meios parciais, adequados, revisáveis e necessários" para representar a realidade. Cada um desses termos merece um pouco mais de exploração:[17]

- *Parcial.* Os modelos teológicos podem permitir o acesso a apenas parte da realidade maior que representam. Peacocke reconhece, portanto, que há limites para o que se pode saber da realidade, científica ou religiosa, devido ao modo de representação que deve ser usado no processo de descrição.
- *Adequado.* Peacocke chama aqui a atenção para o fato de que esses modelos são bons o suficiente para nos permitir conhecer a realidade retratada. O fato de que esse conhecimento não deriva *direta-*

---

16 Arthur Peacocke, *Theology for a Scientific Age: Being and Becoming Divine and Human* [Teologia para uma era científica: ser e tornar-se divino e humano]. Londres: SCM Press, 1993, p. 14.
17 Arthur Peacocke, "Science and the Future of Theology: Critical Issues." *Zygon*, 35 (2000): 119–40.

MODELOS E ANALOGIAS EM CIÊNCIA E RELIGIÃO

mente da realidade não deve ser visto como implicando que ele seja, de alguma forma, abaixo do padrão ou de segunda categoria.

- *Revisável*. Peacocke argumenta aqui que os modelos precisam ser revisados continuamente e devem ser vistos como provisórios e não definitivos. Talvez esse seja um dos aspectos mais controversos de sua análise, na medida em que muitos pensadores religiosos mais tradicionais sustentariam que os modelos religiosos são "dados". John Polkinghorne, por exemplo, admite a necessidade de revisão em certos pontos, mas sustenta que o que requer revisão é a interpretação que damos a esses modelos, não os modelos em si.

- *Necessário*. Geralmente, é feita uma distinção entre "realismo ingênuo" e "realismo crítico", com o primeiro sustentando que é possível conhecer a realidade *diretamente* e o segundo dizendo que é necessário conhecê-la *indiretamente*, por meio de modelos. Essa é fundamentalmente uma questão sobre como a mente humana confere sentido às coisas. Peacocke sustenta que é apropriado permitir à mente humana um papel ativo e construtivo na representação da realidade. Longe de ser uma observadora passiva das coisas, a mente humana constrói ativamente suas representações do mundo externo. Esse aspecto do realismo crítico não é visto como controverso e é compartilhado por outros pensadores dentro do círculo que trata de ciência e religião, incluindo Ian Barbour e John Polkinghorne.

Sallie McFague sobre metáforas na teologia

Uma das discussões mais influentes sobre o papel da metáfora em uma teologia cristã construtiva e crítica é a de Sallie McFague, que atuou como professora na cátedra Carpenter de teologia na Vanderbilt Divinity School, antes de se tornar teóloga emérita residente na Vancouver School of Theology. Para McFague, precisamos chegar a um acordo com a inevitabilidade de abordagens metafóricas na teologia, permanecer em um relacionamento "tenso" com metáforas teológicas que não podem ser diretamente identificadas com o que elas apontam e envolver a imaginação crítica em vez da razão discursiva.

Em um importante estudo de 1975, McFague deixou clara sua insatisfação com o racionalismo ingênuo do Iluminismo, que valorizava a aquisição de "ideias claras e distintas", mas era incapaz de avaliar as dificuldades para assegurar isso, dados os limites impostos à situação humana:

> Os dias de supor que estamos livres de limitações finitas, de supor que temos alguma forma de acesso direto à "Verdade", que possa haver palavras que correspondam a "o que é", que "ideias claras e distintas" podem ser muitas ou muito interessantes – esse tempo acabou (se é que alguma vez existiu, exceto nos círculos mais racionalistas). [...] O que temos, e tudo o que temos, é a grade ou tela[18] fornecida por essa ou aquela metáfora. A metáfora é a coisa, ou pelo menos o único acesso que nós, seres altamente relativos e limitados, temos a ela.[19]

McFague argumenta que uma apreciação do papel central e inevitável do conceito de "metáfora" na teologia nos afasta decisivamente da precisão teológica favorecida pelos autores do Iluminismo, nos convidando a abraçar um encontro "aberto, tentativo e indireto" com a realidade que nunca poderia ser capturado ou totalmente expresso em termos de ideias bem-definidas. A teologia é assim chamada a "entender a centralidade dos modelos na religião e dos modelos particulares na tradição cristã", a criticar "modelos literalizados e exclusivos" e a "mapear as relações entre metáforas, modelos e conceitos".[20] Curiosamente, para McFague, "modelos científicos se referem à dimensão quantitativa do mundo, enquanto modelos teológicos se referem à dimensão qualitativa".[21]

Tendo explorado alguns aspectos da função e do uso de modelos e metáforas na religião, precisamos agora considerar um estudo de caso com mais detalhes, para que os pontos em questão possam ser mais bem-avaliados. Portanto, voltamos a dois aspectos da teologia cristã para explorar isso mais completamente. Veremos a doutrina da criação e o que é frequentemente conhecido como "teorias da expiação" – entendimentos do significado e da importância da morte de Cristo.

---

18 Ao usar as expressões "grade ou tela", a autora quer referir-se a algum artefato através do qual podemos enxergar, mas cuja perspectiva é limitada e condicionada pelo padrão das frestas pelas quais podemos olhar. (N. T.)
19 Sallie McFague, *Speaking in Parables: A Study in Metaphor and Theology* [Falando em parábolas: um estudo em metáfora e teologia]. Filadélfia: Fortress Press, 1975, p. 29.
20 Sallie McFague, *Metaphorical Theology: Models of God in Religious Language* [Teologia metafórica: modelos de Deus em linguagem religiosa]. Filadélfia: Fortress Press, 1982, p. 28.
21 Ibidem, p. 106.

Usando modelos religiosos de forma crítica: criação

A ideia de que o mundo foi criado é de fundamental importância para muitas religiões, especialmente para o cristianismo e o judaísmo. O tema "Deus como criador" é de grande importância dentro do Antigo Testamento e acredita-se que tenha se tornado particularmente significativo para o entendimento de Israel durante o período de exílio na Babilônia. De particular interesse para nossos propósitos é o tema do Antigo Testamento de "criação enquanto ordenamento" e a maneira pela qual o tema criticamente importante da "ordem" é estabelecido e justificado com referência a fundamentos cosmológicos.

O Antigo Testamento geralmente descreve a criação em termos da vitória de Deus sobre as forças do caos, entendida como uma imposição de ordem sobre um caos amorfo ou como conflito com uma série de forças caóticas, muitas vezes retratadas como um dragão ou outro monstro. Embora existam paralelos entre a narrativa do Antigo Testamento de que Deus se envolve com as forças do caos e as mitologias ugarítica e cananeia, há divergências significativas em pontos de importância, como a insistência de que a criação não deve ser entendida em termos de diferentes deuses guerreando uns contra os outros pelo domínio de um (futuro) universo, mas em termos do domínio de Deus sobre o caos e o ordenamento do mundo.

Os teólogos da igreja primitiva afirmavam que a ordem natural tinha bondade, racionalidade e ordem estável que resultavam diretamente de sua criação por Deus. A verdade, a bondade e a beleza de Deus (para usar a "tríade platônica" de categorias que influenciaram muitos autores desse período) podiam ser discernidas dentro da ordem natural, em consequência dessa ordem ter sido estabelecida por Deus. No terceiro século, Orígenes argumentava que foi a criação do mundo por Deus que estruturou a ordem natural de tal maneira que pudesse ser compreendida pela mente humana, conferindo a esse ordenamento racionalidade e ordem intrínsecas, que derivavam e refletiam a própria natureza divina.

Esse entendimento é de importância central para a interação entre a teologia cristã e as ciências naturais, destacando a relevância da doutrina cristã da criação para fundamentar tanto a racionalidade do cosmos quanto a capacidade da mente humana de discernir essa racionalidade. Por exemplo, Atanásio de Alexandria e Agostinho de Hipona sustentam que um Deus racional criou um universo coerente e racional (*logikos*), cujas estruturas refletem o caráter de seu criador e são capazes de ser apreendidas pela mente humana e seu significado ser apreciado, ainda que apenas parcial e vagamente. Esse sistema de crença afirma que o ser do universo, em última análise, deriva do ser de Deus, e que a humanidade, como portadora da imagem de Deus, tem uma capacidade criada de envolver-se com, interpretar e entender o universo. Muitos estudiosos acreditam que esse sistema para lidar com a natureza pode ajudar a explicar por que a teologia cristã foi tão intelectualmente acolhedora em relação às ciências naturais emergentes na época do Renascimento.

A ideia de criação é, portanto, importante teologicamente, bem como em relação ao campo de ciência e religião. Mas como a criação deve ser entendida? Quais modelos podem ser usados para nos ajudar a visualizar esse conceito e, assim, revelar uma compreensão mais profunda de seu significado? Na sequência, vamos considerar três modelos que foram empregados em vários pontos da tradição cristã e examinar questões que provêm deles, indicando a necessidade de uma abordagem crítica a esses modelos.

1. *Expressão Artística*. Muitos autores cristãos, de vários períodos da história da igreja, falam da criação como "obra de Deus", comparando-a a uma obra de arte que é bela por si só, além de expressar a personalidade de seu criador. Esse modelo de criação como "expressão artística" de Deus enquanto criador é encontrado nos escritos do teólogo norte-americano Jonathan Edwards do século 18, bem como no influente trabalho de Dorothy L. Sayers, *The Mind of the Maker* [A mente do criador] (1941). Esse modelo de criação se encaixa bem na cultura contemporânea e fornece uma maneira importante de visualizar a autoexpressão de Deus dentro da ordem criada.

2. *Construção*. Muitas passagens bíblicas retratam Deus como um mestre de obras, deliberadamente construindo o mundo (por exemplo, Salmo 127:1). As imagens são poderosas, transmitindo as ideias de propósito, planejamento e intenção deliberada de criar. A imagem é importante, pois chama a atenção tanto para o criador quanto para

MODELOS E ANALOGIAS EM CIÊNCIA E RELIGIÃO

a criação. Além de trazer à tona a habilidade do criador, permite também que a beleza e a ordem da criação resultante sejam apreciadas tanto pelo que ela é quanto por seu testemunho da criatividade e zelo de seu criador.

3. *Emanação*. Muitos autores cristãos primitivos que simpatizavam com as várias formas de platonismo populares naquela época, viam a imagem da "emanação" como uma maneira útil e apropriada de visualizar a criação. A imagem que domina essa representação é a da luz ou do calor que irradia do Sol ou de uma fonte feita pelo homem, como um fogo. Essa imagem da criação (insinuada na expressão "luz de luz", do Credo Niceno) sugere que a criação do mundo pode ser considerada como um transbordamento da energia criativa de Deus. Assim como a luz deriva do Sol e reflete sua natureza, a ordem criada deriva de Deus e expressa a natureza divina. Esse modelo afirma, assim, uma conexão *natural* ou *orgânica* entre Deus e a criação.

Cada um desses modelos deve ser entendido como uma analogia, e não uma identidade. Existem claras continuidades e descontinuidades entre o modelo e o que está sendo modelado. Cada modelo oferece uma descrição parcial de alguns aspectos do conceito de criação do mundo por Deus, deixando de esclarecer outros aspectos e, ocasionalmente, introduzindo ideias que são contrárias a alguns conceitos cristãos fundamentais. Dois desses conceitos são de particular importância: primeiro, que Deus deve ser considerado como um agente pessoal; e segundo, que criação significa trazer coisas à existência *ex nihilo* ("do nada"), em vez de representar uma reordenação ou rearranjo de matéria preexistente.

Esse segundo ponto requer mais discussão. O prólogo do evangelho de João (João 1:1-14) fala que tudo foi criado por Deus, do nada, através de Cristo. No entanto, esse conceito contraria a ideia helenística claramente expressa no diálogo de Platão, *Timeu*, de que o mundo foi feito de matéria preexistente, tendo sido moldada na forma atual do mundo. Essa ideia foi adotada por autores gnósticos, especialmente no segundo século. Entretanto, quando os primeiros autores cristãos se tornaram cada vez mais conscientes das deficiências do gnosticismo, adotaram leituras mais sofisticadas das narrativas da criação do Antigo Testamento e ensinaram que "criação" significava trazer coisas à existência do nada.

Cada um dos três modelos mencionados acima tem pontos de valor, embora exijam também uma interpretação crítica. É necessário excluir determinadas leituras de dado modelo em questão para que este seja genuinamente esclarecedor. A ideia de criação como emanação, por exemplo, sugere desnecessariamente um processo constante de produção natural, em vez de uma decisão divina proposital de criar. A imagem do Sol irradiando luz implica uma emanação involuntária – algo que acontece naturalmente. A tradição cristã enfatizava consistentemente que o ato de criação repousa em uma decisão anterior da parte de Deus em criar, o que esse modelo não consegue expressar adequadamente. De fato, esse modelo de criação – como todos esses modelos – precisa ser abordado através de um filtro teológico.

O mesmo problema surge quando se pensa em criação como construção ou expressão artística. Nesse caso, a criação pode ser entendida como dando aparência e forma a algo que já existe – uma ideia que está em tensão com a doutrina cristã da criação *ex nihilo*. A imagem de Deus como construtor parece implicar a montagem do mundo a partir de material que já existe. O modelo de expressão artística pode ser associado à ideia de criação a partir de matéria preexistente, como no caso de um escultor com uma estátua esculpida em um bloco de pedra já existente. Contudo, esse modelo expressa a percepção de que o caráter do criador é, de alguma forma, expresso no mundo natural, assim como o de um artista é comunicado ou incorporado ao seu trabalho. Essa debilidade pode, entretanto, ser resolvida. Um dos muitos méritos da obra *Mind of the Maker*, de Dorothy L. Sayer, é que ela consegue acomodar a ideia de criação a partir do nada, como na analogia do autor que escreve um romance ou do compositor que cria uma melodia e harmonia.

Usando modelos religiosos de forma crítica: teorias da expiação

A necessidade de adotar uma abordagem crítica para os modelos teológicos também é evidente no caso de interpretações do significado da morte de Cristo – uma área da teologia tradicionalmente conhecida como "teorias da expiação" ou "da obra de Cristo". O Novo Testamento emprega uma

MODELOS E ANALOGIAS EM CIÊNCIA E RELIGIÃO

rica variedade de imagens visuais para permitir um entendimento completo das consequências da obra de Cristo – como justificação, salvação, reconciliação e adoção.

A mensagem cristã da salvação foi contextualizada em linguagem acessível às pessoas comuns. Imagens, metáforas e comparações que esses primeiros cristãos podiam entender e relacionar se tornaram ferramentas importantes nas mãos dos evangelistas para explicar a esses novos convertidos o que lhes havia acontecido.[22]

Contudo, a questão de até que ponto essas analogias podem ser estendidas permanece importante, pois qualquer analogia soteriológica não indica os limites de seu escopo ou seu modo próprio de interpretação. Para ilustrar esse ponto, podemos considerar a seguinte imagem: a noção de que Cristo deu a vida como "resgate" pelos pecadores (Marcos 10:45; 1Timóteo 2:6).

Então, o que essa analogia significa? Como deve ser interpretada? O uso comum da palavra "resgate" sugere quatro ideias:

1. *Sendo mantido em cativeiro*. Um resgate é uma forma de pagamento que obtém a liberdade de uma pessoa mantida em cativeiro ou em escravidão.
2. *Um pagamento*. Um resgate é uma soma de dinheiro que é paga aos captores para obter a libertação de um indivíduo.
3. *Alguém a quem o resgate é pago*. Um resgate geralmente é pago ao captor de um indivíduo ou a um intermediário.
4. *Libertação*. O estado de ser libertado da servidão ou prisão como resultado do pagamento do resgate.

Todas essas quatro ideias parecem estar implícitas ao se falar da morte de Cristo como um "resgate" pelos pecadores. Mas devemos interpretar essa analogia dessa maneira? A analogia não poderia estar sendo forçada demais em certos pontos?

---

22 Jan G. van der Watt (ed.), *Salvation in the New Testament: Perspectives on Soteriology* [Salvação no Novo Testamento: perspectivas em soteriologia]. Leiden/Boston: Brill (2005), p. 1.

Não há dúvida de que o Novo Testamento proclama que fomos libertos do cativeiro através da morte e ressurreição de Cristo. Fomos libertos do cativeiro do pecado e do medo da morte (Romanos 8:21; Hebreus 2:15). Também está claro que o Novo Testamento entende a morte de Cristo como o preço a ser pago para alcançar nossa libertação (1Coríntios 6:20; 7:23). Nossa libertação é uma questão cara e preciosa. Em três desses quatro aspectos, o uso bíblico de "resgate" corresponde amplamente ao uso diário da palavra. Mas e a ideia de que a morte de Cristo foi um resgate pago a alguém? Quem foi pago dessa maneira?

O Novo Testamento silencia sobre qualquer sugestão de que a morte de Cristo foi o preço pago a alguém para alcançar nossa libertação. Alguns dos escritores dos primeiros quatro séculos, entretanto, assumiram que poderiam estender essa analogia até seus limites. Para Orígenes, talvez o mais especulativo dos primeiros autores patrísticos, uma vez que a morte de Cristo foi um resgate, esse resgate deve ter sido pago a alguém. Mas para quem? Não poderia ter sido pago a Deus, pois Deus não estava prendendo pecadores para serem resgatados. Orígenes concluiu que tinha que ser pago ao diabo.

Autores posteriores – como Rufino de Aquileia e Gregório Magno – desenvolveram ainda mais essa ideia. O diabo tinha adquirido direitos sobre a humanidade caída, que Deus foi obrigado a respeitar. O único meio pelo qual a humanidade poderia ser liberta desse domínio e opressão satânicos era através de o diabo exceder os limites de sua autoridade e, portanto, ser obrigado a desistir de seus direitos. Então, como isso podia ser alcançado? Gregório sugere que isso poderia acontecer se uma pessoa sem pecado entrasse no mundo, ainda que na forma de uma pessoa pecaminosa normal. O diabo não notaria até que fosse tarde demais: ao reivindicar autoridade sobre essa pessoa sem pecado, o diabo teria ultrapassado os limites de sua autoridade e, portanto, seria obrigado a desistir de seus direitos sobre a humanidade. Rufino sugere a imagem de um anzol com isca: a humanidade de Cristo é a isca e sua divindade é o anzol. O aspecto dessa abordagem para o significado da cruz que causou a maior inquietação subsequente foi a aparente implicação de que Deus era culpado de enganar o diabo.

Após a penetrante crítica teológica dessa ideia por Anselmo de Cantuária, no século 11, essa teoria foi de modo geral abandonada pelos teólogos acadêmicos, embora tenha retido considerável apelo popular. Essa teo-

MODELOS E ANALOGIAS EM CIÊNCIA E RELIGIÃO

ria insatisfatória resultou claramente de uma analogia ser estendida muito além dos limites pretendidos. Mas como sabemos se uma analogia teológica foi levada longe demais? Como os limites dessas analogias podem ser testados? Tais questões foram debatidas ao longo da história cristã. Uma importante discussão sobre esse ponto, no século 20, pode ser encontrada nos escritos do filósofo Ian T. Ramsey, que observamos anteriormente neste capítulo. Em sua obra *Christian Discourse: Some Logical Explorations* [Discurso cristão: algumas explorações lógicas] (1965), Ramsey expôs a ideia de que modelos ou analogias não são independentes e autônomos, mas *interagem* entre si e *qualificam* um ao outro.

Ramsey argumenta que as Escrituras não nos dão uma única analogia (ou "modelo") para Deus ou para a salvação, mas usam uma série de analogias. Cada uma delas lança luz sobre certos aspectos de nosso entendimento de Deus ou da natureza da salvação – mas não todos. Entretanto, essas analogias também interagem entre si. Elas se modificam. Elas nos ajudam a entender os limites de outras analogias. Nenhuma analogia ou parábola é exaustiva em si mesma; tomadas em conjunto, no entanto, uma série de analogias e parábolas se acumula para fornecer uma compreensão abrangente e consistente de Deus e da salvação.

MODELOS E MISTÉRIO:
OS LIMITES DA REPRESENTAÇÃO DA REALIDADE

Como representamos uma realidade complexa, tal como o mundo estranho e desconcertante que nos rodeia? Existe um desejo humano profundo de poder *visualizar* as coisas, em um processo que se baseia mais na imaginação do que na razão. Quando tentamos "imaginar" algo que está além da nossa capacidade de ver completamente, naturalmente tentamos reduzi-lo a algo que possa ser administrado. Isso está subjacente ao uso científico de modelos como mecanismos heurísticos para nos ajudar a entender os principais aspectos de sistemas complicados.

Neste capítulo, exploramos como modelos e analogias podem nos ajudar a visualizar pelo menos alguns aspectos de uma realidade complexa. Observamos alguns de seus limites, particularmente aqueles que surgem ao confundir um modelo com o que está sendo modelado. Mas existe uma preocupação adicional: e se modelos e analogias forem fundamentalmente incapazes de representar a complexidade do nosso universo? Já mencionamos o conceito de "mistério" neste capítulo; esse tema claramente requer mais discussão.

Qualquer discussão sobre a tentativa humana de investigar e representar a realidade precisa levar em conta a capacidade limitada dos seres humanos de compreender entidades complexas. O físico teórico Werner Heisenberg – mais conhecido por ter formulado o princípio da incerteza – argumentou que, embora uma boa teoria científica faça justiça a "todos os domínios acessíveis do mundo", ainda permanecem certos "fenômenos que desafiam a formulação em [termos de] linguagem". O pensamento científico "sempre paira sobre uma profundidade insondável", sendo confrontado pelos limites impostos à compreensão humana:

> Toda vez que ocorre a compreensão de uma nova realidade, sua esfera de validade parece ser empurrada um passo a mais na impenetrável escuridão que está por trás das ideias que a linguagem é capaz de expressar.[23]

Richard Dawkins também apreciou claramente a importância desse ponto e a necessidade de se reconhecer a validade, em ciência, da categoria mistério:

> A física moderna nos ensina que a verdade não se limita ao que os nossos olhos podem ver, ou ao que pode ver a limitada mente humana, desenvolvida como ela foi para dar conta de objetos de tamanho médio movimentando-se a velocidades médias ao longo de distâncias médias na África. Em face desses profundos e sublimes mistérios, os arroubos intelectuais equivocados dos pedantes da pseudofilosofia simplesmente não se mostram merecedores de nossa atenção.[24]

Alguns cientistas usam a palavra "mistério" querendo dizer algo que atualmente não é entendido, mas que se tornará resolvido e inteligível atra-

---

23 Werner Heisenberg, *Die Ordnung der Wirklichkeit* [A ordem da realidade]. Munique: Piper Verlag, 1989, p. 44.
24 Richard Dawkins, *A Devil's Chaplain: Selected Writings*. Londres: Weidenfeld & Nicholson, 2003, p. 19. [Ed. Bras.: *O capelão do diabo: ensaios escolhidos*. [São Paulo: Companhia das Letras, 2005]

MODELOS E ANALOGIAS EM CIÊNCIA E RELIGIÃO

vés do avanço científico. Por exemplo, Charles Darwin comentou que a questão da origem histórica das espécies era o "mistério dos mistérios", tomando emprestada uma expressão do astrônomo Sir John Herschel. Para Darwin, um mistério poderia ser resolvido descobrindo uma teoria de ordem superior que permita ver de uma nova maneira o que atualmente parece incompreensível ou incoerente. A resposta de Darwin ao enigma de Herschel foi encontrar uma teoria que tornasse inteligível o que de outro modo poderia parecer misterioso – a teoria da descendência com modificação pela seleção natural. Certos "mistérios" deixam de ser misteriosos assim que são explicados pela descoberta de uma estrutura intelectual na qual eles são tornados inteligíveis ou previsíveis.

Outros cientistas, no entanto, consideram um mistério algo que está além do escopo da explicação redutiva. Albert Einstein, por exemplo, enfatizava constantemente os limites da compreensão humana quanto à racionalidade do universo e à importância de manter um senso de mistério e admiração diante de sua vastidão. Embora ele não fosse um místico em nenhum sentido significativo do termo, Einstein estava seguro de que uma percepção do "misterioso" era a fonte de toda a verdadeira arte e ciência, assim como uma "experiência do mistério" estava no coração da religião. "O que vejo na natureza é uma estrutura magnífica que só podemos compreender de maneira imperfeita".[25]

Outra questão precisa ser registrada neste momento. Uma suposição comum subjacente à biologia evolutiva contemporânea é que as capacidades cognitivas humanas evoluíram principalmente para os propósitos de sobrevivência, não para a busca e aquisição da verdade. Contudo, as capacidades cognitivas humanas excedem em muito as exigidas para a mera sobrevivência – como é evidente, por exemplo, nos notáveis sucessos da matemática. Ainda assim, o argumento de Dawkins permanece. A "limitada mente humana" está bem adaptada a cenários simples. Mas e aqueles que são vastos e complexos demais para serem apreendidos por essa limitada mente humana? O uso de modelos e analogias pode nos ajudar a entender algo que está além da nossa compreensão total?

---

25 Citado em Max Jammer, *Einstein and Religion: Physics and Theology* [Einstein e a religião: física e teologia]. Princeton, NJ: Princeton University Press, 1999, pp. 125–127.

Para teólogos cristãos como Máximo, o Confessor, o termo "mistério" refere-se fundamentalmente à imensidão conceitual ou vastidão ontológica de Deus. Um mistério é resistente ao fechamento interpretativo ou à redução intelectual, transcendendo finalmente qualquer tentativa de uma definição limitadora – precisamente porque isso limita o que deve ser permitido permanecer aberto. O teólogo inglês Charles Gore também destacou a importância desse ponto, observando os limites da linguagem para compreender o mistério do divino:

> A linguagem humana nunca pode expressar adequadamente realidades divinas. Uma constante tendência de pedir desculpas pela fala humana, um grande elemento de agnosticismo, um terrível senso de profundidade insondável além do pouco que é conhecido está sempre presente na mente dos teólogos que sabem com o que estão lidando, ao conceber ou expressar Deus.[26]

A famosa declaração de Agostinho de Hipona, *si comprehendis non est Deus*[27] ("se você pode compreendê-lo, não é Deus"), destaca que qualquer coisa que a humanidade possa compreender plena e completamente *não pode* ser Deus, justamente porque seria tão limitada e empobrecida a ponto de poder ser totalmente compreendida pela mente humana.

A potencial importância da questão para a religião pode ser vista em *Idea of the Holy* [Ideia do sagrado] (1917), de Rudolf Otto, que desenvolveu o conceito de "numinoso" como um meio de expressar o que ele considerava fundamental para a experiência e existência religiosas. Para Otto, o numinoso pode ser entendido como uma experiência de terror e admiração misteriosos (*mysterium tremendum et fascinans*) na presença daquele que é "totalmente outro" e, portanto, não pode ser expresso diretamente usando linguagem ou analogias humanas. A concepção de Otto de um aspecto irracional ou numinoso da religião, que está além da descrição conceitual e é acessível apenas através da experiência, provou ser significativa no estudo da religião; ela é, entretanto, de particular importância para qualquer tentativa séria de refletir sobre a categoria religiosa do mistério. Otto não

---

26 Charles Gore, *The Incarnation of the Son of God* [A encarnação do filho de Deus]. Londres: John Murray, 1922, pp. 105–106.
27 Augustine, Sermon, 117.3.5.

MODELOS E ANALOGIAS EM CIÊNCIA E RELIGIÃO 267

usa o termo "irracional" com o significado de "racionalmente deficiente"; na verdade, seu uso de termos complementares, como "não racional" ou "transracional", deixa claro que o mistério no coração da religião é algo que subjuga e satura as capacidades racionais humanas.

O teólogo e filósofo francês Gabriel Marcel (1889-1973) distinguiu entre os usos científicos e religiosos do termo "mistério" usando as categorias "problemas" e "mistérios". Para Marcel, as ciências naturais lidam com o mundo dos problemas. Um problema é algo que pode ser visto objetivamente e para o qual podemos encontrar uma solução possível. Um mistério, no entanto, é algo que não podemos ver objetivamente, precisamente porque não podemos nos separar dele. Embora os problemas possam ser resolvidos por meio de soluções universais ou generalizadas, os mistérios não podem. A vida, segundo Marcel, não é, portanto, um problema a ser resolvido, mas um mistério a ser vivido. A existência do sofrimento, por exemplo, deve ser vista como um mistério que nunca pode ser totalmente compreendido, e não como um problema intelectual que pode ser dominado e subjugado.

Um argumento semelhante foi apresentado pelo grande físico alemão Max Planck, amplamente considerado o fundador da mecânica quântica. Como Einstein, Planck sustentava que havia limites para a capacidade da ciência de entender completamente nosso universo. "A ciência não pode resolver o mistério final da natureza. Isso porque, em última análise, nós mesmos somos parte da natureza e, portanto, parte do mistério que estamos tentando resolver."[28]

As ideias de Marcel foram desenvolvidas de maneira mais explicitamente teológica pelo teólogo e filósofo inglês Austin Farrer, que definiu o domínio da problemática como o campo em que existem respostas corretas. O domínio do mistério, no entanto, envolve o engajamento com a realidade em um nível que não pode ser investigado em termos de "problemas determinados e solúveis". O teólogo, argumenta Farrer, não se depara com a relação limitada e gerenciável que surge entre um instrumento conceitual e objetos físicos. Somos, na verdade, confrontados com o "objeto em si, em

---

28 Max Planck, *Where is Science Going?* [Para onde está indo a ciência?] Nova York: W.W. Norton, 1932, p. 217.

toda a sua plenitude", consistindo não em "um conjunto de problemas", cada um dos quais pode ser resolvido cientificamente ou racionalmente, mas de um "único, embora múltiplo, mistério". É tentador aplicar-se em reduzir um mistério a um conjunto de problemas com base na crença equivocada de que o mistério é a mera soma dos problemas individuais (solúveis).

A análise apresentada por Marcel e Farrer ilumina a tarefa teológica, pois cada geração é chamada a lutar com um mistério, sabendo que ele tem certa inesgotabilidade, que não pode ser alcançada ou totalmente compreendida por nenhum autor ou época. O teólogo católico Thomas Weinandy diz o seguinte: "Como Deus, que nunca pode ser totalmente compreendido, está no centro de toda investigação teológica, a teologia por natureza não é um empreendimento de solução de problemas, mas um empreendimento que discerne o mistério."[29] A problemática é o domínio da ciência e da investigação racional. Depois que um problema é resolvido, não há mais interesse nele.

Um mistério, entretanto, desafia, atualiza e revigora a tarefa teológica, sobretudo pela expectativa de que uma nova luz esteja ainda para irromper dos mistérios que foram atacados pelas gerações anteriores. O processo de lutar com um mistério permanece, portanto, aberto, não fechado. O que uma geração herda da outra não são tanto respostas definitivas, mas o compromisso partilhado com o processo de lutar.

Uma resposta teológica à categoria do mistério é desenvolver modelos que tentem representar ou permitir a visualização de certos aspectos de uma realidade maior, embora admitam que essa realidade *como um todo* permanece resistente à redução por essa via. Os teólogos podem, assim, falar de diferentes "modelos" da Trindade. Embora exista uma clara diferença entre modelagem teológica e modelagem nas ciências naturais, alguns modelos analíticos de Deus buscam compreender seu objetivo "cientificamente" – em outras palavras, total e completamente.

Um bom exemplo de um modelo teológico da Trindade é o desenvolvido por Jeffrey Brower e Michael Rea, com base na noção aristotélica de "igualdade numérica sem identidade". Esse modelo sugere que podemos

---

29 Thomas G. Weinandy, *Does God Suffer?* [Deus sofre?] Notre Dame, IN: University of Notre Dame Press, 2000, p. 32.

MODELOS E ANALOGIAS EM CIÊNCIA E RELIGIÃO

entender um aspecto fundamental da doutrina da Trindade – a relação entre as três pessoas divinas e uma única natureza divina – como análoga à relação entre uma estátua de bronze e o metal bronze do qual ela é construída. A estátua e o bronze contam exatamente como um objeto (eles são numericamente iguais). No entanto, a estátua não é estritamente idêntica ao bronze, pois não tem exatamente as mesmas propriedades ou condições de persistência. Por exemplo, é possível derreter a estátua sem destruir o bronze. Da mesma maneira, podemos pensar na essência divina como desempenhando o papel da matéria em um composto forma-matéria, de modo que as pessoas da Trindade podem ser entendidas como seres numericamente distintos constituídos por três formas numericamente distintas.

Contudo, alguns teólogos têm expresso preocupação com as tentativas de modelar Deus, observando como isso tende a reduzir Deus a algo existente no mundo, deixando de fazer justiça à transcendência de Deus. O filósofo da religião William Wood salienta essas preocupações, destacando a importância de considerações "apofáticas" – em outras palavras, reconhecendo os limites de nossas tentativas de falar de Deus. Os seres humanos, por causa de sua finitude e pecaminosidade, não podem compreender a essência ou o ser de Deus. Deus é "incognoscível" no sentido de estar além das categorias humanas e de métodos investigativos:

> Nas últimas décadas, teólogos acadêmicos contemporâneos têm reafirmado a transcendência absoluta e a incognoscibilidade de Deus, que caminham lado a lado com um renovado respeito pela teologia apofática. Quanto mais insistimos que Deus é incognoscível, mais problemática é a prática de modelar Deus. A literatura existente sobre modelagem teológica realmente não chegou a um acordo com essa renovação do pensamento apofático.[30]

O ponto de Wood é importante, pois levanta a questão de saber se a prática científica de desenvolver modelos como recursos heurísticos visando à inteligibilidade pode ser aplicada legitimamente dentro da teologia. Como observa o filósofo da ciência Peter Godfrey-Smith, as ciências naturais geralmente desenvolvem modelos que representam uma "simplifi-

---

30 Wood, William. "Modeling Mystery." *Scientia et Fides*, 4, n. 1 (2016): 39–59; citação na p. 43.

cação deliberada ou outra modificação imaginativa da realidade, a fim de tornar visíveis algumas relações ou tornar tratáveis alguns problemas".[31] Muitos teólogos clássicos sugerem que tornar Deus "tratável" provavelmente trará distorção e diminuição.

IAN BARBOUR SOBRE MODELOS EM CIÊNCIA E RELIGIÃO

Ian Barbour teve um impacto significativo no campo de ciência e religião, principalmente através de seus trabalhos inovadores em *Issues in Science and Religion* [Questões em ciência e religião] (1966) e os posteriores em *Myths, Models, and Paradigms* [Mitos, modelos e paradigmas] (1974). Barbour deu uma atenção considerável ao desenvolvimento de uma base intelectual para facilitar e consolidar uma interação positiva e construtiva entre a ciência e a religião. Longe de ser uma resposta pragmática à necessidade de duas poderosas forças culturais entrarem em diálogo, Barbour argumenta que existe uma ponte intelectual entre as duas, o que torna o diálogo necessário e adequado.

Segundo Barbour, existem continuidades importantes (embora não identidades) em termos de epistemologia (os tipos de conhecimento que temos), metodologia (como esse conhecimento é obtido e justificado) e linguagem (como esse conhecimento é expresso). Juntos, esses pontos em comum fornecem uma ponte entre a ciência e a religião capaz de sustentar um tráfego intelectual significativo entre elas. Embora alguns considerem que a realização bem-sucedida de Barbour em estabelecer uma ponte sobre essas disciplinas seja baseada principalmente em sua noção de "realismo crítico", outros sugerem que ela reside no uso das categorias modelos, metáforas e analogias – em outras palavras, na maneira pela qual visualizamos nosso mundo.

A discussão de Barbour sobre a categoria "modelo" mostra tanto uma percepção do potencial de elucidação desse conceito quanto a geração de programas de pesquisa, ao mesmo tempo que ele observa diferenças importantes entre as maneiras pelas quais os modelos são entendidos em

---

31 Peter Godfrey-Smith, "Metaphysics and the Philosophical Imagination." *Philosophical Studies*, 160 (2012): 97–113; citação na p. 98.

MODELOS E ANALOGIAS EM CIÊNCIA E RELIGIÃO

ciência e religião. Modelos científicos, sugere ele, não são "imagens literais da realidade" nem "ficções úteis", mas formas parciais e provisórias de imaginar o que não é observável; são representações simbólicas de aspectos do mundo que não são diretamente acessíveis a nós. Eles cumprem uma função heurística, na medida em que são "construções mentais criadas para explicar os fenômenos observados no mundo natural". Barbour enfatiza que esses modelos são construídos pelas comunidades científicas como ferramentas interpretativas; não são conceitos *a priori* que derivam sua plausibilidade de algo além da prática científica.

Janet Martin Soskice argumenta que é importante distinguir "modelo" de "metáfora", e critica Barbour por confundir esses dois – na verdade, considerando sua diferença apenas como uma questão de grau. Para Soskice, "diz-se que um objeto ou estado de coisas é um *modelo* quando é visto em termos de algum outro objeto ou estado de coisas. Um modelo não precisa ser uma metáfora, pois não precisa de forma alguma ser linguístico".[32]

Modelos religiosos, segundo Barbour, também não são imagens literais da realidade nem ficções úteis; eles têm uma função adicional, no entanto, de servir como imagens organizadoras para interpretar padrões de experiência humana, especialmente aqueles associados a uma variedade de emoções religiosas – como temor e reverência.

> Modelos em religião são também analógicos. Eles organizam as imagens usadas para ordenar e interpretar padrões de experiência na vida humana. Como os modelos científicos, eles não são imagens literais da realidade, nem ficções úteis. Uma das principais funções dos modelos religiosos é a interpretação de tipos distintos de experiência: temor e reverência, obrigação moral, reorientação e reconciliação, relacionamentos interpessoais, eventos históricos importantes, e ordem e criatividade no mundo.[33]

Entretanto, esses modelos são frequentemente dados à comunidade religiosa de interpretação por meio da tradição, levantando a questão de

---

32 Janet Martin Soskice, *Metaphor and Religious Language* [Metáfora e linguagem religiosa]. Oxford: Clarendon Press, 1985, p. 55.
33 Ian Barbour, *Myths, Models, and Paradigms* [Mitos, modelos e paradigmas]. Nova York: Harper & Row, 1974, pp. 6–7.

se eles podem ser revisados ou substituídos – ou se a renovação e o uso contínuo dependem de sua constante reinterpretação. Como vimos anteriormente neste capítulo, Arthur Peacocke assume essa posição.

Barbour apontou três semelhanças entre o uso científico e religioso de modelos:[34]

1. Tanto na ciência quanto na religião, os modelos são analógicos em suas origens, podem ser estendidos para lidar com novas situações e são compreensíveis como unidades individuais.
2. Modelos, sejam científicos ou religiosos, não devem ser tomados como representações literais da realidade, mas como "representações simbólicas, para fins particulares, de aspectos da realidade que não são diretamente acessíveis a nós".
3. Os modelos funcionam como imagens organizadoras, permitindo-nos estruturar e interpretar padrões de eventos em nossas vidas pessoais e no mundo. Nas ciências, os modelos se relacionam com dados observacionais; nas religiões, com a experiência de indivíduos e comunidades.

Barbour também observou três áreas de divergência entre o uso de modelos em contextos científicos e religiosos. Nesse ponto, certo grau de generalização sobre a natureza da religião talvez leve a algumas conclusões incautas, embora não haja dúvida de que, pelo menos em alguns casos, os pontos que Barbour ressalta são válidos.

1. Os modelos religiosos cumprem funções não cognitivas, que não têm paralelo na ciência.
2. Os modelos religiosos evocam um envolvimento pessoal mais total do que os seus correspondentes científicos.
3. Os modelos religiosos parecem ter maior apelo imaginativo do que as crenças e doutrinas formais derivadas deles, ao passo que os modelos científicos são subservientes às teorias.

---

34 Ibidem, p. 7.

MODELOS E ANALOGIAS EM CIÊNCIA E RELIGIÃO   273

Outro ponto de importância nessa comparação diz respeito à maneira pela qual as analogias ou modelos são escolhidos. Nas ciências, analogias ou modelos são escolhidos e validados parcialmente com base em certos critérios de fidelidade – por exemplo, se oferecem um bom ajuste empírico com o objetivo da representação, compartilhando o máximo possível de suas características significativas. Esses dois temas – seleção e validação – são de considerável importância, principalmente porque destacam uma diferença significativa entre as ciências naturais e a religião. Analogias são geradas dentro da comunidade científica; se forem insatisfatórias, serão descartadas e substituídas por novas.

Esses temas-chave de *formulação* e *validação* não têm paralelo direto no pensamento cristão clássico. O cristianismo tradicionalmente sustenta que as analogias dominantes ou os modelos generativos em questão são "dados", não escolhidos; as duas tarefas que desafiam o teólogo são as de estabelecer os limites de uma analogia e de correlacioná-la com outras dessas analogias dadas. Nem todos os teólogos apoiariam essa visão tradicional; alguns argumentariam que temos liberdade para desenvolver novos modelos que evitem certas características dos modelos tradicionais, consideradas insatisfatórias.

SUGESTÕES DE LEITURA

Temas Gerais

Bezuidenhout, Anne. "Metaphor and What is Said: A Defense of a Direct Expression View of Metaphor." *Midwest Studies in Philosophy*, 25, n. 1 (2001): 156–186.

Black, Max. *Models and Metaphors: Studies in Language and Philosophy* [Modelos e metáforas: estudos em linguagem e filosofia]. Ithaca, NY: Cornell University Press, 1962.

Boys-Stones, G. R., ed. *Metaphor, Allegory, and the Classical Tradition: Ancient Thought and Modern Revisions* [Metáfora, alegoria e tradição clássica: pensamento antigo e revisões modernas]. Oxford and New York: Oxford University Press, 2003.

Davidson, Donald. "What Metaphors Mean." *Critical Inquiry*, 5, n. 1 (1978): 31–47.

Donoghue, Denis. *Metaphor* [Metáfora]. Cambridge, MA: Harvard University Press, 2014.

Feldman, Karen S. "Conscience and the Concealments of Metaphor in Hobbes's Leviathan." *Philosophy and Rhetoric*, 34, n. 1 (2001), 21–37.

Geary, James. *I is an Other: The Secret Life of Metaphor and How it Shapes the Way We See the World* [Eu é um outro: a vida secreta da metáfora e como ela molda a maneira como vemos o mundo]. New York: HarperCollins, 2011.

Gibbs, Raymond W. *The Poetics of Mind: Figurative Thought, Language, Understanding* [A poética da mente: pensamento figurado, linguagem, entendimento]. New York: Cambridge University Press, 1994.

Lakoff, George; Mark Johnson. *Metaphors We Live By* [Metáforas pelas quais vivemos]. Chicago: University of Chicago Press, 1980.

Macagno, F., D. Walton; C. Tindale. "Analogical Arguments: Inferential Structures and Defeasibility Conditions." *Argumentation*, 31 (2017): 221–243.

Walton, D.; C. Hyra. "Analogical Arguments in Persuasive and Deliberative Contexts." *Informal Logic*, 38, n. 2 (2018): 213–261.

Modelos, analogias e metáforas em ciência e religião

Barbour, Ian G. *Myths, Models and Paradigms: A Comparative Study in Science and Religion* [Mitos, modelos e paradigmas: um estudo comparativo em ciência e religião]. New York: Harper & Row, 1974.

Burgess, Andrew J. "Irreducible Religious Metaphors." *Religious Studies*, 8 (1972): 355–366.

Cantor, Geoffrey; Chris Kenny. "Barbour's Fourfold Way: Problems with His Taxonomy of Science-Religion Relationships." *Zygon*, 36 (2001): 765–781.

Gehart, Mary; Allan M. Russell. *Metaphoric Process: The Creation of Scientific and Religious Understanding* [Processo metafórico: a criação da compreensão científica e religiosa]. Fort Worth: Christian University Press, 1984.

Godfrey-Smith, Peter. "Theories and Models in Metaphysics." *Harvard Review of Philosophy*, 14 (2006): 4–19.

Godfrey-Smith, Peter. "Metaphysics and the Philosophical Imagination." *Philosophical Studies*, 160 (2012): 97–113.

MacCormac, Earl R. "Scientific and Religious Metaphors." *Religious Studies*, 11 (1975): 401–409.

Sullivan-Clarke, Andrea. "Misled by Metaphor: The Problem of Ingrained Analogy." *Perspectives on Science*, 27, n. 2 (2019): 153–170.

Yob, Iris M. "Religious Metaphor and Scientific Model: Grounds for Comparison." *Religious Studies*, 28 (1992): 475–485.

Modelos, analogias e metáforas na ciência

Godfrey-Smith, Peter. "The Strategy of Model-Based Science." *Biology and Philosophy*, 21 (2006): 725–740.

Hesse, Mary B. "The Explanatory Function of Metaphor"[A função explanatória da metáfora]. In *Logic, Methodology and Philosophy of Science: Proceedings of the 1964 International Congress*, editado por Yehoshuah Bar Hillel. Amsterdam: North Holland Publishing, 1965, pp. 249–259.

Hesse, Mary B. *Models and Analogies in Science* [Modelos e analogias na ciência]. Notre Dame, IN: University of Notre Dame Press, 1966.

Keller, Evelyn Fox. *Making Sense of Life: Explaining Biological Development with Models, Metaphors, and Machines* [Dando sentido à vida: explicando o desenvolvimento biológico com modelos, metáforas e máquinas]. Cambridge, MA: Harvard University Press, 2002.

Marchitello, Howard. "Telescopic Voyages: Galileo and the Invention of Lunar Cartography." [Viagens telescópicas: Galileu e a invenção da cartografia lunar]. In *Travel Narratives, the New Science, and Literary Discourse*, 1569–1750, editado por Judy A. Hayden. Burlington, VT: Ashgate, 2012, pp. 161–178.

Meheut, Martine. "Designing a Learning Sequence about a Pre-Quantitative Kinetic Model of Gases: The Parts played by Questions and by a Computer-Simulation." *International Journal of Science Education*, 19, n. 6 (1997): 647–660.

Odenbaugh, Jay. "Idealized, Inaccurate but Successful: A Pragmatic Approach to Evaluating Models in Theoretical Ecology." *Biology and Philosophy*, 20 (2005): 231–255.

Paton, R. C. "Towards a Metaphorical Biology." *Biology and Philosophy*, 7, n. 3, (1992): 279–294.

Petersen, Arthur C. *Simulating Nature: A Philosophical Study of Computer--Simulation Uncertainties and Their Role in Climate Science and Policy Advice* [Simulando a natureza: um estudo filosófico das incertezas das simulações por computador e seu papel na ciência do clima e nas recomendações políticas]. Boca Raton, FL: CRC Press, 2012.

Petruccioli, Sandro. *Atoms, Metaphors and Paradoxes: Niels Bohr and the Construction of a New Physics* [Átomos, metáforas e paradoxos: Niels Bohr e a construção de uma nova física]. Cambridge: Cambridge University Press, 1993.

Spranzi, Marta. "Galileo and the Mountains of the Moon: Analogical Reasoning, Models and Metaphors in Scientific Discovery." *Journal of Cognition and Culture*, 4, n. 3–4 (2004): 451–483.

Weisberg, Michael. *Simulation and Similarity: Using Models to Understand the World* [Simulação e semelhança: usando modelos para compreender o mundo]. Oxford: Oxford University Press, 2013.

Wells, R. S. "The Life and Growth of Language: Metaphors in Biology and Linguistics." [A vida e o desenvolvimento da linguagem: metáforas em biologia e em linguística]. In *Biological Metaphor and Cladistic Classification*, editado por H. H. Hoenigswald and L. F. Wiener. Philadelphia: University of Pennsylvania Press, 1987, pp. 39–80.

Young, Robert M. *Darwin's Metaphor: Nature's Place in Victorian Culture* [A metáfora de Darwin: o lugar da natureza na cultura vitoriana]. Cambridge: Cambridge University Press, 1985.

Modelos, analogias e metáforas na religião

Avis, Paul D. L. *God and the Creative Imagination: Metaphor, Symbol, and Myth in Religion and Theology* [Deus e a imaginação criativa: metáfora, símbolo e mito na religião e na teologia]. London: Routledge, 1999.

Barbour, Ian G. *Myths, Models and Paradigms: A Comparative Study in Science and Religion* [Mitos, modelos e paradigmas: um estudo comparativo em ciência e religião]. New York: Harper & Row, 1974.

Brower, Jeffrey E.; Michael C. Rea. "Material Constitution and the Trinity." *Faith and Philosophy*, 22 (2005): 57–76.

MODELOS E ANALOGIAS EM CIÊNCIA E RELIGIÃO

Colijn, Brenda B. *Images of Salvation in the New Testament* [Imagens de salvação no Novo Testamento]. Downers Grove, IL: IVP Academic, 2010.

Gunton, Colin E. *The Actuality of Atonement: A Study of Metaphor, Rationality, and the Christian Tradition* [A atualidade da expiação: um estudo sobre metáfora, racionalidade e a tradição cristã]. Grand Rapids, MI: Eerdmans, 1989.

Harwood, John T. "Theologizing the World: A Reflection on the Theology of Sallie McFague." *Anglican Theological Review*, 91, n. 1 (2015): 111–126.

McFague, Sallie. *Metaphorical Theology: Models of God in Religious Language* [Teologia metafórica: modelos de Deus na linguagem religiosa]. Philadelphia: Fortress, 1985.

McKinnon, Andrew M. "Metaphors in and for the Sociology of Religion: Towards a Theory after Nietzsche." *Journal of Contemporary Religion*, 27, n. 2 (2012): 203–216.

Ramsey, Ian T. *Models for Divine Activity* [Modelos para atividade divina]. London: SCM Press, 1973.

Rensburg, F. J. J. van. "Metaphors in Soteriology in 1 Peter: Identifying and Interpreting the Salvific Imageries." [Metáforas em soteriologia em 1 Pedro: identificando e interpretando as imagens científicas]. In *Salvation in the New Testament: Perspectives on Soteriology*, editado por J. G. Van der Watt. Leiden: Brill, 2005, pp. 409–435.

Shoemaker, Karl. "The Devil at Law in the Middle Ages." *Revue de l'Histoire des Religions*, 4 (2011): 567–586.

Wood, William. "Modeling Mystery." *Scientia et Fides*, 4, n. 1 (2016): 39–59.

CAPÍTULO 6

Ciência e Religião:
alguns dos principais
debates contemporâneos

Nos capítulos anteriores, consideramos alguns temas gerais relacionados à ciência e à religião. O presente capítulo adota uma abordagem diferente, considerando nove debates contemporâneos nesse amplo campo. Cada um deles é interessante por si só, mas também ilustra alguns aspectos específicos do campo de ciência e religião. O primeiro debate diz respeito a se a ciência tem capacidade de estabelecer valores morais. Essa é uma questão importante, que geralmente aparece em debates culturais mais amplos sobre se os valores morais humanos dependem de algum fundamento transcendente – como os tradicionalmente associados à religião.

FILOSOFIA MORAL:
AS CIÊNCIAS NATURAIS PODEM ESTABELECER VALORES MORAIS?

A relação entre as ciências naturais e a ética tem sido frequentemente estudada. Atualmente, existe um amplo consenso na literatura de que as ciências podem *informar* a tomada de decisões éticas, mas não servem como *base* da ética. Os pontos de vista de Albert Einstein sobre esse assunto encontraram ampla aceitação. Einstein argumentava que as ciências naturais não podem criar objetivos morais, embora possam fornecer meios pelos quais esses poderiam ser alcançados. "A ciência não pode criar fins

CIÊNCIA E RELIGIÃO: ALGUNS DOS PRINCIPAIS DEBATES CONTEMPORÂNEOS

e, menos ainda, incuti-los nos seres humanos; a ciência, no máximo, pode fornecer os meios pelos quais se atinjam determinados fins."[1] Os objetivos ou valores morais não surgem como resultado de uma investigação científica, embora a ciência possa ajudar a implementar sua aplicação – por exemplo, no campo da medicina.

Einstein deixou claro que "essas convicções necessárias e determinantes para nossa conduta e julgamentos" estão além do escopo das ciências naturais:

> O método científico não pode nos ensinar nada além de como os fatos estão relacionados e condicionados um pelo outro. [...] O conhecimento do que é não abre a porta diretamente para o que *deve ser*. Pode-se ter o conhecimento mais claro e completo do que é, e ainda assim não estar habilitado a deduzir disso qual deve ser o *objetivo* de nossas aspirações humanas.[2]

Einstein deixa claro que tanto a identidade desse objetivo quanto a motivação para alcançá-lo "devem vir de outra fonte".

O filósofo do século 18, David Hume, é amplamente reconhecido como tendo estabelecido a disjunção entre "é" e "dever ser". Em sua obra *Treatise of Human Nature* [Tratado da natureza humana], Hume considera a questão das "distinções morais não derivadas da razão". Ele aponta que há uma diferença significativa entre declarações positivas sobre o que é e declarações prescritivas ou normativas sobre o que *deve ser*. Hume não disse que isso não poderia ser feito; mas observou com razão que esse não era um processo simples e direto.

Para Hume, parecia não haver argumentos *logicamente* válidos, indo da observação não moral para a prescrição moral. A força do argumento de Hume é um pouco reduzida pelo fato de que, em vários pontos de seus escritos, ele mesmo tira conclusões morais particulares, pelas quais é pessoalmente solidário, por inferência de premissas causais e factuais. Contudo, seu argumento permanece significativo: é difícil passar de declarações descritivas para declarações prescritivas.

---

1 Albert Einstein, *Ideas and Opinions* [Ideias e opiniões]. Nova York: Crown Publishers, 1954, p. 152.
2 Ibidem, pp. 41-42.

O argumento de Hume, como seria de se esperar, foi submetido a um exame minucioso e é frequentemente o ponto de partida para discussões sobre a relação entre ciência e moralidade. Como a análise científica de nosso mundo – que trata de sua descrição e interpretação – pode ser conectada a afirmações sobre como devemos agir dentro dele? Para explorar essa questão, vamos considerar duas grandes áreas de discussão: primeiro, se a teoria da seleção natural de Darwin pode atuar como base para valores morais humanos; e segundo, se a noção de "bem-estar" pode servir como base para a ética.

Evolução e ética: o debate sobre darwinismo e moralidade

Thomas H. Huxley foi um dos defensores mais notáveis da teoria da seleção natural de Darwin, na Inglaterra, durante o período vitoriano. Embora seu debate de 1860, em Oxford, com Samuel Wilberforce tenha sido seriamente deturpado em obras de ciência popular, não há dúvida de sua firme compreensão intelectual da teoria da seleção natural, nem de suas razões para acreditar que ela era cientificamente confiável. Mas qual era sua relevância para a filosofia moral?

Em sua *Romanes Lecture*,[3] em 1893, na Universidade de Oxford, intitulada "Evolução e Ética", Huxley deixou claro que considerava a ética e a teoria evolutiva darwiniana radicalmente incompatíveis. Embora as preocupações de Hume sobre a relação entre "é" e "dever ser" possam ser identificadas na análise de Huxley, seu ponto principal é que os seres humanos são fundamentalmente animais que triunfaram na "luta pela existência" por causa de sua "destrutividade implacável e feroz". Entretanto, essa capacidade de violência e destruição, outrora uma virtude, torna-se um vício com o surgimento da cultura social. Como resultado, as características morais que permitiram aos seres humanos triunfar na "luta pela existência" não são mais vistas como "reconciliáveis com sólidos princípios éticos".

Para Huxley, portanto, a ética é uma resistência, baseada em princípios, a exatamente aquelas qualidades animais que asseguraram a dominação

---

3 Thomas H. Huxley, *Evolution and Ethics and Other Essays* [Evolução e ética e outros ensaios]. Londres: Macmillan, 1905, pp. 46–116.

CIÊNCIA E RELIGIÃO: ALGUNS DOS PRINCIPAIS DEBATES CONTEMPORÂNEOS 283

humana sobre o mundo vivo e aos processos darwinianos que as susten-tam. Devemos aprender a conquistar e subjugar os instintos animais natu-rais que permanecem dentro de nós. Nossa história hereditária continua a moldar nosso presente – e deve ser rechaçada, mesmo que não possa ser erradicada. "A prática daquilo que é eticamente melhor – o que chamamos de "bondade" ou "virtude" – envolve uma linha de conduta que, em todos os aspectos, se opõe ao que leva ao sucesso na luta cósmica pela existên-cia."[4] Embora a evolução possa explicar as origens da ética, não pode fun-cionar como o fundamento da ética:

> A evolução pode nos ensinar como as tendências boas e más do homem podem ter surgido; mas, por si só, ela é incompetente para nos dar uma boa razão para que o que chamamos de "bem" seja preferível ao que chamamos de "mal", em vez do que tínhamos antes.[5]

Isso leva Huxley a concluir que, se a civilização e a cultura entrassem em colapso, a humanidade retornaria aos seus antigos modos violentos. Huxley convidou seu público de Oxford a imaginar um pedaço de terra em seu estado natural e, então, comparar isso ao que seria se alguém transfor-masse essa paisagem em um jardim. Contudo, o jardim precisa ser manti-do. Se seus jardineiros deixassem de cultivá-lo, ele retornaria ao seu estado natural. Para Huxley, o colapso da cultura humana levaria à reversão da humanidade ao seu estado animal natural.

Outros, no entanto, discordaram da avaliação de Huxley – incluindo seu neto, o famoso biólogo Julian Huxley. Em 1943 – cinquenta anos após a palestra de seu avô em Oxford – Julian Huxley defendeu que a compreensão do processo evolutivo nos permite entender como o "dever ser" emerge do "ser". A evolução caminhava para um objetivo definido e o surgimento da ética fazia parte desse objetivo. O livro *Sociobiology* [Sociobiologia] (1975), de Edward O. Wilson, concordou com Julian Huxley que a ética surge do processo evolutivo, mas rejeitou a ideia de que a evolução é direcionada ou conscientemente se move em direção a algum objetivo. Embora Wilson

---

4 Ibidem, p. 53.
5 Ibidem, p. 81-82.

não pudesse ver nenhuma base biológica para as questões de Julian Huxley, ele foi muito claro quanto à importância da biologia na explicação das origens dos valores morais. "Cientistas e humanistas devem considerar juntos a possibilidade de que a ética seja temporariamente removida das mãos dos filósofos e biologizada".[6] As origens das intuições morais humanas deveriam ser explicadas em termos da história evolutiva da humanidade.

Wilson não propôs sua própria ética "biologizada", mas examinou algumas das questões que imaginava demandar exploração adicional no campo mais amplo da ética. Por exemplo, nossos instintos morais são herdados do passado, refletindo contextos históricos de muito tempo atrás? Quando vista de uma perspectiva estritamente científica, a abordagem de Wilson levantou questões importantes. A capacidade humana de orientação normativa deve ser vista como uma adaptação biológica, que pode ter conferido uma vantagem seletiva no passado – embora não necessariamente no presente – ao melhorar a coesão social e a cooperação dentro de grupos? E, se sim, isso invalida ou confirma tais normas de comportamento e sentimentos? Richard Alexander propõe uma reflexão útil sobre os problemas que enfrentamos ao tentar refletir sobre a complexa relação entre evolução e ética:

> A análise evolutiva pode nos dizer muito sobre a nossa história e os sistemas de leis e normas existentes, e também sobre como alcançar quaisquer objetivos considerados desejáveis; mas não tem essencialmente nada a dizer sobre quais objetivos são desejáveis ou sobre as direções nas quais leis e normas devem ser modificadas no futuro.[7]

Neurociência e ética: Sam Harris sobre a paisagem moral

Nos últimos anos, apareceram muitos trabalhos propondo descrições científicas sobre por que a moralidade é importante ou por que os seres humanos consideram significativos determinados valores morais. Um bom

---

6 E. O. Wilson, *Sociobiology: The New Synthesis* [Sociobiologia: a nova síntese]. Cambridge, MA: Harvard University Press, 2000, p. 562.
7 Richard D. Alexander, *Darwinism and Human Affairs* [Darwinismo e questões humanas]. Seattle: University of Washington Press, 1979, p. 20.

CIÊNCIA E RELIGIÃO: ALGUNS DOS PRINCIPAIS DEBATES CONTEMPORÂNEOS 285

exemplo é o livro *The Righteous Mind: Why Good People Are Divided by Politics and Religion* [A mente moralista: por que pessoas boas são separadas pela política e pela religião] (2013), de Jonathan Haidt, que propõe algumas ideias importantes extraídas da psicologia, sociologia e antropologia. Entretanto, é importante notar que a análise de Haidt não está preocupada com a determinação científica dos valores morais. Sua preocupação é ajudar seus leitores a contornar questões que surgem de intuições e debates morais. O próprio Haidt não se posiciona quanto ao que deve ser considerado bom ou ruim, mas está interessado em explorar o que indivíduos e sociedades realmente assim consideram, estejam eles certos ou não.

Alguns têm argumentado, porém, que a ciência é capaz de determinar e definir valores morais objetivos. Em 2011, Sam Harris publicou *The Moral Landscape* [A paisagem moral], uma pequena obra defendendo a objetividade dos valores morais, que ele considerava estar firmemente fundamentada nas ciências naturais, particularmente na neurociência. Harris foi crítico quanto às reflexões de E. O. Wilson sobre a relação entre evolução e ética, argumentando que, embora a evolução não nos tenha projetado para "levar vidas profundamente gratificantes", a reflexão ética humana deve claramente levar em conta esse objetivo. A abordagem de Harris à ética vai muito além daquela de Albert Einstein, que reconhecia e acolhia uma perspectiva científica *informativa* sobre questões morais. Para Harris, a ciência pode e deve *determinar* nossos valores – um tema explicitamente declarado no subtítulo da obra: "Como a ciência pode determinar os valores humanos".

A defesa feita por Harris de uma moralidade científica objetiva tem três elementos principais, todos focados na determinação objetiva do "bem-estar das criaturas conscientes":[8]

1. A moralidade diz respeito à melhoria do "bem-estar das criaturas conscientes" e à identificação de "princípios de comportamento que permitam que as pessoas floresçam".
2. Fatos sobre o que promove e prejudica o "bem-estar de criaturas conscientes" são acessíveis à ciência.

---

8 Sam Harris, *The Moral Landscape: How Science Can Determine Human Values* [A paisagem moral: como a ciência pode determinar os valores humanos]. Nova York: Free Press, 2010, p. 19.

3. Portanto, a ciência pode determinar o que é objetivamente "moral", na medida em que pode determinar se algo aumenta ou diminui o "bem-estar das criaturas conscientes".

Entretanto, é provável que leitores críticos de Harris concluam que ele apenas afirma a hipótese não testada e inerentemente não testável de que a moralidade deve ser considerada equivalente a manter ou melhorar o "bem-estar de criaturas conscientes". Esse pressuposto básico não parece derivar de nenhuma forma de investigação empírica, por mais provisória que seja. É uma suposição metafísica e sem evidência, não uma conclusão científica. Então, que razões *científicas* poderiam ser dadas para preferir as definições dos termos morais de Harris em lugar das versões rivais propostas por teóricos do contrato social, eticistas da virtude ou por qualquer outra das muitas escolas de teoria moral atualmente em voga?

Uma das críticas mais significativas a Harris deve-se ao biólogo e filósofo americano Massimo Pigliucci, que defende a necessidade de distinguir entre julgamentos de valor e questões de fato. Pigliucci assinalou que Harris parece estar cometendo um equívoco fundamental quanto às categorias: "O que ele chama de valores são, na realidade, fatos empíricos sobre como alcançar o bem-estar humano".[9] Por exemplo, Harris critica o castigo corporal de crianças. Pigliucci compartilha dessa opinião, mas ressalta como Harris se torna vulnerável nessa questão:

E se um estudo científico demonstrasse que, de fato, bater em crianças tem um efeito mensurável de melhorar aquelas características desejáveis? Harris então teria que admitir que o castigo corporal é moral, embora de alguma forma duvido que ele o fizesse. Eu certamente não admitiria, porque minha intuição moral (sim, é assim que vou chamá-la, lide com isso) me diz que infligir propositadamente dor em crianças está errado, independentemente do que a evidência empírica diz.[10]

George Ellis desenvolve ainda mais esse ponto, destacando a influência de fatores culturais para determinar se é de maior importância o bem-estar

---

9 http://rationallyspeaking.blogspot.com/2010/04/about-sam-harris-claim-that-science-can.html
10 Ibidem.

CIÊNCIA E RELIGIÃO: ALGUNS DOS PRINCIPAIS DEBATES CONTEMPORÂNEOS

de indivíduos ou de comunidades.[11] Não poderia a visão de Harris estar simplesmente refletindo os pressupostos centrais de uma cultura WEIRD[12] (ocidental, educada, industrializada, rica e democrática), que são dados como certos por aqueles que vivem em tais culturas, mas não em outros lugares? Muitas culturas asiáticas, por exemplo, consideram que o bem-estar de um grupo é mais importante que o bem-estar de indivíduos. Harris não está simplesmente assumindo como autoevidentes algumas visões que têm aceitação assegurada em setores da cultura ocidental, mas que não são aceitas em nenhum outro lugar?

No final das contas, a ênfase de Harris na "maximização do bem-estar" o leva a adotar a posição ética geralmente conhecida como "utilitarismo" (embora o próprio Harris não descreva sua posição dessa maneira). No entanto, essa abordagem da moralidade deixa de explicar por que a maximização do "bem-estar de criaturas conscientes" é de importância moral. O filósofo Whitley Kaufman aponta um problema com a estratégia de Harris:

> Ela torna o termo "bem-estar" tão completamente vazio que não temos mais nenhuma teoria moral, pois agora precisamos de uma teoria para nos dizer o que constitui bem-estar e de que maneira valores como justiça e felicidade devem ser avaliados um em relação outro.[13]

Kaufman destaca ainda o fato de que a defesa realizada por Harris de seu método ético é na verdade *filosófica*, não *científica*. Embora Harris apele continuamente à "ciência", ele está de fato apresentando uma filosofia moral controversa e bastante implausível:

> Uma das peculiaridades desse livro é que a única descoberta concreta que Harris afirma ter feito no livro, de que o utilitarismo é a teoria moral correta (o resto são meras notas promissórias sobre uma futura ciência da ética), não é em nenhum sentido razoável uma descoberta "científica".[14]

---

11 George Ellis, "Can Science Bridge the Is–Ought Gap? A Response to Michael Shermer." *Theology and Science*, 16, n. 1 (2018): 1–5, especialmente pp. 3–4.
12 Acrônimo formado pelas iniciais dos adjetivos *western, educated, industrialized, rich* e *democratic*. [N.T.]
13 Whitley R. P. Kaufman, "Can Science Determine Moral Values? A Reply to Sam Harris." *Neuroethics*, 5 (2012): 55–65; citação na p. 59.
14 Ibidem.

Para Kaufman, não há sentido significativo em que o "método científico" se aplique a essas questões morais. Harris, argumenta ele, não traz nenhuma *expertise* especial ao debate como neurocientista, nem se baseia em novas descobertas dramáticas e convincentes do campo da ciência para defender sua posição.

O argumento de Harris para a autoridade moral da ciência, em última análise, repousa em princípios filosóficos fundamentais não declarados. Muitos sugerem que sua abordagem representa uma forma de cientificismo que busca estender o escopo da ciência através de uma trivialização retórica da autoridade moral de suas óbvias alternativas culturais, como filosofia e religião. A filosofia e a teologia moral têm uma longa história de reflexão sobre os temas clássicos da ética e sua aplicação na vida cotidiana. Como destaca Pigliucci, a sugestão de uma analogia entre saúde física e bem-estar (ou florescimento) não é nova, e é um aspecto importante da reflexão filosófica neoaristotélica.

As opiniões de Harris sobre a capacidade da ciência de determinar valores morais naturalmente nos levam a refletir ainda mais sobre questões relacionadas ao escopo da ciência, particularmente em relação à religião. A seguir, vamos considerar a questão altamente contestada de se a realidade é limitada ao que pode ser descoberto ou revelado pelo método científico.

FILOSOFIA DA CIÊNCIA:
A REALIDADE ESTÁ LIMITADA
AO QUE AS CIÊNCIAS PODEM REVELAR?

Usamos muitas ferramentas para entender nosso mundo e nosso lugar nele e para explorar a questão de como devemos viver de maneira autêntica e significativa. Ciência, ética, poesia e religião contribuem para essa discussão. As ciências naturais alcançaram um sucesso considerável na explicação de aspectos da estrutura e do comportamento do universo. Então, como as ciências naturais se relacionam com outras fontes de conhecimento?

Existem duas questões centrais aqui. A primeira é identificar os diferentes métodos que são característicos das ciências naturais e considerar como eles se relacionam com outras formas de investigação – como a filo-

CIÊNCIA E RELIGIÃO: ALGUNS DOS PRINCIPAIS DEBATES CONTEMPORÂNEOS

sofia ou a teologia. A segunda é perguntar se o próprio método científico ou os resultados de sua aplicação têm alguma autoridade privilegiada ou mesmo exclusiva na determinação do que é o conhecimento verdadeiro. Alguns se referem a essa abordagem como um "naturalismo metodológico forte", segundo o qual "a única fonte válida de conhecimento do mundo natural são as ciências naturais". Outros, como Massimo Pigliucci, usam o termo "cientificismo" para designar a "atitude totalizante que considera a ciência como padrão e árbitro final de todas as questões interessantes; ou, alternativamente, que busca expandir a própria definição e escopo da ciência para abranger todos os aspectos do conhecimento e entendimento humanos."[15]

Um bom exemplo dessa abordagem pode ser visto nos escritos do geneticista de Harvard, Richard Lewontin, para o qual uma ontologia materialista – que ele considera fundamental para o método científico – implica compromisso com o cientificismo. Apesar de todas as suas falhas e contradições, a ciência é a única maneira confiável de entender nosso mundo:

> Quando a ciência fala às pessoas do público em geral, o problema é levá-las a rejeitar explicações irracionais e sobrenaturais do mundo, os demônios que existem apenas em sua imaginação, e a aceitar um aparato social intelectual, a Ciência, como a única geradora de verdade. [...] Nós assumimos o lado da ciência, apesar do absurdo patente de alguns de seus construtos, apesar de não ter cumprido muitas de suas extravagantes promessas de saúde e vida, apesar da tolerância da comunidade científica com histórias fictícias e infundadas, porque temos um compromisso prévio, um compromisso com o materialismo.[16]

No entanto, Lewontin parece não querer enfrentar o fato de que o que ele defende aqui não é *ciência*, mas uma posição metafísica específica que está além do escopo da ciência confirmar. Lewontin apenas equipara a ciência a um naturalismo ou materialismo filosófico, aparentemente deixando de perceber que existe um abismo metafísico substan-

---

15 Massimo Pigliucci, "New Atheism and the Scientist Turn in the Atheism Movement." Midwest Studies in Philosophy, 37, n. 1 (2013): 142–153; citação na p. 144.
16 Richard Lewontin, resenha de "The Demon–Haunted World", de Carl Sagan, na *New York Review of Books*, 9 de Janeiro de 1997.

cial entre o naturalismo *metodológico* e o naturalismo *filosófico*. Assim, é razoável perguntar: por que um cientista precisa se identificar com o "materialismo"?

O filósofo americano Alex Rosenberg apresenta-se como um excelente exemplo de um autodefinido autor "cientificista" ao insistir que a realidade é limitada ao que as ciências – especificamente a física – podem revelar. No seu *Atheist's Guide to Reality* [Guia do ateu para a realidade], Rosenberg argumenta que a única realidade é aquela que pode ser revelada pela aplicação do método científico:

> A ciência fornece todas as verdades significativas sobre a realidade, e conhecer essas verdades é o que realmente importa. [...] Ser cientista significa tratar a ciência como nosso guia exclusivo da realidade, da natureza – tanto da nossa própria natureza quanto de tudo o mais.[17]

Rosenberg admite que o cientificismo se vê preso a um argumento viciosamente circular do qual nenhum experimento pode libertá-lo, pois teria que assumir sua própria autoridade para confirmá-lo. Tendo adotado uma epistemologia que limita a realidade ao que a ciência pode revelar, o cientificismo faz a afirmação *ontológica* de que a realidade é limitada ao que a ciência pode revelar. Por esse motivo, Rosenberg argumenta que não podemos de modo válido sustentar valores morais, pois eles não podem ser estabelecidos com segurança pelo método científico. "Temos que ser niilistas sobre o propósito das coisas em geral, sobre o propósito da vida biológica em particular e o propósito da vida em geral".[18] Ele declara que não há diferença fundamental entre certo e errado, bom e ruim. Teria ele, então, razão em argumentar dessa maneira?

Considera-se amplamente que as ciências naturais são caracterizadas pelo "naturalismo metodológico" – uma tentativa de identificar os processos e padrões que podem ser discernidos no mundo natural e de formular teorias que parecem capazes de explicar essas regularidades. Trata-se fundamentalmente de uma tentativa de oferecer uma compreensão coerente

---

17 Alexander Rosenberg, *The Atheist's Guide to Reality: Enjoying Life without Illusions* [Guia do ateu para a realidade: aproveitando a vida sem ilusões]. Nova York: W.W. Norton, 2011, pp. 7–8.
18 Ibidem, p. 92.

CIÊNCIA E RELIGIÃO: ALGUNS DOS PRINCIPAIS DEBATES CONTEMPORÂNEOS

da própria natureza, que nos permita posicionar eventos e observações dentro de um contexto explanatório mais amplo e mais profundo. Esse método de pesquisa varia de uma disciplina científica para outra, pois sua formulação e aplicação dependem do objeto preciso de estudo e dos limites que este impõe à sua investigação. A ontologia, por assim dizer, determina a epistemologia; a natureza do objeto sob investigação determina como ele é conhecido e até que ponto ele pode ser conhecido.

As ciências naturais são, portanto, uma maneira de entender o mundo natural com base nas forças e nos processos naturais que podem ser observados nele ou inferidos como existindo a partir do que é observado. O conceito de gravidade de Newton é um bom exemplo de uma força não observada cuja existência foi indicada por observações do mundo natural. O naturalismo metodológico é o método de investigação que é característico das ciências naturais; no entanto, isso não exclui outros métodos de pesquisa ou abordagens da realidade. Eles podem estar certos – mas não são científicos.

A ciência estabeleceu um conjunto de regras e métodos testados e confiáveis pelos quais investiga a realidade, e o "materialismo metodológico" é um deles. Contudo, trata-se de desenvolver regras confiáveis e viáveis para explorar a realidade, não limitando a realidade ao que pode ser explorado dessa maneira. Isso não significa que a ciência esteja comprometida com algum tipo de materialismo filosófico. Embora seja verdade que alguns materialistas defendem que os sucessos explicativos da ciência parecem endossar um materialismo ontológico subjacente, essa é simplesmente uma das várias maneiras de interpretar essa abordagem, mas há outras com amplo apoio dentro da comunidade científica. Eugenie Scott, então diretora do Centro Nacional de Educação Científica, afirmou claramente esse ponto em 1993: "A ciência não nega nem se opõe ao sobrenatural, mas *ignora* o sobrenatural por razões metodológicas."[19] A ciência é uma forma *não teísta*, e não *antiteísta*, de abordar a realidade.

É importante notar que o compromisso científico com um naturalismo metodológico significa que as ciências são inaptas para discutir questões

---

19 Eugenie C. Scott, "Darwin Prosecuted: Review of Johnson's Darwin on Trial." *Creation/Evolution Journal*, 13, n. 2 (1993): 36–47; citação na p. 43 (ênfase no original).

teológicas de maneira significativa. O método de trabalho consensual das ciências naturais funciona como se o mundo natural devesse ser investigado e explicado usando categorias puramente naturais. Isso significa que as respostas científicas são determinadas por essa metodologia; na medida em que, através desse método, entidades ou teorias teístas ou "sobrenaturais" são excluídas por uma questão de princípio, a ciência não pode discutir questões teológicas. Elas não são passíveis de investigação por métodos científicos.

Alguns autores têm sugerido que uma visão ampliada das ciências naturais poderia incluir pressupostos teístas. O filósofo Alvin Plantinga, por exemplo, argumentou que os cristãos deveriam incluir ideias cristãs, como ação divina especial, em sua reflexão científica. Outros resistiram a essa proposta, ressaltando que esses são pressupostos não científicos, os quais podem, contudo, ser compreendidos numa visão maior da realidade do que as ciências naturais sozinhas são capazes de propor. Como Ernan McMullin aponta: "O naturalismo metodológico não restringe nosso estudo da natureza; apenas estabelece que tipo de estudo se qualifica como científico."[20] Outros métodos de pesquisa além das ciências naturais podem complementar suas ideias.

Onde Plantinga propõe envolver o teísmo dentro de uma visão ampliada da ciência – que muitos, é preciso dizer, não reconheceriam como ciência! – McMullin propõe tecer *insights* científicos com *insights* teológicos fora de um contexto ou método especificamente científico. Para McMullin, o uso do naturalismo metodológico como ferramenta de pesquisa nas ciências naturais não compromete o cristão com o naturalismo metafísico, que exclui Deus de sua visão de realidade. A ciência é uma das várias maneiras de explicar e explorar nosso mundo; pode ser complementado por outros métodos e abordagens.[21]

Alguns cientistas e filósofos argumentam, entretanto, que a ciência *sozinha* pode responder a todas as questões importantes da vida e, assim, reivindicam autoridade exclusiva para as ciências naturais de respondê-las.

---

20 Ernan McMullin, "Plantinga's Defense of Special Creation," *Christian Scholar's Review*, 21, n. 1 (1991): 168.
21 Ernan McMullin, "Varieties of Methodological Naturalism [Variedade de naturalismo medotológico]," in *The Nature of Nature: Examining the Role of Naturalism in Science*, editado por Bruce L. Gordon e William A. Dembski. Wilmington, DE: ISI Books, 2011, p. 83.

CIÊNCIA E RELIGIÃO: ALGUNS DOS PRINCIPAIS DEBATES CONTEMPORÂNEOS   293

O filósofo Ian Kidd sustenta que três "impulsos" ou "ímpetos" básicos podem ser vistos por trás do surgimento do cientificismo:[22]

1 Um *ímpeto imperialista* – uma compulsão de estender os conceitos, métodos e práticas de investigação científica para áreas nas quais sua competência é, na melhor das hipóteses, inapropriada e quase certamente problemática.

2 Um *ímpeto salvífico* – uma insistência na ideia de que a ciência, ou o que algumas pessoas *consideram* ciência, pode satisfazer nossas preocupações e necessidades éticas, espirituais e existenciais.

3 Um *ímpeto absolutista* – uma compulsão de atribuir à ciência a tarefa exclusiva de fornecer interpretações completas, absolutas e "totalizantes" da vida, do universo e de tudo.

Tais formas de cientificismo estão, entretanto, abertas a algumas críticas significativas. Já observamos como o cientificismo se vê preso a um argumento viciosamente circular do qual nenhum experimento pode libertá-lo, na medida em que deveria assumir sua própria autoridade para confirmá-lo. Na verdade, o cientificismo é uma filosofia naturalista um tanto agressiva, que foi enxertada nas ciências naturais. Formas inflacionadas de cientificismo, que tratam a ciência como o "padrão e árbitro final de todas as questões interessantes", na verdade fazem afirmações filosóficas de segunda ordem sobre a ciência que não podem ser verificadas empiricamente; uma refutação desse ponto deve, portanto, repousar em argumentos filosóficos, e não científicos. Como argumenta o filósofo americano Edward C. Feser, o preço para sair desse círculo vicioso parece ser confiscar tais pretensões espúrias de privilégio intelectual:

> Romper com esse círculo requer "colocar-se fora" da ciência completamente e descobrir, a partir desse ponto de vista extracientífico, que a ciência transmite uma imagem precisa da realidade – e, se for para o cientificismo ser justificado,

---

22 Ian James Kidd, "Doing Science an Injustice: Midgley on Scientism" [Fazendo à ciência uma injustiça: Midgly sobre o cientificismo] In *Science and the Self: Animals, Evolution, and Ethics: Essays in Honour of Mary Midgley*, editado por Ian James Kidd e Liz McKinnell. Nova York: Routledge, Taylor & Francis Group, 2016, pp. 151–167.

que somente a ciência faz isso. Mas daí a própria existência desse ponto de vista extracientífico falsificaria a afirmação de que só a ciência nos dá um meio racional de investigar a realidade objetiva.[23]

Essas alegações por parte do cientificismo são, como esperado, vistas como arrogantes por não cientistas. Considere, por exemplo, as opiniões do filósofo de Oxford, Timothy Williamson, ao ressaltar que a abordagem de Rosenberg tem dificuldade para explicar o sucesso da matemática – um ponto ao qual retornaremos mais tarde. "O naturalismo privilegia o método científico sobre todos os outros e a matemática é uma das histórias de sucesso mais espetaculares da história do conhecimento humano".[24] No entanto, a matemática não usa métodos experimentais ou empíricos, mas prova seus resultados por raciocínio puro. Isso não se encaixa na descrição drasticamente empobrecida de Rosenberg sobre como investigamos a realidade. A prova matemática é um caminho para o conhecimento tão eficaz quanto os métodos experimentais ou observacionais.

Talvez mais significativamente, Williamson contesta a validade da "alegação naturalista extremada de que todas as verdades são descobertas pela ciência". Por que devemos acreditar que isso seja verdade? Qual é a sua base evidencial? É difícil refutar o argumento de Williamson:

> Se é verdadeiro que todas as verdades são descobríveis pelas ciências exatas, então é descobrível pelas ciências exatas que todas as verdades são descobríveis pelas ciências exatas. Mas não é possível descobrir pelas ciências exatas que todas as verdades são descobríveis pelas ciências exatas. "Todas as verdades são descobríveis pelas ciências exatas?" não é uma questão de ciências exatas. Portanto, a alegação naturalista extremada não é verdadeira.[25]

Para a filósofa Mary Midgley, "o erro do cientificismo não consiste em elogiar excessivamente um modo de [conhecimento], mas em separá-lo do restante do pensamento, em tratá-lo como um vencedor que eliminou

---

23 Edward H. Feser, *Scholastic Metaphysics: A Contemporary Introduction* [Metafísica escolástica: uma introdução contemporânea]. Heusenstamm: Editiones Scholasticae, 2014, pp. 10–11.
24 Timothy Williamson, "What Is Naturalism?" *New York Times*, 4 de Setembro de 2011.
25 Ibidem.

CIÊNCIA E RELIGIÃO: ALGUNS DOS PRINCIPAIS DEBATES CONTEMPORÂNEOS

todos os competidores."[26] No entanto, o verdadeiro problema é que a rica variedade de discursos e de experiências humanas se mostra resistente, mesmo às demandas mais persistentes, de que devam ser reduzidas a um único vocabulário, seja científico ou qualquer outro. Midgley insiste que a maioria das questões importantes da vida humana exige várias ferramentas conceituais diferentes, que precisavam ser usadas em conjunto. Se uma única perspectiva da realidade puder se tornar normativa, o resultado é inevitavelmente uma "visão bizarramente restritiva de significado".[27] A abordagem de Midgley reconhece a necessidade de "vários mapas" de uma realidade complexa. Nenhuma abordagem única é adequada; diferentes ângulos de abordagem e metodologias de pesquisa são necessários para que a mente humana garanta uma compreensão máxima do universo.

A análise apresentada nesta seção sugere que as ciências naturais são melhor vistas como reveladoras de importantes – embora limitadas – percepções sobre o nosso universo, que podem ser suplementadas ou enriquecidas por outras fontes, como a filosofia moral ou a religião.

FILOSOFIA DA RELIGIÃO:
TEODICEIA EM UM MUNDO DARWINIANO

A questão de por que o sofrimento ou a dor existem no mundo tem sido objeto de muita discussão. Como Richard Dawkins e outros ressaltaram, do ponto de vista biológico, sofrimento e morte são elementos inevitáveis do processo evolutivo. É assim que as coisas são. Outros, no entanto, veem que o sofrimento suscita potenciais dificuldades para suas formas de pensar sobre o mundo. A existência contínua de sofrimento causa problemas para pelo menos duas narrativas que, segundo o sociólogo Christian Smith, desempenham um papel importante na cultura ocidental: os que comprometidos com uma "narrativa de progresso" se veem incomodados com a aparente incapacidade dos seres humanos de eliminar o sofrimento – um problema agravado pelo desenvolvimento de tecnologia deliberada-

---

26 Mary Midgley, *Are You an Illusion?* [Você é uma ilusão?] Durham: Acumen, 2014, p. 5.
27 Mary Midgley, *Wisdom, Information, and Wonder: What Is Knowledge For?* [Sabedoria, informação e admiração: para que serve o conhecimento?] Londres: Routledge, 1995, p. 199.

mente planejada para causar dor e morte, como o napalm e os patógenos projetados; os que são comprometidos com uma "narrativa cristã" experimentam pelo menos algum grau de desconforto intelectual. Se Deus é bom ou perfeito, certamente a criação deveria ser melhor que isso, não?

A teoria da seleção natural de Darwin levantou muitas questões para o pensamento religioso, incluindo a questão criticamente importante do *status* da humanidade na ordem natural como um todo. Contudo, o próprio Darwin estava ciente do problema do desperdício do processo evolutivo e do sofrimento que ele pressupunha. Sua carta a Asa Gray, de maio de 1860, enfatiza esse ponto com força considerável:

> Mas reconheço que não consigo ver tão claramente quanto outros, e como eu deveria desejar, evidências de design e benevolência por todos os lados. Parece-me muita miséria no mundo. Não consigo me convencer de que um Deus benévolo e onipotente teria criado planejadamente a [vespa Ichneumonidae] com a intenção expressa de que se alimentasse dentro dos corpos vivos de lagartas ou que um gato deveria brincar com ratos.[28]

O modelo de Darwin para a evolução prevê que o surgimento do reino animal ocorreu ao longo de um período de tempo extremamente extenso, envolvendo sofrimento e aparente desperdício que vão muito além das abordagens tradicionais à teodiceia. Como aponta, através de uma série de importantes intervenções recentes,[29] a teóloga de Oxford, Bethany Sollereder, os seres humanos não se envolveram de maneira alguma nesse sofrimento, pois o sofrimento gratuito que observamos no mundo natural antecede a existência humana em centenas de milhões de anos. Pode-se ver a teoria da evolução de Darwin como enfatizando um problema existente, ao ressaltar a extensão do sofrimento ao longo do período da história evolutiva. A questão da teodiceia – a proposta de uma explicação ou justificação da existência de dor e sofrimento em um mundo criado por Deus – tornou-se assim cada vez mais importante.

---

28 Francis Darwin, ed., *The Life and Letters of Charles Darwin* [A vida e as cartas de Charles Darwin] (3 vols.). Londres: John Murray, 1887, vol. 2, p. 49.
29 Bethany Sollereder, *God, Evolution, and Animal Suffering* [Deus, evolução e sofrimento animal]. Londres: Routledge, 2018, pp. 116–117.

CIÊNCIA E RELIGIÃO: ALGUNS DOS PRINCIPAIS DEBATES CONTEMPORÂNEOS

É importante evitar enquadrar essas discussões em termos de "mal natural". O julgamento de que qualquer processo natural é "mau" é insustentável do ponto de vista evolutivo. Essa avaliação moral não se baseia em critérios naturais, mas na imposição de uma perspectiva moral humana. Podemos considerar que o deslocamento de uma placa tectônica é "mau", à luz da nossa percepção de suas implicações. No entanto, o deslocamento de placas tectônicas é natural. O julgamento adicional de que ele é mau ou leva ao mal não pode ser defendido de uma perspectiva científica. É apenas porque observamos a natureza através de uma lente moral específica que podemos falar de sofrimento natural como sendo "mau".

Ainda assim, é perfeitamente adequado perguntar por que sofrimento e dor parecem ser aspectos inerentes ao mundo natural e refletir sobre seu significado religioso. William Paley estava ciente da existência de sofrimento e dor na natureza, e acreditava que isso poderia ser satisfatoriamente acomodada dentro da noção de "invenção" divina do mundo. A dor no mundo natural pode representar "um defeito na invenção: mas não é o objeto dela".[30] A criação é, portanto, realizada para refletir os propósitos benevolentes de Deus, mesmo onde estes são imperfeitamente executados.

Uma das discussões recentes mais importantes sobre o problema do sofrimento na perspectiva evolutiva se deve ao teólogo britânico Christopher Southgate. Em seu livro *Groaning of Creation* [Gemido da criação] (2008), Southgate propõe um engajamento teologicamente rigoroso com o problema do sofrimento na evolução. Reconhecendo corretamente as severas limitações das abordagens não trinitárias à questão, como a filosofia do processo, Southgate desenvolve uma abordagem baseada no motivo paulino do "gemido da criação" (Romanos 8). A preocupação de Southgate de permanecer fiel aos temas centrais da tradição cristã também o leva a rejeitar a abordagem de Pierre Teilhard de Chardin, para o qual Deus usava a "centralização evolutiva" a fim de produzir convergência para uma gloriosa culminação final da evolução, centrada em Deus. Para Southgate, o tema bíblico do "poderoso ato redentor de Deus inaugurado na Cruz

---

30 William Paley, *Natural Theology: Or, Evidences of the Existence and Attributes of the Deity, 12th ed.* [Teologia Natural: ou evidências da existência da divindade e seus atributos, 12ª ed.] Londres: Faulder, 1809, p. 467.

de Cristo" parece oferecer uma base para tais reflexões muito mais segura teologicamente.

O problema do sofrimento evolutivo é assim visto através de uma lente teológica moldada pela maioria dos principais temas de uma visão trinitária da realidade – como a noção de criação *ex nihilo* e a consumação final, embora exclua especificamente a noção de queda histórica, como tradicionalmente interpretada. Para Southgate, a teologia trinitária da criação se estende para incluir a noção de que o amor autoesvaziador de Deus é expresso na *kenosis* encarnacional. Sua abordagem une os cinco temas seguintes:

1. Dor, sofrimento, morte e extinção são consequências inevitáveis para uma criação que está evoluindo de acordo com os princípios darwinianos.
2. Uma criação em evolução é o único meio pelo qual Deus poderia dar origem a toda beleza, diversidade, senciência e sofisticação que observamos à nossa volta na biosfera.
3. Deus sofre junto com todo ser sensível na criação. A cruz de Cristo é interpretada como um momento histórico de manifestação e personificação da compaixão divina, pela qual Deus assume a responsabilidade suprema pelo sofrimento e pela dor da ordem criada que "geme".
4. A cruz e a ressurreição inauguram a transformação da criação, que culmina na extinção final do gemido da criação na renovação escatológica.
5. Deus não considera nenhuma criatura como um mero expediente evolutivo ou intermediário, mas providencia um cumprimento escatológico para cada criatura. A criação não humana será representada no céu.

A abordagem de Southgate é rica em ideias. Um exemplo é a dialética entre desvalor e valor dentro do processo evolutivo, que contrapõe o desvalor do sofrimento de animais individuais ao valor da sobrevivência de suas espécies, que esse sofrimento ajuda a tornar possível. Trata-se de um argumento apresentado anteriormente pelo especialista em ética ambien-

CIÊNCIA E RELIGIÃO: ALGUNS DOS PRINCIPAIS DEBATES CONTEMPORÂNEOS

tal Holmes Rolston, segundo o qual processos intrínsecos ao desenvolvimento evolutivo podem, de fato, causar dor e sofrimento, mas também podem ser instrumentais ao promover valores, dando origem a novas formas de existência. Rolston expressa esse argumento geral usando um aforismo frequentemente citado: "A presa do puma aguça a visão do cervo, a agilidade do cervo torna a leoa mais flexível".[31]

Pontos semelhantes são apresentados pela teóloga de Oxford, Bethany Sollereder, ao observar que a intenção de Deus não é o mal ou o sofrimento, mas tornar possíveis novas e melhores formas de existência dentro do processo evolutivo. Partindo das preocupações de Darwin quanto à vespa Ichneumonidae, ela propõe uma leitura teológica alternativa dessa observação:

> Deus não projetou a vespa parasita Ichneumonidae para pôr ovos dentro de um hospedeiro vivo, mas o amor de Deus criou um campo aberto de possibilidades em que a Ichneumonidae teria liberdade para desenvolver esta técnica de sobrevivência ao buscar seus desejos.[32]

Em geral, três temas distintos surgiram como característicos das recentes reflexões cristãs quanto às preocupações apologéticas decorrentes do sofrimento evolutivo, sejam entrelaçadas em uma tapeçaria coerente, sejam afirmadas individualmente como significativas por si mesmas:

1. Deus sofre dentro da ordem criada, experimentando a dor da criação. Esse tema se tornou significativo na teologia cristã durante a década de 1970, em parte como resultado da influência do livro de Jürgen Moltmann, *Crucified God* [O Deus crucificado] (1974). O tema do sofrimento de Deus dentro do processo evolutivo, até então confinado ao domínio da filosofia do processo, tornou-se agora uma opção para a teologia ortodoxa. Pode-se dizer que Deus sofre com os processos criativos mas custosos do mundo à medida que

---

31 Holmes Rolston III, "Perpetual Perishing, Perpetual Renewal." *Northern Review*, n. 28 (2008), 111–123; citação na p. 111.
32 Bethany Sollereder, *God, Evolution, and Animal Suffering* [Deus, evolução e sofrimento animal]. Londres: Routledge, 2018, p. 117.

eles se desenvolvem ao longo de vastos períodos de tempo. Sollereder captura esse ponto da seguinte forma: "Deus é vulnerável à
criação em amor, o que significa que Deus sofre com a criação e,
portanto, participa e acompanha a dor do mundo não humano".[33]

2. Para que o mundo gere a rica diversidade de vida que conhecemos
atualmente, incluindo os seres humanos, é preciso haver dor, sofrimento e morte. Para Bethany Sollereder, a evolução é "o processo de
criação de Deus, e é cheio de sofrimento, extinção, morte prematura
e desvalorização".[34] Não há outro caminho para a diversidade biológica a não ser através de processos de desenvolvimento e competição nos quais algumas espécies morrem para serem substituídas
por outras. Se Deus é a fonte última de novidade na evolução, Deus
também deve ser a causa da instabilidade e desordem, condições
essenciais para a vida. Como observadores limitados desse processo
evolutivo, não estamos em posição de sugerir que a dor, o sofrimento e os "desvalores" associados ao processo evolutivo não sejam
justificados em termos dos valores que ele cria.

3. O universo deve ser visto de uma perspectiva escatológica, olhando para sua consumação e transformação finais. A importância da
escatologia em relação ao problema do sofrimento e do mal é reconhecida há muito tempo. Muitos argumentam que somos capazes de lidar com o sofrimento pela esperança de sua transformação
final na Nova Jerusalém. Torna-se natural aplicar tal perspectiva à
questão do sofrimento no processo evolutivo. Esse é um tema importante na abordagem de Southgate, para quem o mundo animal
fará parte do resultado da renovação cósmica, que é tradicionalmente chamada de "paraíso". Podemos olhar o mundo através de
um tríptico de três lentes que vê as trevas à luz da glória da criação,
da glória da cruz e da glória da redenção escatológica.

> As três glórias formam [...] um tríptico com uma perspectiva escatológi-
> ca, a criação como ela será, em seu estado transformado. *Gloria mundi*,

---

33 Ibidem, p. 185
34 Ibidem.

CIÊNCIA E RELIGIÃO: ALGUNS DOS PRINCIPAIS DEBATES CONTEMPORÂNEOS

aquilo que o mundo ainda não completamente redimido revela de seu criador, deve ser apropriado e entendido no contexto da *Gloria crucis*, de tudo o que vemos de Deus na paixão de Cristo – e isso, por sua vez, se abre e é informado pelo que se poderia chamar de *Gloria in excelsis*, a canção escatológica da nova criação, na qual o florescimento da criação será alcançado sem luta na criação.[35]

TEOLOGIA: TRANSUMANISMO, "IMAGEM DE DEUS" E IDENTIDADE HUMANA

As formas clássicas de humanismo, expressas em obras como a *Oração à Dignidade do Homem*, de Giovanni Pico della Mirandola, enfatizavam a beleza e a elegância da natureza humana, deleitando-se com a complexidade do corpo humano e a multiplicidade de realizações humanas.

Mais recentemente, no entanto, surgiram escolas de pensamento que veem a natureza humana como um "projeto em andamento, um começo incompleto que podemos aprender a remodelar de maneira desejável". O termo "transumanismo" foi cunhado por Julian Huxley, em 1957, para designar a visão de que a ciência poderia permitir que os seres humanos transcendessem seus limites atuais e, assim, realizassem seu potencial final. O termo relacionado "pós-humano" passou a ser usado para designar aquilo em que os humanos podem se tornar se os objetivos transumanistas forem alcançados.[36]

O movimento "transumanista" defende fundamentalmente a melhoria da condição humana por meio da tecnologia, eliminando o envelhecimento e melhorando as capacidades intelectuais, físicas e psicológicas humanas. Argumenta-se que o aprimoramento tecnológico permitirá que os seres humanos transcendam seus limites biológicos. Um exemplo desse tipo de aprimoramento tecnológico é o desenvolvimento futuro de glóbulos vermelhos artificiais, capazes de transportar oxigênio e dióxido de carbono com mais eficiência no sangue humano. Essas células artificiais

---

35 Christopher Southgate, *Theology in a Suffering World: Glory and Longing* [Teologia em um mundo sofredor: glória e anseio]. Cambridge: Cambridge University Press, 2018, pp. 14–15.
36 http://www.nickbostrom.com/ethics/values.html

não seriam limitadas pelos materiais e pelas pressões que ocorrem naturalmente, permitindo assim um desempenho muito além do alcance dos glóbulos vermelhos naturais.

Alguns verão essa intervenção no ser humano como "brincar de Deus". Entretanto, é justo ressaltar que os seres humanos já dependem extensivamente de intervenções científicas – como remédios e cirurgias – para promover a qualidade e ampliar a duração da vida. A verdadeira questão é se o transumanismo representa uma extensão das práticas existentes ou uma nova abordagem, que estaria nos levando para um território ético e social pouco conhecido e perturbador.

Os transumanistas em geral presumem que a ampliação tecnológica das capacidades cognitivas humanas naturais levará à excelência moral, considerando efetivamente o egoísmo e nossas tendências inatas para padrões destrutivos de pensamento e ação como decorrentes dos nossos limites cognitivos atuais, que podem ser remediados aumentando nossas capacidades cognitivas. É uma sugestão interessante.

No entanto, alguns argumentam que esse desenvolvimento é ambivalente e pode levar ao surgimento de problemas mais profundos. Nick Bostrom, um dos filósofos transumanistas mais importantes e influentes, questiona corretamente qualquer equação simplista de avanços tecnológicos com a noção de progresso em si:

> Pode ser tentador referir-se à expansão das capacidades tecnológicas como "progresso". Mas esse termo tem conotações avaliativas – de que as coisas estão melhorando – e está longe de ser uma verdade conceitual que a expansão de capacidades tecnológicas faça as coisas melhorarem.[37]

Bostrom alude aqui a preocupações levantadas na década de 1960 por Victor Ferkiss. E se esses aprimoramentos levassem a uma distopia tecnológica? Da mesma maneira que a maioria das previsões quanto à forma do futuro, que datam das décadas de 1950 e 1960, as projeções de Ferkiss sobre o futuro humano parecem um pouco ingênuas hoje; no entanto, seu interesse real não reside em prever a direção futura da tecnologia, mas se

---

37 http://www.nickbostrom.com/papers/future.pdf

CIÊNCIA E RELIGIÃO: ALGUNS DOS PRINCIPAIS DEBATES CONTEMPORÂNEOS

os seres humanos têm, dentre suas habilidades, caráter moral e capacidade de sabedoria para lidar com esses novos desenvolvimentos:

> E se o novo homem combinar a irracionalidade animal do homem primitivo com a cobiça calculada e a luxúria pelo poder do homem industrial, e ao mesmo tempo possuir poderes semelhantes aos divinos, concedidos a ele pela tecnologia? Isso seria o horror definitivo.[38]

Alguns autores cristãos, como o teólogo luterano Ted Peters, estão preocupados com o fato de os transumanistas seculares não levarem a sério a pecaminosidade da natureza humana e não estarem suficientemente alertas para a fragilidade da visão humana de moralidade.

A ascensão e o desenvolvimento do transumanismo levanta algumas questões fundamentais sobre a natureza humana, algumas das quais são claramente de natureza religiosa. No caso do cristianismo, a identidade e a singularidade humanas são parcialmente moldadas em termos de a humanidade ser portadora da "imagem de Deus" (Gênesis 1:26-27). Essa noção não é elaborada em nenhum lugar nos textos bíblicos, portanto há um debate sobre o que esse conceito realmente significa e quais podem ser suas implicações. Para nossos propósitos nesta seção, a questão é: permitir ou impor uma mudança radical na natureza humana compromete a identidade humana como criaturas feitas à imagem de Deus?

Uma questão central aqui é se a noção teológica de ser criado à "imagem de Deus" implica imutabilidade da identidade humana ou se ela cria a possibilidade de transformação humana por meio do exercício das faculdades que são entendidas como parte dos dons humanos criados. Poucos, entretanto, têm sugerido que alterações físicas, culturais ou mentais na pessoa humana equivalem à violação de algo sagrado. Para explorar este ponto mais a fundo, vamos considerar quatro entendimentos centrais da noção de "imagem de Deus" que surgiram durante o desenvolvimento da teologia cristã:

1 *A soberania de Deus.* O estudioso do Antigo Testamento, Gerhard von Rad, argumentou que havia um entendimento antigo e espe-

---

38 Victor C. Ferkiss, *Technological Man: The Myth and the Reality* [Homem Tecnológico: o mito e a realidade]. Nova York: New American Library, 1970, p. 34.

cífico do Oriente Próximo da palavra hebraica para imagem – *selem* – em termos da representação pública da autoridade de um governante: por exemplo, ao ser usada para se referir a imagens ou estátuas que simbolizavam o domínio de um rei sobre uma região (veja, por exemplo, a estátua de ouro de Nabucodonosor, descrita em Daniel 3:1–7). A "imagem de Deus" pode assim servir como um lembrete da autoridade de Deus sobre a humanidade. Ser criado à "imagem de Deus" poderia, portanto, ser entendido como ser *responsável perante Deus*.

2 *Correspondência humana com Deus.* A ideia da "imagem de Deus" pode ser usada para se referir a algum tipo de correspondência entre a razão humana e a racionalidade de Deus como criador. Nessa visão, há uma ressonância intrínseca entre as estruturas do mundo e a racionalidade humana. Essa abordagem é apresentada com particular clareza em um dos principais textos teológicos de Agostinho, *De Trinitate* [Sobre a Trindade]:

> A imagem do criador deve ser encontrada na alma racional ou intelectual da humanidade [...] [A alma humana] foi criada de acordo com a imagem de Deus para que possa usar a razão e o intelecto para apreender e contemplar Deus.

Para Agostinho, fomos criados com os recursos intelectuais que podem nos colocar no caminho de encontrar Deus, refletindo sobre a criação. Embora Agostinho tenha focado nos aspectos racionais da "imagem de Deus", outros autores – como Reinhold Niebuhr – entenderam que ela envolvia a capacidade humana de se autotranscender.

3 *Imagem e relacionalidade.* Uma terceira abordagem sustenta que a "imagem de Deus" é sobre a capacidade de nos relacionarmos com Ele. Ser criado à "imagem de Deus" é possuir o potencial de entrar em relacionamento com Deus. O termo "imagem", aqui, expressa a ideia de que Deus criou a humanidade com um objetivo específico – ou seja, se relacionar com Deus. Esse tema teve um papel importante na espiritualidade cristã. Nós fomos feitos para existir em relacionamento com nosso criador e redentor.

CIÊNCIA E RELIGIÃO: ALGUNS DOS PRINCIPAIS DEBATES CONTEMPORÂNEOS   305

4 *Imagem e narrativa*. Um dos aspectos mais característicos dos seres humanos é que eles contam histórias para preservar memórias, salvaguardar a identidade pessoal e comunitária e dar sentido ao mundo ao seu redor. J. R. R. Tolkien (1892–1973) sustentava que havia uma base teológica para essa capacidade: somos criados com algum modelo narrativo dentro de nós e isso significa que a imagem de Deus está impressa e refletida nas histórias que criamos. O instinto humano de contar histórias significativas está fundamentado em uma doutrina cristã da criação e oferece uma explicação teológica para o nosso amor à narração. Talvez o mais importante seja que essa abordagem enfatiza a importância da criatividade humana – uma ideia que Tolkien expressou em termos de os humanos serem "cocriadores" com Deus na construção de mundos reais e imaginários.

Então, como esse amplo conceito de portador da "imagem de Deus" entra em reflexões sobre a relação de aprimoramento tecnológico humano e abordagens religiosas da identidade humana? A seguir, vamos considerar as perspectivas de dois teólogos luteranos com interesses específicos no campo de ciência e religião: Philip Hefner, professor emérito de teologia sistemática da Lutheran School of Theology, de Chicago, e ex-diretor do Zygon Center for Religion and Science, e Ted Peters, professor de teologia sistemática no Pacific Lutheran Theological Seminary (Berkeley, Califórnia).

Em sua influente obra *The Human Factor* [O fator humano] (1993), Philip Hefner estabelece as bases de uma antropologia cristã enraizada na ideia do ser humano como um "cocriador criado". Para Hefner, uma teoria contemporânea viável da pessoa humana deve ser fundamentada na noção de um Deus que cria os seres humanos como cocriadores. Deus não apenas propiciou seres humanos, mas os chamou e capacitou para escolher e criar sua própria liberdade. O processo de seleção natural continha em si mesmo, desde o início, o potencial para a futura liberdade de criação, e a chegada da humanidade representa o ponto em que se pode dizer que a criação escolheu ser livre.

Ted Peters desenvolve ainda mais esse conceito, principalmente por meio de sua visão "proléptica" da teologia. Peters argumenta que a natureza deve ser vista como *creatio continua* de Deus. A criação é tanto um evento quanto um processo, de forma que o processo de criação está ocorrendo ainda hoje. Ao desenvolver esse ponto, Peters faz distinção entre duas maneiras de entender a "criação": criação "arcônica",[39] na qual tudo é criado desde o início e se move em direção ao seu objetivo final predeterminado, e criação "epigenética", na qual o processo de criação tem capacidade de novidade genuína, levando a um futuro aberto – e não predeterminado. A humanidade está envolvida nesse processo de moldar o futuro da criação – incluindo o seu próprio futuro. Peters sugere, desse modo, que nos tornamos mais humanos ao nos unirmos à obra de Cristo dentro do processo evolutivo para, assim, crescermos na semelhança com Deus.

A tecnologia tem um claro papel a desempenhar nesse processo de desenvolvimento e aprimoramento. Hefner, por exemplo, argumenta que Deus nos dotou de capacidade e desejo de autotranscendência, pois somos capazes de imaginar novos futuros e estabelecê-los. Hefner e Peters, no entanto, estão cientes de como a tecnologia pode ser abusada. Hefner admite a importância de reconhecer o aspecto decaído da natureza humana e o impacto que isso tem sobre as capacidades morais humanas e os objetivos de suas aspirações. Os processos criativos humanos nem sempre estão alinhados com os propósitos de Deus, de modo que as atitudes culturais humanas e sua capacidade tecnológica foram fundamentais para levar o planeta a um ponto de crise. A capacidade humana de criatividade é apenas um aspecto ou elemento da "imagem de Deus"; essa ideia também envolve viver e agir de acordo com os propósitos de Deus, à medida que estes são revelados e incorporados em Cristo.

Não obstante Hefner e Peters expressarem preocupações sobre aspectos do transumanismo, seu entendimento da "imagem de Deus" cria espaço para o cristianismo e o transumanismo convergirem em alguns pontos, particularmente em sua visão de que a humanidade precisa se mover em direção ao futuro, usando a criatividade para melhorar a criação e a condição humana – mas, no entanto, permanecendo humana ao fazê-lo.

---

39 Deve-se pensar aqui em um neologismo formado a partir da expressão grega *arkhé* (começo, origem, o que vem no começo), que está presente como prefixo, por exemplo, em arcaico, arqueologia e arquivo. [N.T.]

CIÊNCIA E RELIGIÃO: ALGUNS DOS PRINCIPAIS DEBATES CONTEMPORÂNEOS 307

MATEMÁTICA: A CIÊNCIA E A LINGUAGEM DE DEUS

O universo é algo que podemos entender parcialmente e representar matematicamente. Esse entendimento é fundamental para as ciências naturais, embora, em grande medida, seja um resultado surpreendente. O universo não é apenas governado por leis; essas leis são compreensíveis para nós. Como observa o filósofo Roger Scruton,[40] a ideia de que um universo deixado por conta própria "produzirá seres conscientes, capazes de procurar a razão e o significado das coisas" é extraordinária e exige algum tipo de explicação fundamentada. John Polkinghorne, físico teórico britânico conhecido por seu trabalho em teoria quântica, é um dos muitos que enfatiza a curiosidade dessa observação e suas possíveis implicações. Os cientistas estão tão familiarizados com a capacidade de entender o mundo, que na maioria das vezes tomam isso como dado, afinal, é o que torna a ciência possível. No entanto, observa Polkinghorne, as coisas poderiam ter sido muito diferentes. "O universo poderia ter sido um caos desordenado e não um cosmos ordenado. Ou poderia ter tido uma racionalidade inacessível para nós."[41]

Algo particularmente enigmático é por que as estruturas profundas do universo podem ser representadas matematicamente. Como poderia o grande oceano indomável do universo ser representado na calma e rasa piscina da matemática? Esse ponto foi colocado em um ensaio clássico do físico teórico e ganhador do Nobel, Eugene Wigner, intitulado *The Unreasonable Effectiveness of Mathematics* [A irrazoável eficácia da matemática].[42] Uma de suas frases finais destaca as implicações desse "milagre" – ou seja, a "adequação da linguagem da matemática para a formulação das leis da física". Para Wigner, este é um "presente maravilhoso que não entendemos, nem merecemos", um mistério que clama por explicação.

Quando os cientistas tentam entender as complexidades do nosso mundo, eles usam a matemática como sua tocha. Às vezes, teorias matemáticas abstratas que foram originalmente desenvolvidas sem nenhuma aplicação

---

40 Roger Scruton, *The Face of God* [A face de Deus]. Londres: Bloomsbury, 2014, p. 8.
41 John Polkinghorne, *Science and Creation: The Search for Understanding* [Ciência e criação: a busca pelo entendimento]. London: SPCK, 1988, p. 20.
42 Eugene Wigner, "The Unreasonable Effectiveness of Mathematics." *Communications on Pure and Applied Mathematics*, 13 (1960): 1–14.

prática em mente mais tarde se tornam modelos físicos poderosamente preditivos. Entretanto, nossa familiaridade com esse fato embotou nossa consciência de que isso é realmente muito *estranho*. Para Polkinghorne, é profundamente intrigante o fato de haver uma tão significativa "congruência entre nossas mentes e o universo". Por que a matemática (uma racionalidade que experimentamos dentro de nós mesmos) corresponde tão intimamente às estruturas profundas do universo (uma racionalidade observada além de nós mesmos)? Que explicações podem ser oferecidas para essa estranha observação?

Uma possibilidade é que isso poderia ser resultado de uma sorte extraordinária – até um milagre. Por que a matemática, resultado de uma exploração livre da mente humana, tem alguma relação com a estrutura do mundo físico ao nosso redor? Ora, alguns chegam a sugerir que podemos deixar isso para lá. *Funciona*, e é tudo o que precisamos saber. A maioria, no entanto, sentirá que esse mistério exige uma explicação. Como Albert Einstein observou certa vez: "A coisa mais incompreensível do universo é que ele é compreensível".[43] Einstein acreditava que, embora a questão da inteligibilidade do mundo tenha sido levantada pela ciência, ela vai muito além da capacidade de resposta da ciência.

Esse é um bom exemplo da dificuldade observada pelo filósofo Ludwig Wittgenstein, ao apontar corretamente que o *significado* de um sistema não será encontrado *dentro* do próprio sistema. A ciência é muito boa em levantar questões profundas, cujas respostas estão além do escopo do método científico. Assim, acaso existiria o que o próprio Eugene Wigner chamou de "uma imagem que seja uma fusão consistente de pequenas imagens em uma única unidade" que possa acomodar essa observação?

Alguns contestariam que há algo a ser explicado. Eles argumentariam que o papel da matemática na teoria física fundamental é simplesmente organizacional, na medida em que nós impomos significado e estrutura ao mundo. Portanto, não existe uma ordem matemática específica dentro do próprio universo. A mente humana gosta de organizar as coisas, levando-nos a impor nossa própria ordem à realidade, lançando uma rede mate-

---

43 Albert Einstein, "Physics and Reality" (1936) [Física e a realidade] In *Ideas and Opinions*. Nova York: Crown Publishers, 1954, p. 292.

CIÊNCIA E RELIGIÃO: ALGUNS DOS PRINCIPAIS DEBATES CONTEMPORÂNEOS   **309**

mática sobre ela. Essa rede cria e impõe ordem, mas a ordem é inventada, não real.

Contudo, como Roger Penrose e outros observaram, essa noção de imposição de uma ordem inventada não consegue explicar a extraordinária precisão na concordância entre as melhores teorias físicas que nós temos e o comportamento de nosso universo material em seus níveis mais fundamentais. Penrose aponta para a teoria da relatividade geral, de Einstein, que é ainda melhor que a já incrivelmente precisa teoria da gravidade newtoniana. A teoria de Newton tinha precisão de algo como uma parte em cem na descrição do comportamento do sistema solar. No entanto, a teoria de Einstein não é apenas muito mais precisa; ela também prevê efeitos completamente novos, como buracos negros e ondas gravitacionais.

Nossas mentes podem desenvolver teorias que não explicam simplesmente o que já é conhecido, mas podem prever coisas que ainda não descobrimos. Esse é um ponto particularmente importante quando visto à luz dos tipos de darwinismo metafísico que autores como Daniel Dennett e Richard Dawkins consideram tão persuasivos. Dennett argumenta que o pensamento humano – incluindo nossa moralidade e religião – foi moldado pelo nosso passado evolutivo. Sem perceber, somos os prisioneiros de nossa história genética, presos a modos de pensar que foram moldados por nossa necessidade de sobreviver. Dennett vê o darwinismo como um "ácido universal", uma filosofia naturalista que corrói a religião e a ética, expondo-as como relíquias de um passado que não têm lugar no presente. Os críticos de Dennett, é claro, apontaram que isso também tem implicações negativas para a filosofia. Se a racionalidade humana está fundamentada em nosso passado evolutivo, por que confiar nela filosoficamente?

Se a narrativa darwiniana inflada de Dennett for correta, a mente humana evoluiu em resposta à necessidade de sobrevivência. Assim, que razão existe para pensar que ela pode adquirir um conhecimento profundo da realidade – como a estrutura fundamental do universo – quando tudo o que é necessário para que os humanos reproduzam seus genes é evitar cometer erros fatais com muita frequência? Não há razão evolutiva convincente para nossa capacidade de desenvolver as teorias matemáticas ricas e complexas de nossos dias, de especular sobre as origens do universo ou de poder representar *matematicamente* as estruturas profundas da realidade.

Durante o século 17, muitos cientistas importantes começaram a pensar na matemática como uma "linguagem natural" ou a "linguagem da natureza". A ideia pode ser vista claramente nos escritos de Johannes Kepler (1571-1630), que considerava a geometria como o arquétipo do cosmos, coeterna com Deus como seu criador. Em sua obra *Harmonices Mundi* [Harmonia do mundo] (1619), Kepler argumentou que, como a geometria tinha suas origens na mente de Deus, era de se esperar que a ordem criada estivesse em conformidade com seus padrões:

> Na medida em que a geometria é parte da mente divina desde as origens do tempo, mesmo antes das origens do tempo (pois o que há em Deus que também não é de Deus?), ela forneceu a Deus os padrões para a criação do mundo e foi transferida para a humanidade com a imagem de Deus.[44]

Um tema semelhante é encontrado nos escritos de Galileu, que falaram do universo como um livro escrito usando a linguagem da matemática:

> A filosofia está escrita naquele grande livro que se abre continuamente diante de nossos olhos (estou falando do Universo), mas não pode ser entendido sem aprender a entender a linguagem e interpretar os caracteres em que está escrita. Ela está escrita na linguagem da matemática e seus caracteres são triângulos, círculos e outras figuras geométricas, sem as quais é humanamente impossível entender uma única palavra.[45]

A tendência crescente em direção à "matematização da natureza", evidente nessa passagem, reflete essa crença de que a matemática é a linguagem na qual o "livro da natureza" está escrito.

Muitos cientistas pioneiros da Renascença viam a teologia como um modelo imaginativo que lhes permitia entender o mundo. Em particular, eles consideravam que a noção da humanidade como portadora da "imagem de Deus" tinha importantes consequências epistêmicas, incluindo uma propensão ou capacidade de discernir Deus dentro da criação. A ideia

---

44 Johann Kepler, *Gesammelte Werke* [Obras Coletadas] (22 vols). Munique: C. H. Beck, 1937–83, vol. 6, p. 233.
45 Galileo Galilei, *Opere* [Obras] (20 vols). Florença: G. Barbèra, 1929, vol. 6, p. 232.

CIÊNCIA E RELIGIÃO: ALGUNS DOS PRINCIPAIS DEBATES CONTEMPORÂNEOS

bíblica da "imagem de Deus" foi desenvolvida de maneiras significativas dentro da tradição teológica cristã, que muitas vezes a concebeu como um modelo racional ou imaginativo, apontando para uma explicação teísta do mundo.

Uma visão semelhante foi adotada pelo grande filósofo empírico vitoriano William Whewell, cujo método científico indutivo refletia sua crença de que as "Ideias Fundamentais" que usamos para organizar nossas ciências se assemelham às ideias usadas por Deus na criação do universo físico. Para Whewell, Deus criou nossas mentes para que elas contenham essas ideias (ou seus "germes"), tal que "elas possam e devam concordar com o mundo".[46]

A capacidade de uma teoria – uma maneira de ver as coisas – de "encaixar as coisas", de mostrar que elas são uma parte interconectada de um todo maior é amplamente aceita como uma indicação de sua veracidade. Agora, isso não equivale a uma prova de tal teoria, no sentido estrito lógico ou matemático do termo. No entanto, uma das questões mais fundamentais da explicação científica é se uma observação pode ser satisfatoriamente acomodada dentro de certa maneira de pensar. Isso não prova que uma visão teísta esteja *certa*. Afinal, várias formas de platonismo também oferecem uma estrutura para explicar essa notável e até mágica capacidade da matemática de mapear as estruturas mais profundas da mente humana. Talvez não seja surpreendente que essa seja frequentemente considerada a posição metafísica padrão para os matemáticos. No entanto, todo cientista sabe que existem múltiplas interpretações teóricas para cada observação; a questão é qual delas deve ser vista como a melhor. Para muitos, a ideia de Deus continua sendo uma das maneiras mais simples, elegantes e satisfatórias de ver o nosso mundo e entender o lugar da matemática nele.

FÍSICA: O "PRINCÍPIO ANTRÓPICO" TEM SIGNIFICADO RELIGIOSO?

Considera-se, em geral, que a física e a cosmologia modernas oferecem algumas das possibilidades mais importantes e frutíferas de diálogo entre

---

46 William Whewell, *On the Philosophy of Discovery: Chapters Historical and Critical* [Sobre a filosofia da descoberta: capítulos históricos e críticos]. Londres: John W. Parker, 1860, p. 359.

as ciências e a religião. Nesta seção, focaremos em duas questões relevantes que estão interconectadas: o "Big Bang" e o chamado "princípio antrópico". Vamos considerá-los a seguir.

Como vimos anteriormente nesta obra, hoje é amplamente aceito que o universo teve um início. Isso imediatamente aponta para, pelo menos, algum nível de afinidade ou consonância com a ideia cristã de que o universo foi criado. Embora o reconhecimento de que o universo tenha tido um "começo" não implique necessariamente que ele tenha sido "criado", um grande número de autores, como o filósofo e padre húngaro Stanley L. Jaki, argumentou que essa é a implicação mais óbvia da noção de origem. Um dos fatores que têm sido de particular importância para focalizar esse debate é o "princípio antrópico", ao qual nos voltamos agora.

A expressão "princípio antrópico" é usada de várias maneiras por diferentes autores; mas, em geral, é empregada para fazer referência ao notável grau de "ajuste fino" observado na ordem natural. O físico americano Paul Davies propõe que a notável convergência de certas constantes fundamentais é carregada de significado religioso. "A concordância aparentemente milagrosa de valores numéricos que a natureza atribuiu a suas constantes fundamentais deve permanecer a evidência mais convincente de um elemento de design cósmico."

É amplamente aceito que a introdução mais acessível ao princípio antrópico seja o estudo de John D. Barrow e Frank J. Tipler, de 1986, intitulado *The Anthropic Cosmological Principle* [O princípio cosmológico antrópico]. A observação básica subjacente ao princípio pode ser apresentada da seguinte forma:

> Um dos resultados mais importantes da física do século 20 foi a percepção gradual de que existem propriedades invariantes do mundo natural e seus componentes elementares que tornam inevitável o tamanho e a estrutura macroscópicos de praticamente todos os seus constituintes. O tamanho de estrelas e planetas, e até mesmo das pessoas, não é aleatório, nem resultado de qualquer processo de seleção darwiniano a partir de uma infinidade de possibilidades. Essas e outras características macroscópicas do Universo são as consequências da necessidade; são manifestações dos possíveis estados de equilíbrio entre forças concorrentes de atração e repulsão. Os níveis intrínsecos dessas forças controladoras da Natureza

são determinados por uma misteriosa coleção de números puros que chamamos de *constantes da Natureza*.

A importância desse ponto foi destacada em um importante artigo de revisão, publicado em 1979 no principal periódico científico britânico, *Nature*, por B. J. Carr e M. J. Rees. Eles destacaram como a maioria das escalas naturais – em particular as escalas de massa e comprimento – é determinada por algumas constantes físicas. Concluíram que: "A possibilidade de a vida como a conhecemos evoluir no Universo depende dos valores de algumas constantes físicas – e ela é, em alguns aspectos, notavelmente sensível aos seus valores numéricos". As constantes que assumiram um papel particularmente significativo foram a constante de estrutura fina eletromagnética, a constante gravitacional e a razão entre a massa do elétron e a massa do próton.

Exemplos do "ajuste fino" de constantes cosmológicas fundamentais incluem:

1. Se a constante de acoplamento forte fosse um pouco menor, o hidrogênio seria o único elemento no universo. Uma vez que a evolução da vida como a conhecemos é fundamentalmente dependente das propriedades químicas do carbono, essa vida não poderia ter surgido sem que parte do hidrogênio fosse convertido em carbono por fusão nuclear. Por outro lado, se a constante de acoplamento forte fosse um pouco maior (até 2%), o hidrogênio seria convertido em hélio, com o resultado de que nenhuma estrela de vida longa seria formada. Como essas estrelas são consideradas essenciais para o surgimento da vida, essa conversão teria feito com que a vida, como a conhecemos, não pudesse emergir.

2. Se a constante de acoplamento fraca fosse um pouco menor, nenhum hidrogênio teria se formado durante os primórdios da história do universo. Consequentemente, nenhuma estrela teria sido formada. Por outro lado, se ela fosse um pouco maior, as supernovas seriam incapazes de ejetar os elementos mais pesados necessários para a vida. Em ambos os casos, a vida como a conhecemos não poderia ter emergido.

3. Se a constante de estrutura fina eletromagnética fosse ligeiramente maior, as estrelas não seriam quentes o suficiente para aquecer os planetas a uma temperatura suficiente para manter a vida na forma em que a conhecemos. Se fosse menor, as estrelas teriam queimado muito rapidamente para permitir que a vida evoluísse nesses planetas.
4. Se a constante gravitacional fosse um pouco menor, estrelas e planetas não seriam capazes de se formar, devido às restrições gravitacionais necessárias para a coalescência de seu material constituinte. Se fosse mais forte, as estrelas assim formadas teriam queimado muito rapidamente para permitir a evolução da vida (como no caso da constante de estrutura fina eletromagnética).

O significado dessa evidência de "ajuste fino" tem sido objeto de considerável discussão entre cientistas, filósofos e teólogos. Não há dúvida de que essas coincidências são imensamente interessantes e instigantes, levando pelo menos alguns cientistas naturais a postular uma possível explicação religiosa para essas observações. "Quando olhamos para o universo e identificamos os muitos acidentes de física e astronomia que trabalharam juntos em nosso benefício, quase parece que o universo, em certo sentido, soubesse que estávamos chegando" (Freeman Dyson). Deve-se enfatizar, no entanto, que a visão de Dyson não tem consenso universal dentro da comunidade científica, a despeito de sua óbvia atratividade para um subconjunto significativo dessa comunidade, que endossa a noção de um Deus criador.

Certamente é verdade que o princípio antrópico, na sua forma fraca ou forte, é muito consistente com uma perspectiva teísta. Um teísta (por exemplo, um cristão), com um firme compromisso com uma doutrina da criação, julgará o "ajuste fino" do universo uma adorável confirmação antecipada de suas crenças religiosas. Isso não constituiria uma prova da existência de Deus, mas seria um elemento importante em uma série cumulativa de considerações no mínimo consistentes com a existência de um Deus criador. Esse é o tipo de argumento apresentado por F. R. Tennant (1886-1957) em seu importante estudo *Philosophical Theology* [Teologia filosófica] (1930), que muitos acreditam ter usado o termo "antrópico" pela primeira vez para designar esse tipo específico de argumento teleológico:

CIÊNCIA E RELIGIÃO: ALGUNS DOS PRINCIPAIS DEBATES CONTEMPORÂNEOS 315

A força da sugestão da Natureza de que ela é o resultado de um design inteligente não reside em casos particulares de adaptabilidade no mundo, nem mesmo na multiplicidade deles [...] [mas] consiste antes na conspiração de inúmeras causas para produzir, seja por ação conjunta ou recíproca, e manter uma ordem geral da Natureza. Tipos mais restritos de argumentos teleológicos, baseados em pesquisas de esferas restritas de fato, são muito mais precários do que aqueles para os quais o nome de "teleologia mais ampla" pode ser apropriado, no sentido de que o argumento de design abrangente é o resultado de sinopse ou conspecção do mundo conhecível.

Isso não significa que os fatores mencionados acima constituam evidência irrefutável da existência ou caráter de um Deus criador; poucos pensadores religiosos sugeririam que esse é o caso. O que seria afirmado, no entanto, é que eles são consistentes com uma visão de mundo teísta; que eles podem ser acomodados com maior facilidade dentro dessa visão de mundo; que reforçam a plausibilidade de uma visão de mundo para aqueles que já estão comprometidos com uma; e que eles oferecem possibilidades apologéticas para aqueles que ainda não mantêm uma posição teísta.

Mas e aqueles que não têm um ponto de vista religioso? Que *status* o "princípio antrópico" pode ter em relação ao debate de longa data sobre a existência e a natureza de Deus, ou o design divino do universo? Peter Atkins, um químico-físico com visões estritamente antirreligiosas, observa que o "ajuste fino" do mundo pode parecer milagroso; no entanto, ele argumenta que, sob inspeção mais minuciosa, pode-se propor uma explicação puramente naturalista.

E o que dizer da noção de "multiverso"? Esse debate continua, sem sinais óbvios de resolução. O ponto crucial do debate é se existe um universo singular ou uma multiplicidade de universos. A possibilidade de múltiplos universos deriva da ideia de um universo inflacionário, proposta pela primeira vez por Alan Guth, em 1981. Uma maneira de entender teoricamente as propriedades observadas do universo é sugerir que ele sofreu inflação massiva no primeiro instante – menos de um trilionésimo de segundo – de sua existência. Isso envolveu o surgimento de uma multiplicidade de universos.

Nessa abordagem, vivemos em um universo com propriedades biologicamente amigáveis. Não habitamos ou observamos outros universos, onde essas condições não ocorrem. Nossas ideias são restringidas por efeitos de seleção de observação, o que significa que nossa localização dentro de um universo biofílico nos inclina a propor que todo o cosmos possua essas propriedades, quando, de fato, existirão outros universos que são hostis à vida. De fato, alguns argumentam que esses universos biofóbicos são previstos como sendo a norma. Por acaso existimos em um universo excepcional e generalizamos a partir de suas propriedades. Nosso universo pode ter propriedades antrópicas. Mas outros não. O debate continuará e seu resultado é incerto.

BIOLOGIA EVOLUTIVA:
PODEMOS FALAR EM "DESIGN" NA NATUREZA?

Um dos debates mais interessantes da biologia evolutiva contemporânea diz respeito à noção de "teleologia". Essa expressão, que deriva da palavra grega *telos* ("finalidade" ou "objetivo"), geralmente é interpretada como "uma teoria de que um processo é direcionado para um objetivo ou resultado específico". Essa ideia está subjacente à obra célebre *Teologia Natural*, de William Paley (1802), segundo a qual a natureza demonstra certas características que indicam ter sido "inventada" – isto é, projetada e construída – por Deus à luz de certas finalidades ou objetivos muito específicos.

É uma ideia que permanece atraente. O filósofo Henri Bergson e o paleontólogo evolutivo Pierre Teilhard de Chardin desenvolveram filosofias da vida que eram fundadas na aceitação da evolução biológica, embora a interpretassem como tendo algum tipo de propósito ou objetivo. Nesta seção, vamos considerar por que a ideia de teleologia em biologia se tornou tão controversa e por que ela tem implicações religiosas significativas.

No início desta obra, consideramos as características básicas do entendimento neodarwiniano de evolução. Essa abordagem combina a ênfase de Charles Darwin no papel da seleção natural e a teoria genética de Gregor Mendel. Um dos aspectos mais discutidos dessa abordagem da evolução é a rejeição implícita de qualquer "propósito" no processo evolutivo. Ele

CIÊNCIA E RELIGIÃO: ALGUNS DOS PRINCIPAIS DEBATES CONTEMPORÂNEOS

pode ter direção; no entanto não tem um objetivo. Isso levanta claramente uma série de questões significativas.

Em seu influente e amplamente discutido livro *The Blind Watchmaker* [O relojoeiro cego] (1986), o zoólogo ateu Richard Dawkins lida com a aparência de design no mundo, o que levou muitos a tirar disso conclusões religiosas. Para Dawkins, embora essas conclusões possam ser compreensíveis, elas permanecem equivocadas e infundadas:

> Essa [aparência de design] é provavelmente a razão mais importante para a crença, mantida pela grande maioria das pessoas que já viveu, em algum tipo de divindade sobrenatural. Foi preciso um grande salto de imaginação para Darwin e Wallace perceberem que, ao contrário de toda intuição, existe outro caminho e, uma vez que você o compreenda, um caminho muito mais plausível para o "design" complexo surgir da simplicidade primordial.

Como vimos anteriormente, o título do livro de Dawkins é inspirado em uma analogia usada por William Paley, um dos mais notáveis defensores do "argumento do design". Paley propõe que o mundo é como um relógio, que mostra evidências de projeto e construção. Assim como a existência de um relógio aponta para um relojoeiro, a aparência de design na natureza (evidente, por exemplo, no olho humano) aponta para um *designer*. Dawkins, embora aprecie as imagens de Paley, as considera fatalmente defeituosas. Toda a ideia de "design" ou "finalidade" está fora de lugar:

> Paley sustenta seu argumento com descrições belas e reverentes da maquinaria dissecada da vida, começando pelo olho humano [...] O argumento de Paley é feito com sinceridade apaixonada e é informado pelo melhor conhecimento biológico de sua época, mas está errado, gloriosa e totalmente errado [...] A seleção natural, o processo cego inconsciente e automático que Darwin descobriu, e que agora sabemos ser a explicação para a existência e forma aparentemente intencionais de toda a vida, não tem um objetivo em mente. Ele não tem mente, nem olho da mente. Não planeja o futuro. Não tem visão, nem previsão, nem perspectiva alguma. Se pode-se dizer que ele desempenha o papel de relojoeiro na natureza, ele é o relojoeiro *cego*.

O processo de seleção natural é, portanto, visto como não guiado e não direcionado, e "seleciona" apenas no sentido de que certas forças naturais tendem a fazer com que certas espécies deixem de se estabelecer diante da intensa competição com outras, na luta pela existência no mesmo ambiente.

Esse tom fortemente antiteleológico pode ser encontrado em vários trabalhos anteriores de notáveis biólogos moleculares, talvez mais significativamente Jacques Monod (1910-1976) em seu livro *Chance and Necessity* [Acaso e necessidade] (1971). Nesse livro, Monod argumenta que a mudança evolutiva ocorreu por acaso e foi perpetuada pela necessidade. O termo "teleonomia" foi introduzido no uso biológico, em 1958, pelo biólogo C. S. Pittendrigh (1918-1996), de Princeton, a fim de enfatizar que o "reconhecimento e a descrição de direcionalidade" não acarretam nenhum compromisso com teleologia. Essa ideia foi desenvolvida ainda mais por Monod, ao defender que a *teleonomia* havia substituído a *teleologia* na biologia evolutiva. Ao usar esse termo, Monod quis destacar que a biologia evolutiva estava preocupada em identificar e esclarecer os mecanismos subjacentes ao processo evolutivo. Embora os mecanismos que governavam a evolução fossem de interesse, eles não tinham objetivo. Portanto, não é possível falar seriamente em "propósito" na evolução.

Ou é possível? O biólogo e filósofo Francisco Ayala (nascido em 1934) argumenta que alguma noção de explicação teleológica é realmente fundamental para a biologia moderna. É necessário dar conta dos papéis funcionais conhecidos desempenhados por partes de organismos vivos e descrever o objetivo da aptidão reprodutiva, que desempenha um papel tão central nas descrições da seleção natural:

Uma explicação teleológica implica que o sistema em consideração é organizado direcionalmente. Por esse motivo, explicações teleológicas são apropriadas na biologia e no domínio da cibernética, mas não fazem sentido quando usadas nas ciências físicas para descrever fenômenos como a queda de uma pedra. Além disso, e mais importante, as explicações teleológicas implicam que o resultado final é a razão explicativa da existência do objeto ou processo que serve ou leva a ele. Uma descrição teleológica das brânquias de peixes implica que as brânquias vieram à existência precisamente porque servem à respiração. Se o raciocínio acima

CIÊNCIA E RELIGIÃO: ALGUNS DOS PRINCIPAIS DEBATES CONTEMPORÂNEOS 319

estiver correto, o uso de explicações teleológicas na biologia não é apenas aceitável, mas indispensável.

A própria seleção natural, a principal fonte de explicação em biologia, é para Ayala um processo teleológico por duas razões. Primeiro, porque é direcionado ao objetivo de aumentar a eficiência reprodutiva; e segundo, porque produz os órgãos e processos direcionados para esse objetivo e que são necessários para isso.

Ernst Mayr (1904–2005), amplamente creditado por criar a filosofia moderna da biologia, especialmente da biologia evolutiva, expõe quatro objeções tradicionais ao uso da linguagem teleológica na biologia:

1 Declarações ou explicações teleológicas implicam o endosso de doutrinas teológicas ou metafísicas não verificáveis nas ciências. Mayr tem em mente o *élan vital* de Bergson ou a noção de "enteléquia", formulada por Hans Driesch (1867-1941).

2 A crença de que a aceitação de explicações para fenômenos biológicos que não são igualmente aplicáveis à natureza inanimada constitui rejeição de uma explicação físico-química.

3 A suposição de que objetivos futuros fossem a causa de eventos atuais parecia incompatível com as noções aceitas de causalidade.

4 A linguagem teleológica parecia corresponder a um antropomorfismo censurável. O uso de termos como "intencional" ou "direcionado a objetivo" parece representar a transferência de qualidades humanas – como propósito e planejamento – para estruturas orgânicas.

Conforme observa Mayr, como resultado dessas e de outras objeções, acreditava-se amplamente que as explicações teleológicas em biologia eram "uma forma de obscurantismo". Contudo, paradoxalmente, os biólogos continuam usando linguagem teleológica, insistindo que é metodológica e heuristicamente apropriada e útil.

No entanto, como Mayr observa corretamente, a natureza é abundante em processos e atividades que levam a um fim ou objetivo. Independentemente de como escolhemos interpretá-los, exemplos de comportamento direcionado a objetivos são comuns no mundo natural; de fato, "a ocorrência de processos direcionados para objetivos é talvez o aspecto mais característico do mundo dos sistemas vivos". A evasão de declarações teleológicas através de sua reafirmação em formas não teleológicas invariavelmente leva a "chavões sem sentido". Embora envolva sua conclusão em um emaranhado de qualificações, Mayr insiste que é apropriado concluir que "o uso da chamada linguagem 'teleológica' por biólogos é legítimo; não implica uma rejeição da explicação físico-química, nem implica uma explicação não causal."

Não há dúvida de que objeções sérias podem ser, e foram levantadas, sobre a noção de evolução como um agente consciente, planejando ativamente seus objetivos e resultados ou atraída para um objetivo predeterminado por alguma força misteriosa. No entanto é preciso salientar que essas formas antropomórficas de falar (e pensar) são evidentes em algumas seções da biologia contemporânea. Um excelente exemplo é dado pela visão de evolução "centrada no gene", popularizada por Richard Dawkins, que implica a visualização do gene como um agente ativo. Apesar de advertir com razão que "não devemos pensar nos genes como agentes conscientes e propositais", Dawkins argumenta que o processo de seleção natural "os faz se comportarem como se fossem propositais". Essa maneira antropomórfica de falar envolve a atribuição de ação e intencionalidade a uma entidade que é, em última análise, uma participante passiva no processo de replicação, em vez de sua diretora ativa.

A questão da direcionalidade no processo evolutivo foi reaberta em 2003 pelo biólogo evolutivo de Cambridge, Simon Conway Morris (nascido em 1951). Em seu livro *Life's Solution* [A solução da vida], Conway Morris argumenta que o número de destinos evolutivos é limitado. "Rode novamente a fita da vida quantas vezes quiser e o resultado final será o mesmo." Em *Life's Solution* é dado um forte argumento para a previsibilidade dos resultados evolutivos. Seu argumento é baseado no fenômeno da evolução convergente, no qual duas ou mais linhagens desenvolveram independentemente estruturas e funções semelhantes. Os exemplos de Conway Morris vão desde a aerodinâmica de mariposas e beija-flores até o uso de seda por aranhas e alguns insetos para capturar presas.

A evolução parece regularmente "convergir" para um número relativamente pequeno de resultados possíveis. A convergência é generalizada,

CIÊNCIA E RELIGIÃO: ALGUNS DOS PRINCIPAIS DEBATES CONTEMPORÂNEOS

apesar da infinidade de possibilidades genéticas, porque "as rotas evoluti-vas são muitas, mas os destinos são limitados". Certos destinos são impe-didos pelas "vastidões selvagens dos mal-adaptativos". A história biológica mostra uma acentuada tendência a se repetir, com a vida demonstrando uma capacidade quase misteriosa de encontrar o caminho para a solução correta, repetidamente. "A vida tem uma propensão peculiar de 'navegar' para soluções bastante precisas em resposta a desafios adaptativos".

Ao enfatizar essa importante questão, Conway Morris propõe uma analogia não biológica para ajudar seus leitores a entender seu ponto. Ele recorre à descoberta da Ilha de Páscoa pelos polinésios, talvez 1.200 anos atrás. A Ilha de Páscoa é um dos lugares mais remotos do mundo, a pelo menos 3 mil quilômetros dos centros populacionais mais próximos, Taiti e Chile. No entanto, embora cercada pela vastidão vazia e deserta do Oceano Pacífico, foi descoberta pelos polinésios. Isso, pergunta Conway Morris, é para ser atribuído ao acaso e à sorte? Possivelmente. Mas provavelmente não. Conway Morris aponta para a "sofisticada estratégia de busca dos po-linésios", que tornou sua descoberta inevitável. O mesmo, diz ele, acontece no processo evolutivo: "Ilhas 'isoladas' oferecem refúgios de possibilidade biológica em um oceano de má adaptação." Essas "ilhas de estabilidade" dão origem ao fenômeno da evolução convergente.

Qual é o significado teológico dessas reflexões? A maioria das obje-ções tradicionais ao apelo à noção de teleologia em biologia observada por Mayr reflete a crença de que um sistema metafísico *a priori*, muitas vezes teísta, é imposto ao processo de observação e reflexão científica, prejudi-cando seu caráter científico. Do ponto de vista do método científico, po-de-se de fato protestar contra a imposição de noções *a priori* de objetivos e causas, como as associadas a muitas abordagens tradicionais de teleologia. As ciências naturais protestam corretamente sobre o contrabando de es-quemas teleológicos preconcebidos para a análise científica. Mas e se eles surgirem do processo de reflexão sobre a observação? E se forem inferên-cias *a posteriori*, em vez de suposições dogmáticas *a priori*? A análise de Conway Morris sugere que uma forma de teleologia pode realmente ser inferida *a posteriori*, como a "melhor explicação" do que é observado. Isso pode não estar diretamente relacionado à doutrina cristã tradicional da providência; contudo, há alguma sobreposição conceitual e ressonância.

Deve-se notar, isso não é necessariamente uma questão de discernir "propósito" – uma noção fortemente carregada do ponto de vista metafísico – dentro da sequência evolutiva e inferir disso que Deus existe. Na verdade, isso equivale a afirmar uma ressonância entre teoria religiosa e observação, semelhante à afirmada na observação de John Henry Newman: "Eu acredito em design porque acredito em Deus; não em Deus porque vejo o design". Além disso, a noção de "criar" não precisa ser interpretada como um evento único, isolado no tempo, mas pode igualmente – e muitos diriam corretamente – ser entendida como um processo direcionado. Essa é a visão de criação apresentada por Agostinho de Hipona (354-430), que falou de Deus criando um mundo com uma capacidade inerente de se desenvolver e evoluir. Uma observação semelhante foi feita pelo clérigo inglês Charles Kingsley (1819-1875), em 1871: "Sabíamos antigamente que Deus era tão sábio, que Ele podia fazer todas as coisas: mas observe, Ele é muito mais sábio do que isso; Ele pode fazer com que todas as coisas se façam a si mesmas". Mais uma vez, é claro que estamos lidando com um debate que ainda tem um longo caminho a percorrer.

PSICOLOGIA DA RELIGIÃO: O QUE É RELIGIÃO, AFINAL?

A psicologia da religião está se tornando um campo cada vez mais importante, principalmente por causa de uma série de estudos empíricos recentes sugerindo que a crença religiosa pode desempenhar um papel positivo significativo em relação ao bem-estar. A disciplina tradicionalmente explora questões tais como o modo pelo qual a fé religiosa se desenvolve e amadurece, as maneiras pelas quais a fé religiosa pode ser benéfica ou nociva, as diferentes respostas religiosas associadas a vários tipos de personalidade e os mecanismos cerebrais subjacentes à experiência religiosa.

O estudo psicológico da religião tem encontrado alguma resistência dentro das comunidades religiosas, principalmente devido à preocupação de que a psicologia vise o reducionismo explicativo – em outras palavras, que as crenças religiosas sejam reduzidas à psicologia ou minimizadas por ela. Não há dúvida de que parte dessa agenda pode ser vista em algumas abordagens fortemente reducionistas da religião – como a de Sigmund

CIÊNCIA E RELIGIÃO: ALGUNS DOS PRINCIPAIS DEBATES CONTEMPORÂNEOS   323

Freud (1856–1939), que vamos considerar na sequência. De qualquer forma, esse não é necessariamente o caso. Muitos psicólogos, incluindo William James (1842–1910), tratam a religião como um fenômeno com sua própria integridade e características distintas, que devem ser reconhecidas e respeitadas. Onde Freud estava convencido de que as origens da crença religiosa estavam em certos delírios profundamente enraizados, James propôs uma abordagem mais apreciativa e positiva da religião.

Pode-se notar também que a psicologia e a religião podem ser vistas como oferecendo diferentes níveis de explicação. Certamente é possível argumentar que alguns aspectos dos processos cognitivos humanos podem ajudar a explicar como as ideias religiosas são geradas ou sustentadas. No entanto, como ressalta o psicólogo Fraser Watts, é necessário reconhecer uma multiplicidade de causas nessas áreas. Alguns cientistas adotaram o hábito de perguntar: "O que causou A? Foi X ou Y?" Mas, nas ciências humanas, múltiplas causas são a norma. Por exemplo, considere a pergunta: "A depressão é causada por fatores físicos *ou* sociais?" A resposta é que ela é causada por ambos. Como Watts salienta, a história de tais pesquisas "deveria nos tornar cautelosos ao perguntar se uma aparente revelação de Deus é realmente tal, ou se tem alguma outra explicação natural em termos de processos mentais ou processos cerebrais das pessoas". Para colocá-lo de forma direta, Deus, os processos do cérebro humano, o contexto cultural e os processos psicológicos podem ser fatores causais na experiência religiosa humana.

A seguir, vamos explorar algumas abordagens psicológicas da religião e destacar sua importância para o nosso tema. Vamos nos concentrar em dois dos autores mais importantes e interessantes nesse campo – William James e Sigmund Freud.

William James estudou na Universidade de Harvard, onde posteriormente se tornou professor de psicologia (1887-1897) e, depois, de filosofia (1897-1907). Seu trabalho mais influente foi baseado nas *Gifford Lectures* da Universidade de Edimburgo, publicadas sob o título *The Varieties of Religious Experience* [As variedades da experiência religiosa] (1902). Nesse estudo de referência, James se baseou extensivamente em uma ampla gama de obras publicadas e testemunhos pessoais, envolvendo-se com a experiência religiosa em seus próprios termos e levando em conta tais experiências conforme apresentadas. A discussão de James sobre o misticismo identifica quatro características dessas experiências religiosas:

1 *Inefabilidade*: a experiência "desafia a expressão"; não pode ser descrita adequadamente em palavras. "Sua qualidade deve ser experimentada diretamente; ela não pode ser comunicada ou transferida para outras pessoas."

2 *Qualidade noética*: tal experiência é vista como tendo autoridade, fornecendo *insights* e conhecimentos sobre verdades profundas, que são sustentadas ao longo do tempo. Esses "estados de percepção em profundezas de verdade insondável pelo intelecto discursivo" são entendidos como "iluminações, revelações cheias de significado e importância, todas inarticuladas, embora permaneçam".

3 *Transitoriedade*: "Os estados místicos não podem ser mantidos por muito tempo". Geralmente eles duram de alguns segundos a minutos, e suas qualidades não podem ser lembradas com precisão, embora a experiência seja reconhecida se ela se repete. "Quando esmaecida, suas qualidades podem ser reproduzidas na memória apenas imperfeitamente".

4 *Passividade*: "Embora a iminência de estados místicos possa ser facilitada por operações voluntárias preliminares", uma vez iniciadas, o místico se sente fora de controle, como se ele ou ela "tivesse sido apreendido e mantido por um poder superior".

Apesar de James observar que as duas últimas características são "menos marcantes" que as outras, ele as considera parte integrante de qualquer fenomenologia da experiência religiosa.

Embora outros autores, como F. D. E. Schleiermacher (1768-1834), tenham abordado a questão da experiência religiosa antes dele, James trouxe para o seu trabalho uma maneira de pensar analítica e empírica mais rigorosa. No entanto, James está ciente de que a experiência é um assunto privado, que não é facilmente aberto à descrição pública. O esforço pioneiro de James para construir um estudo empírico do fenômeno da experiência religiosa ainda é amplamente considerado como um estudo competente, equilibrado e primorosamente observado da experiência religiosa.

CIÊNCIA E RELIGIÃO: ALGUNS DOS PRINCIPAIS DEBATES CONTEMPORÂNEOS

James deixa claro que seu principal interesse é a experiência religiosa pessoal, e não o tipo de experiência religiosa associada às instituições. "Ao julgar criticamente o valor dos fenômenos religiosos, é muito importante insistir na distinção entre religião como uma função pessoal individual e religião como um produto institucional, corporativo ou tribal." Então, o que há nessas "experiências" que determina se elas são religiosas ou não? James responde a essa pergunta criticamente importante afirmando que a experiência religiosa se distingue qualitativamente de outros modos de experiência: "A essência das experiências religiosas, a coisa pela qual finalmente devemos julgá-las, deve ser aquele elemento ou qualidade nelas que não podemos encontrar em nenhum outro lugar". James considera que a experiência religiosa comunica uma nova qualidade de vida. Ele fala da experiência religiosa como elevando "nosso centro de energia pessoal" e dando origem a "efeitos regenerativos inatingíveis de outras maneiras". Deus deve ser concebido como "o poder mais profundo do universo" que pode ser "concebido sob a forma de uma personalidade mental".

Seu livro, *The Varieties of Religious Experience* [As variedades de experiência religiosa], é frequentemente visto como tendo estabelecido a ciência da psicologia da religião. Embora não tenha o rigor analítico que alguns poderiam esperar hoje, a obra-prima de James é baseada em dois princípios fundamentais. Primeiro, que uma experiência de "Deus" ou do "divino" é existencialmente transformadora, levando à renovação ou regeneração de indivíduos. Segundo, que qualquer tentativa de codificar ou formular essas experiências deixará de fazer justiça a elas. Várias respostas intelectuais são certamente possíveis; nenhuma delas, no entanto, é adequada.

Desse modo, qual é o significado mais amplo de James para ciência e religião? Um tema importante que emerge de seu estudo é que a religião organizada tem relativamente pouco a oferecer aos interessados em experiência religiosa. Ela opera na experiência de "segunda mão", quando o que precisa ser estudado é o novo e vital, frequentemente percebido como uma ameaça às formas estabelecidas da religião organizada:

Uma genuína experiência religiosa em primeira mão [...] está fadada a ser uma heterodoxia para suas testemunhas, o profeta parecendo um louco solitário. Se sua doutrina se mostra contagiosa o suficiente para se espalhar para outras pessoas, torna-se uma heresia definida e rotulada. Mas se, entretanto, for contagiosa o suficiente para triunfar sobre a perseguição, ela se torna uma ortodoxia; e quando a religião se tornou uma ortodoxia, seu dia de interioridade acabou; a primavera está seca; os fiéis vivem exclusivamente de segunda mão e, por sua vez, apedrejam os profetas.

Isso sugere que o estudo empírico da experiência religiosa é melhor realizado fora da esfera da religião organizada – uma afirmação que teve um impacto considerável no estudo científico do fenômeno da experiência religiosa. Estudos empíricos subsequentes não forneceram fundamentação para essa sugestão; no entanto, é importante entender que a abordagem de James foi um estímulo importante para se trabalhar nessa área.

Um dos aspectos mais significativos do trabalho de James é que ele não tenta reduzir a experiência religiosa a categorias sociais ou psicológicas, mas tenta descrever os fenômenos de uma maneira que respeita sua integridade. Isso aumenta o contraste entre James e Freud, a quem agora nos voltamos.

É amplamente aceito que a discussão de Sigmund Freud sobre religião é uma de suas contribuições mais significativas ao debate sobre ciência e religião. Como observamos anteriormente, Freud falou de três grandes "feridas narcísicas" infligidas pelo avanço científico à autoestima humana. A revolução copernicana demoliu a noção de que os seres humanos estavam no centro do universo; Charles Darwin demonstrou que a humanidade nem sequer tinha um lugar único no planeta Terra, sendo o resultado de um processo natural; a terceira ferida, declarou Freud, foi sua própria demonstração de que os seres humanos nem sequer eram senhores de seu próprio destino, mas eram aprisionados e moldados por forças psicológicas ocultas, localizadas no inconsciente humano.

Freud desenvolveu a ideia de a humanidade ser prisioneira de seus próprios demônios internos, propondo que a religião poderia ser considerada psicanaliticamente. A religião é uma criação humana, resultado de uma obsessão pelo ritual e pela veneração de uma figura paterna. A descrição de Freud sobre a "psicogênese da religião" tinha um tom totalmente antipático, carecia de fundamentos probatórios empíricos rigorosos e sua abordagem era fortemente reducionista. Em *Totem e Tabu* (1913), ele considera

CIÊNCIA E RELIGIÃO: ALGUNS DOS PRINCIPAIS DEBATES CONTEMPORÂNEOS   327

como a religião tem suas origens na sociedade em geral; em *O Futuro de uma Ilusão* (1927), ele lida com as origens psicológicas (Freud costuma usar o termo "psicogênese") da religião no indivíduo. Para Freud, ideias religiosas são "ilusões, realizações dos desejos mais antigos, mais fortes e mais urgentes da humanidade". Ideias semelhantes foram desenvolvidas em uma obra posterior, *Moisés e o Monoteísmo* (1939), publicada no final de sua vida.

Para entender Freud neste ponto, precisamos examinar sua teoria da repressão. Essas perspectivas foram tornadas conhecidas pela primeira vez em *A Interpretação dos Sonhos* (1900), um livro que foi ignorado pelos críticos e pelo público em geral. A tese de Freud aqui é a de que os sonhos são realizações de desejos, realizações disfarçadas de desejos que são reprimidos pela consciência (o ego) e, assim, são deslocados para a inconsciência. Em *A Psicopatologia da Vida Cotidiana* (1904), Freud argumentou que esses desejos reprimidos invadem a vida cotidiana em vários pontos. Certos sintomas neuróticos, sonhos ou até pequenos deslizes de língua – os chamados "atos falhos" – revelam processos inconscientes.

A tarefa do psicoterapeuta é expor essas repressões que têm um efeito tão negativo na vida. A psicanálise (um termo cunhado por Freud) visa expor as experiências traumáticas inconscientes e não tratadas, ajudando o paciente a elevá-las à consciência. Através de questionamentos persistentes, o analista pode identificar traumas reprimidos que têm um efeito muito negativo sobre o paciente, e permitir que o paciente lide com eles, trazendo-os à tona.

Como observamos anteriormente, as visões de Freud sobre a origem da religião precisam ser consideradas em dois estágios: primeiro, suas origens no desenvolvimento da história humana em geral, e segundo, suas origens no caso de uma pessoa individual. Podemos começar tratando de sua descrição para a psicogênese da religião na espécie humana em geral, como é apresentado em *Totem e Tabu*.

Desenvolvendo sua observação anterior de que os ritos religiosos são semelhantes às ações obsessivas de seus pacientes neuróticos, Freud declarou que a religião era basicamente uma forma distorcida de neurose obsessiva. Seus estudos com pacientes obsessivos (como o "Homem-Lobo") o levaram a argumentar que esses distúrbios eram consequência de problemas de desenvolvimento não resolvidos, como a associação de "culpa" e "ser impuro", que ele relacionava à fase "anal" do desenvolvimento infantil. Ele sugeriu que aspectos do comportamento religioso (como as cerimônias rituais de limpeza do judaísmo) poderiam surgir através de obsessões semelhantes.

Freud argumentou que os elementos-chave em todas as religiões incluíam a veneração de uma figura paterna e a preocupação com rituais apropriados, e traçou as origens da religião ao complexo de Édipo. Em algum momento da história da raça humana, Freud argumenta (sem fundamentação), que a figura paterna tinha direitos sexuais exclusivos sobre as mulheres de sua tribo. Os filhos, infelizes com esse estado de coisas, derrubaram a figura paterna e o mataram. Desde então, eles são assombrados pelo segredo do parricídio e pelo sentimento de culpa associado. A religião, segundo Freud, tem suas origens nesse evento parricida pré-histórico e, por esse motivo, tem a culpa como um dos principais fatores motivadores. Essa culpa requer purgação ou expiação, para as quais vários rituais foram concebidos.

A ênfase no cristianismo sobre a morte de Cristo e a veneração do Cristo ressuscitado parecia para Freud uma excelente ilustração desse princípio geral. "O cristianismo, tendo surgido de uma religião-pai, tornou-se uma religião-filho. Não escapou ao destino de ter que se livrar do pai." A "refeição do totem", dizia Freud, tinha sua contrapartida direta na celebração cristã da comunhão.

A descrição de Freud sobre as origens sociais da religião não é encarada com muita seriedade e é frequentemente considerada uma "peça de época", em testemunho às teorias altamente otimistas e um tanto simplistas que surgiram na esteira da aceitação geral da teoria darwiniana da evolução. Entretanto, sua explicação para as origens da religião no indivíduo é mais significativa. Mais uma vez, o tema da veneração de uma "figura paterna" surge como significativo. Curiosamente, a explicação de Freud para o desenvolvimento da religião nos indivíduos parece não se basear em um estudo cuidadoso do desenvolvimento real de tais visões em crianças, mas em uma observação de similaridades (muitas vezes superficiais, é preciso dizer) entre algumas neuroses de adultos e algumas crenças e práticas religiosas, particularmente as do judaísmo e do catolicismo romano.

CIÊNCIA E RELIGIÃO: ALGUNS DOS PRINCIPAIS DEBATES CONTEMPORÂNEOS

Em um ensaio sobre a memória de infância de Leonardo da Vinci (1910), Freud expõe sua explicação da religião individual:

A psicanálise nos familiarizou com a conexão íntima entre o complexo paterno e a crença em Deus; nos mostrou que um Deus pessoal é, psicologicamente, nada mais que um pai exaltado, e nos traz evidências todos os dias de como os jovens perdem suas crenças religiosas assim que a autoridade de seu pai é rompida. Assim, reconhecemos que as raízes da necessidade de religião estão no complexo parental.

A veneração da figura paterna tem origem na infância. Ao atravessar sua fase edipiana, argumenta Freud, a criança precisa lidar com a ansiedade pela possibilidade de ser punida pelo pai. A resposta da criança a essa ameaça é venerar o pai, identificar-se com ele e projetar o que sabe da vontade do pai na forma do superego.

Freud explorou as origens dessa projeção de uma figura paterna ideal em *O Futuro de uma Ilusão*. A religião representa a perpetuação de um comportamento infantil na vida adulta, e é simplesmente uma resposta imatura à consciência do desamparo, pela volta às experiências de infância de cuidados paternos: "meu pai vai me proteger; ele está no controle". A crença em um Deus pessoal é, portanto, pouco mais que uma ilusão infantil, a projeção de uma figura paterna idealizada.

Contudo, a abordagem altamente negativa de Freud à religião não foi a única visão sobre o assunto que emergiu dos primeiros círculos psicanalíticos. Carl Gustav Jung (1875–1961) era filho de um pastor suíço e esteve intimamente associado a Freud desde 1907. Em 1914, Jung renunciou ao cargo de presidente da Sociedade Internacional de Psicanálise, uma ação que sinalizava seu crescente distanciamento de Freud em vários assuntos, particularmente em sua ênfase na libido. Como observamos anteriormente, Freud é conhecido por uma abordagem hostil e reducionista da religião. Jung é geralmente considerado mais simpático à religião do que Freud, e claramente desejava se distanciar do reducionismo de Freud. Embora Jung permanecesse simpatizante da crença de Freud de que a "imagem de Deus" é essencialmente uma projeção humana, ele localizou suas origens cada vez mais no "inconsciente coletivo". Os seres humanos são naturalmente religiosos; não é algo que eles "inventam". Talvez de maneira mais significativa, ele enfatizou os aspectos positivos da religião, particularmente em relação ao progresso de um indivíduo em direção à plenitude e realização.

Até este ponto, consideramos duas contribuições importantes para a psicologia da religião. Mas e as tendências mais amplas dentro da disciplina? Ralph W. Hood, amplamente considerado uma figura importante na psicologia americana da religião, distingue seis escolas de pensamento psicológico sobre religião. A seguir, vamos identificar cada uma delas e oferecer alguns comentários.

1. As *escolas psicanalíticas* recorrem ao trabalho de Freud, observado acima, e tentam revelar e identificar motivos inconscientes da crença religiosa. Embora Freud tenha reduzido a crença religiosa a uma tentativa natural, se em última instância, mal orientada, de lidar com o estresse da vida, as interpretações psicanalíticas contemporâneas não são necessariamente hostis à fé religiosa. Por exemplo, é cada vez mais reconhecido que a observação de que processos ilusórios podem estar envolvidos na crença religiosa não sustenta a afirmação ontológica muito mais profunda de que a religião seja uma ilusão.

2. As *escolas analíticas* estão enraizadas na descrição de Carl Jung sobre a vida espiritual, mencionada acima. Embora as abordagens analíticas geralmente careçam de apoio empírico rigoroso, elas foram consideradas úteis por aqueles que se preocupam com o aconselhamento pastoral. Essas abordagens tendem a ser interpretativas, e não causais, com o objetivo de iluminar a situação religiosa, em vez de explicar suas origens.

3. As *escolas de relações objetais* também se baseiam na psicanálise, mas concentram seus esforços nas influências maternas sobre a criança. Como resultado, muitas autoras feministas acharam essa uma área particularmente produtiva para explorar. Como as abordagens psicanalíticas e analíticas, essa escola tende a confiar em estudos de casos clínicos e outros métodos descritivos baseados em pequenas amostras.

CIÊNCIA E RELIGIÃO: ALGUNS DOS PRINCIPAIS DEBATES CONTEMPORÂNEOS   331

4. As *escolas transpessoais* tentam confrontar experiências espirituais ou transcendentes de maneira não redutiva, usando uma variedade de métodos, científicos e religiosos. A maioria trabalha no pressuposto de que essas experiências refletem uma realidade ontológica. Alguns estudiosos sugerem que essa abordagem talvez seja mais bem-classificada como uma "psicologia religiosa" do que como "psicologia da religião".

5. As *escolas fenomenológicas* enfocam os pressupostos subjacentes à experiência religiosa e os pontos em comum dessa experiência. Elas enfatizam a descrição e a reflexão crítica em relação à experimentação e à medição. Isso contrasta com a abordagem mais empírica das escolas de medição, para a qual nos voltamos agora.

6. As *escolas de medição* usam os métodos psicológicos usuais para estudar a experiência religiosa. Áreas significativas de pesquisa incluem o desenvolvimento de escalas apropriadas para permitir a medição de fenômenos religiosos. Essa abordagem geralmente envolve a correlação de fenômenos, e não sua explicação.

Essa discussão de possíveis explicações psicológicas para a crença religiosa levanta algumas questões importantes, uma das quais é se os seres humanos são naturalmente inclinados a acreditar em Deus. Essa questão tem sido abordada em seus pormenores pela disciplina relativamente nova da ciência cognitiva da religião, portanto vamos considerar essas discussões de maneira mais detalhada na seção final deste capítulo.

CIÊNCIA COGNITIVA DA RELIGIÃO: A RELIGIÃO É "NATURAL"?

A disciplina da ciência cognitiva da religião desenvolve abordagens científicas para o estudo da religião que combinam métodos e teoria extraídos das psicologias cognitiva, desenvolvimental e evolutiva para explorar explicações causais dos fenômenos religiosos entre povos e populações. Essa abordagem traz teorias das ciências cognitivas para a questão de por que o pensamento e a ação religiosos são tão comuns nos seres humanos e por que os fenômenos religiosos assumem as formas observadas. Deixando as afirmações metafísicas da religião de lado, o que é observado como "religião" pode ser considerado como um amálgama complexo de fenômenos essencialmente humanos, que são comunicados e regulados pela percepção e cognição humanas naturais.

Esse importante campo de pesquisa enfoca o papel de processos cognitivos humanos na crença e na ação religiosas. Para seus críticos, isso corre o risco de ignorar ou subestimar a importância de outros fatores. Armin Geertz, por exemplo, tem argumentado que essa abordagem deixa de tratar adequadamente os problemas que surgem da incorporação física e da localização cultural. Geertz defende "uma visão ampliada da cognição, ancorada no cérebro e no corpo (encerebrada e incorporada), profundamente dependente da cultura (inculturada) e estendida e distribuída além das fronteiras dos cérebros individuais".[47]

A ciência cognitiva da religião trata a religião como um fenômeno essencialmente natural, que surge através – não a despeito – dos modos humanos naturais de pensar. Isso representa um desafio significativo para algumas maneiras de avaliar a religião, muitas vezes inspiradas na agenda do racionalismo iluminista, segundo a qual a religião surgiu através do "sono da razão" – em outras palavras, através da suspensão das faculdades críticas e racionais humanas normais. Atualmente, a discussão dessa tese da "naturalidade da religião" concentra-se em três questões principais:

1. Como os seres humanos representam conceitos de agentes sobrenaturais.
2. Como as pessoas adquirem esses conceitos religiosos e
3. Como elas respondem a esses conceitos religiosos por meio de ações religiosas, como rituais religiosos.

A ciência cognitiva da religião não depende de uma definição rigorosa de "religião" para ir adiante. De fato, alguns argumentariam que o surgimento dessa nova abordagem foi motivado pela insatisfação com a imprecisão das teorias anteriores da religião e por sua incapacidade de serem empiricamente testadas. Como Justin Barrett observa:

---

47 Armin W. Geertz, "Brain, Body and Culture: A Biocultural Theory of Religion." *Method & Theory in the Study of Religion*, 22, n. 4 (2010): 304–321; citação na p. 304.

CIÊNCIA E RELIGIÃO: ALGUNS DOS PRINCIPAIS DEBATES CONTEMPORÂNEOS

Em vez de especificar o que é a religião e tentar explicá-la por inteiro, os estudiosos desse campo geralmente optam por abordar a "religião" de maneira incremental, parcelada, identificando o pensamento humano ou padrões de comportamento que podem ser considerados "religiosos" e tentando então explicar por que esses padrões são interculturalmente recorrentes. Se as explicações acabam fazendo parte de uma explicação maior sobre "religião", que assim seja. Caso contrário, fenômenos humanos significativos foram, entretanto, rigorosamente abordados.[48]

Ann Taves e outros têm defendido essa abordagem, que é sensível às críticas de que a religião não é uma "espécie natural". A religião é um construto social, não um conceito empírico. A religião pode ser um conceito socialmente construído; ela é, contudo, composta de uma ampla gama de fenômenos constituintes abertos ao estudo empírico. O método de "fracionamento" é proposto como um meio de "engenharia reversa" da construção social da religião, decompondo-a em fenômenos distintos ou "blocos de construção" que estão abertos à investigação empírica. Jonathan Jong tem salientado como a estratégia cognitiva de fracionar a crença permite que ela seja resolvida em fenômenos distintos, cada um com seus conjuntos distintos de causas e efeitos, abertos à avaliação científica.

Outro elemento de importância é o reconhecimento de que a religião não é primordialmente sobre o que pode ser chamado de noções "teológicas" – como a onipotência de Deus ou a doutrina da Trindade. As percepções religiosas tendem a ser muito mais simples e mais "naturais" do que suas contrapartes teológicas. Enquanto alguns argumentam que as crenças religiosas são imposições sobre os seres humanos, a ciência cognitiva da religião sugere que existem predisposições naturais para crer em Deus. Dois temas de particular importância no desenvolvimento dessa perspectiva são a noção de "conceitos minimamente contraintuitivos" [*minimally counterintuitive concepts*] e de "dispositivo hiperativo de detecção de agência" [*hyperactive agency detection device*] (HADD),[49] os quais discutiremos mais adiante.

---

48 Justin Barrett, "Cognitive Science of Religion: What Is It and Why Is It?" *Religion Compass*, 1 (2007): 1–19; citação na p. 1.
49 Acrônimo da expressão em inglês *hyperactive agency detection device*.

Pascal Boyer tem defendido que as crenças religiosas pertencem a uma classe de ideias que poderia ser chamada de "conceitos minimamente contraintuitivos". Com isso, ele quer dizer que, por um lado, eles cumprem certas suposições intuitivas sobre qualquer classe de objetos (como pessoas ou objetos), mas, por outro lado, violam algumas dessas suposições de maneiras que tornam os conceitos resultantes particularmente emocionantes ou memoráveis. Em outras palavras, as noções religiosas são tanto plausíveis quanto memoráveis. Ambas pertencem ao mundo cotidiano, embora se destaquem dele. Elas são facilmente representadas e altamente memoráveis. Não é claro, porém, se Boyer está argumentando que a contraintuição é uma característica universal de toda religião ou se é simplesmente um critério adequado para uma crença "religiosa".

Vários autores que trabalham no campo da ciência cognitiva da religião propuseram que a humanidade geralmente é caracterizada por ter um "dispositivo hiperativo de detecção de agência" (HADD). Uma exposição inicial dessa ideia pode ser encontrada em *Faces in the Clouds* [Rostos nas nuvens] (1993), de Stewart Guthrie, que estabeleceu a ideia de "detecção de agência" como uma função perceptiva humana. A ideia, no entanto, é desenvolvida em termos mais cognitivos por autores como Justin Barrett:

> Parte da razão pela qual as pessoas acreditam em deuses, fantasmas e duendes também vem da maneira como nossas mentes, particularmente nosso dispositivo de detecção de agências (DDA), funciona. Nosso DDA sofre de alguma hiperatividade, tornando-se mais propenso a encontrar agentes à nossa volta, incluindo os sobrenaturais, dadas evidências bastante modestas de sua presença. Essa tendência incentiva a geração e a disseminação dos conceitos de deus.[50]

O argumento aqui, derivado da psicologia evolutiva, é que os seres humanos têm um sistema de detecção de agência naturalmente selecionado, que é preparado para responder a informações fragmentadas no ambiente, que podem apontar para a ameaça iminente de um agente – como um mamífero predador ou um ser humano hostil. A função evolutiva original

---

50 Justin L. Barrett, *Why Would Anyone Believe in God?* [Por que alguém acreditaria em Deus?] Lanham, MD: AltaMira Press, 2004, p. 31.

CIÊNCIA E RELIGIÃO: ALGUNS DOS PRINCIPAIS DEBATES CONTEMPORÂNEOS

do dispositivo hiperativo de detecção de agência era, portanto, detectar e escapar de predadores; o subproduto evolutivo é uma suscetibilidade de inferir seres sobre-humanos a partir de ruídos e movimentos no ambiente.

No entanto, alguns questionaram sobretudo a base empírica de tal dispositivo hiperativo de detecção de agência. Neil van Leeuwen e Michiel van Elk chamaram a atenção para sua carência de evidências e propuseram, em seu lugar, uma descrição alternativa do processo de formação de crenças religiosas. Seu "modelo interativo de experiência religiosa" defende que as intuições de agência não são a principal causa da crença religiosa; ao contrário, uma crença geral em agentes sobrenaturais leva as pessoas a procurar situações que despertam intuições de agência e experiências relacionadas.

Assim, para onde essas reflexões nos levam? Uma pergunta óbvia diz respeito à questão de saber se a abordagem de "contraintuição mínima" das crenças religiosas implica ou acarreta a inexistência dos referentes desses conceitos e crenças. Embora a maioria dos cientistas cognitivos da religião afirme que isso não deve ser considerado uma implicação da teoria, é claro que alguns estudiosos da área (como Scott Atran e Pascal Boyer) tendem a sugerir que essa teoria da "contraintuição mínima" exclui ou impede uma interpretação sobrenatural dos dados, enquanto outros (como Justin Barrett) sustentam que não. Isso levanta uma questão que remonta a Sigmund Freud, cujo pré-compromisso com o ateísmo notoriamente levou a suas "explicações" da religião: os cientistas cognitivos da religião estão permitindo que suas visões de mundo moldem sua interpretação dos dados?

Desse modo, como a teologia cristã pode responder à sugestão de que estamos predispostos a acreditar em Deus? Para muitos teólogos, isso é simplesmente uma descrição científica do que há muito se considera teologicamente verdadeiro. A ideia de que a humanidade está inclinada a buscar a Deus está profundamente enraizada em muitas tradições teológicas. A máxima bíblica de que "Ele [Deus] pôs a eternidade em nossos corações" (Eclesiastes 3:11) é uma maneira de expressar isso. Outros podem apontar para a famosa oração de Agostinho de Hipona: "Tu nos criaste para ti, e o nosso coração vive inquieto até que encontre repouso em ti". Existem claramente algumas possibilidades intrigantes para uma exploração mais aprofundada aqui.

Entretanto, há também questões embaraçosas que precisam ser considderadas. Muitos autores religiosos parecem assumir que a ciência cognitiva da religião oferece pelo menos algum apoio implícito à crença teísta. Contudo, outros questionaram isso. Jonathan Jong, Christopher Kavanagh e Aku Visala tem ressaltado que os processos cognitivos em questão indiscutivelmente levam tanto à idolatria quanto ao teísmo, legitimando a deificação de entidades no mundo:

> A tragédia do teólogo clássico é precisamente que a idolatria é mais fácil para a mente do que a ortodoxia. Figuras humanoides poderosas que podem ser aplacadas ou evocadas por essa ou aquela razão prática – deuses – fazem muito mais sentido para a maioria das pessoas do que o Deus das tradições teológicas teístas clássicas, judaicas, cristãs e muçulmanas.[51]

O argumento apresentado aqui é que existe um caminho longo e um tanto problemático da ciência cognitiva da religião para o teísmo clássico – e que o caminho para o politeísmo ou a idolatria é intelectualmente mais simples e mais intuitivo. Esse argumento foi defendido pelo teólogo João Calvino no século 16, para quem os instintos naturais humanos precisavam ser informados e redirecionados pelas estruturas básicas da fé cristã – caso contrário, sua trajetória terminava na adoração da ordem natural, e não do Deus que está por trás dela.

Então, a ciência cognitiva da religião lança alguma luz sobre o diálogo entre ciência e religião? Existem boas razões para pensar que essa nova disciplina pode ajudar a esclarecer esse relacionamento. Em um importante estudo recente, Robert N. McCauley (Universidade de Emory, Atlanta) defendeu que a crença religiosa é natural. McCauley argumenta que uma crença ou ação deve ser pensada como "natural" quando é "familiar, óbvia, autoevidente, intuitiva, realizada ou feita sem reflexão" – em outras palavras, quando "parece parte do curso normal dos eventos".

Portanto, a crença em Deus ou em agentes sobrenaturais parece, argumenta McCauley, inteiramente natural. No entanto, enfatiza que, quando se

---

51 Jonathan Jong, Christopher Kavanagh e Aku Visala, "Born Idolaters: The Limits of the Philosophical Implications of the Cognitive Science of Religion." *Neue Zeitschrift für systematische Theologie und Religionsphilosophie*, 57, n. 2 (2015): 244–266.

CIÊNCIA E RELIGIÃO: ALGUNS DOS PRINCIPAIS DEBATES CONTEMPORÂNEOS

trata de propor explicações detalhadas sobre o que se acredita sobre esses agentes sobrenaturais, emergem rapidamente modos de pensar que parecem muito antinaturais. Embora McCauley não o expresse exatamente dessa maneira, fundamentalmente seu argumento é que uma crença básica em Deus ou agência divina é muito mais natural do que as descrições teológicas que surgem dessa crença. Em outras palavras, o empreendimento tradicionalmente conhecido como "teologia sistemática" parece relativamente não natural, pois envolve uma série de etapas aparentemente contraintuitivas. A doutrina da Trindade seria um bom exemplo de uma crença contraintuitiva ou "antinatural", que contrasta com uma crença muito natural na agência divina.

O que dizer, então, das ciências naturais? McCauley argumenta que, de certa maneira, as ciências naturais são experienciadas como não naturais, na medida em que envolvem métodos, suposições e resultados que muitas vezes – embora de maneira alguma invariavelmente – não parecem naturais, no sentido daquilo que é "familiar, óbvio, autoevidente, intuitivo, realizado ou feito sem reflexão". McCauley ilustra esse ponto de várias maneiras, principalmente observando o caráter contraintuitivo das teorias científicas inovadoras:

> A ciência desafia nossas intuições e bom senso *repetidamente*. Com o triunfo de novas teorias, cientistas e às vezes até o público amplo, precisam reajustar seu pensamento. *Quando avançamos pela primeira vez*, as sugestões de que a Terra se move, de que organismos microscópicos podem matar seres humanos e de que objetos sólidos são em grande parte espaços vazios não eram menos contrárias à intuição e ao senso comum do que as consequências mais contraintuitivas da mecânica quântica se mostraram para nós no século 20.[52]

Como McCauley sugere, o argumento será familiar para qualquer um que tenha lutado com as noções profundamente contraintuitivas da mecânica quântica. No entanto, mesmo as noções físicas clássicas – como a ideia de "ação a distância", que tanto incomodava Isaac Newton – parecem contradizer o senso comum.

---

52 Robert N. McCauley, "The Naturalness of Religion and the Unnaturalness of Science [A naturalidade da religião e a não naturalidade da ciência]", in *Explanation and Cognition*, editado por F. Keil e R. Wilson. Cambridge, MA: MIT Press, 2000, pp. 61–85; citação nas pp. 69–70.

Há ainda outro nível em que a ciência parece não natural. McCauley argumenta que o empreendimento científico exige treinamento e preparação extensivos, envolvendo geralmente hábitos de pensamento e prática, que parecem distantes do mundo comum:

> O conhecimento científico não é apenas algo que os seres humanos não adquirem naturalmente; o domínio dele nem mesmo garante que alguém saberá fazer ciência. Após quatro séculos de realizações surpreendentes, a ciência continua sendo predominantemente uma *atividade desconhecida*, mesmo para a maioria do público instruído e mesmo naquelas culturas em que sua influência é substancial.[53]

Ao sugerir que, em alguns aspectos, as ciências naturais são "não naturais", McCauley não está sugerindo que elas estejam erradas. Ele está simplesmente afirmando que elas exigem o desenvolvimento de certas maneiras de pensar que não são autoevidentemente verdadeiras e, muitas vezes, parecem ir contra a experiência cotidiana ou o senso comum.

Quais são as implicações dessas ideias para o diálogo entre ciência e religião? A análise de McCauley sugere que o diálogo não é realmente entre ciência e *religião*, mas entre ciência e *teologia*. Tanto a ciência quanto a teologia representam modos de pensar que estão, pelo menos, um passo afastados dos hábitos de pensamento cotidianos e naturais, típicos da religião. Esse ponto também foi defendido, embora em bases ligeiramente diferentes, por Thomas F. Torrance, que desejava enfatizar a especificidade da visão cristã de realidade, sublinhando suas raízes trinitárias e encarnacionais, em vez do caráter "religioso" da fé cristã.

CONCLUSÃO

Este livro teve como objetivo apresentar o vasto campo de ciência e religião, oferecendo uma visão geral de alguns de seus principais temas e concentrando-se em uma série limitada de tópicos de interesse particular. Inevitavelmente, isso significa que muito foi deixado de fora. No capítulo inicial, apresentei a analogia do tabuleiro de xadrez, afirmando que teríamos espaço

---

53 Ibidem.

suficiente para examinar apenas algumas de suas posições. Espera-se, no entanto, que as questões discutidas nesta obra ajudem você a se orientar nesse amplo campo. Esta obra concentrou-se em questões gerais, particularmente aquelas decorrentes da filosofia da religião e da filosofia da ciência, e tendeu a discutir questões religiosas principalmente de uma perspectiva cristã. Entretanto, os limites deste volume seriam facilmente ultrapassados se ele envolvesse outras tradições religiosas – como o islamismo e o judaísmo – e uma gama maior de questões das ciências naturais do que as discutidas aqui.

SUGESTÕES DE LEITURA

Filosofia Moral: ciência e moralidade
Allhoff, Fritz. "Evolutionary Ethics from Darwin to Moore." *History and Philosophy of the Life Sciences*, 25, n. 1 (2003): 51–79.

Ellis, George. "Can Science Bridge the Is-Ought Gap? A Response to Michael Shermer." *Theology and Science*, 16, n. 1 (2018): 1–5.

Hunter, James Davison. *Science and the Good: The Tragic Quest for the Foundations of Morality* [A ciência e o bem: a busca trágica pelos fundamentos da moralidade]. New Haven, CT: Yale University Press, 2018.

Kaufman, Whitley R. P. "Can Science Determine Moral Values? A Reply to Sam Harris". *Neuroethics*, 5 (2012): 55–65.

MacIntyre, A.C., "Hume on 'Is' and 'Ought.'" *Philosophical Review*, 68 (1959): 451–468.

Michalos, Alex C. "Einstein, Ethics, and Science." *Journal of Academic Ethics*, 2, n. 4 (2004): 339–354.

Richerson, Peter J.; Robert Boyd, "Darwinian Evolutionary Ethics: Between Patriotism and Sympathy" [Ética evolutiva darwiniana: entre patriotismo e simpatia]. In *Evolution and Ethics: Human Morality in Biological and Religious Perspective*, editado por Philip Clayton e Jeffrey Schloss. Grand Rapids, MI: Eerdmans, 2004, pp. 50–77.

Shermer, Michael. "Scientific Naturalism: A Manifesto for Enlightenment Humanism." *Theology and Science*, 15, n. 3 (2017): 220–230.

Tancredi, Laurence R. Hardwired Behavior: *What Neuroscience Reveals About Morality* [O que a neurociência revela sobre moralidade]. New York: Cambridge University Press, 2005.

Filosofia da ciência: a realidade é limitada ao que as ciências podem revelar?

Forrest, Barbara. "Methodological Naturalism and Philosophical Naturalism: Clarifying the Connection". *Philo*, 3, n. 2 (2000): 7-29.

Kidd, Ian James. "Receptivity to Mystery: Cultivation, Loss, and Scientism." *European Journal for Philosophy of Religion*, 4, n. 3 (2012): 51-68.

McMullin, Ernan. "Plantinga's Defense of Special Creation". *Christian Scholar's Review*, 21, n. 1 (1991): 55-79.

McMullin, Ernan. "Varieties of Methodological Naturalism" [Variedades do naturalismo metodológico]. In *The Nature of Nature: Examining the Role of Naturalism in Science*, editado por Bruce L. Gordon e William A Dembski. Wilmington, DE: ISI Books, 2011, pp. 82-94.

Pigliucci, Massimo. "New Atheism and the Scientistic Turn in the Atheism Movement". *Midwest Studies in Philosophy*, 37, n. 1 (2013): 142-153.

Stenmark, Mikael. "Should Religion Shape Science?" *Faith and Philosophy*, 21, n. 3 (2004): 487-505.

Williams, Richard N.; Daniel N. Robinson, eds. Scientism: The New Orthodoxy [Cientificismo: a nova ortodoxia]. London: Bloomsbury, 2015.

Teologia: transumanismo, a "Imagem de Deus" e identidade humana

Cole-Turner, R., ed. *Transhumanism and Transcendence: Christian Hope in an Age of Technological Enhancement* [Transumanismo e transcendência: esperança cristã em uma era de exaltação tecnológica]. Washington, DC: Georgetown University Press, 2011.

Crysdale, Cynthia S.W. "Playing God? Moral Agency in an Emerging World". *Journal of the Society of Christian Ethics*, 23, n. 2 (2003): 243-259.

Harris, John. *Enhancing Evolution: The Ethical Case for Making Better People* [Aprimorando a evolução: o argumento ético para tornar melhores as pessoas]. Princeton, NJ: Princeton University Press, 2007.

Hefner, Philip. *The Human Factor: Evolution, Culture, Religion* [O fator humano: evolução, cultura, religião]. Minneapolis, MN: Fortress Press, 1993.

Hefner, Philip. *Technology and Human Becoming* [Tecnologia e transformação humana]. Minneapolis, MN: Fortress Press, 2003.

Hefner, Philip. "The Animal that Aspires to be an Angel: The Challenges of Transhumanism." *Dialog*, 48. n. 2 (2009): 158–167.

Herzfeld, Noreen. *In Our Image: Artificial Intelligence and the Human Spirit* [À nossa imagem: inteligência artificial e o espírito humano]. Minneapolis, MN: Fortress Press, 2002.

Herzfeld, Noreen (2009). *Technology and Religion: Remaining Humans in a Co-created World* [Tecnologia e religião: permanecendo humanos em um mundo cocriado]. West Conshohocken, PA: Templeton Foundation, 2009.

Lorrimar, Victoria. "The Scientific Character of Philip Hefner's 'Created Co-Creator.'" *Zygon*, 52. n. 3, (2017): 726–746.

O'Donnell, Karen. "Performing the imago Dei: Human Enhancement, Artificial Intelligence and Optative Image-Bearing". *International Journal for the Study of the Christian Church*, 18, n. 1 (2018): 4–15.

Peters, Ted. "Playing God with Frankenstein". *Theology and Science*, 16, n. 2 (2018): 145–150.

Peters, Ted. "Imago Dei, DNA, and the Transhuman Way". *Theology and Science*, 16, n. 3 (2018): 353–362.

Sandel, Michael. *The Case Against Perfection: Ethics in the Age of Genetic Engineering* [Acusação contra a perfeição: ética na era da engenharia genética]. Cambridge, MA: Harvard University Press, 2007.

Zylinska, Joanna. "Playing God, Playing Adam: The Politics and Ethics of Enhancement." *Journal of Bioethical Inquiry*, 7, n. 2 (2010): 149–161.

Matemática: ciência e linguagem de Deus

Illiffe, Rob. "Newton, God, and the Mathematics of the Two Books." In *Mathematicians and Their Gods: Interactions between Mathematics and Religious Beliefs* [Os matemáticos e seus deuses: interações entre a matemática e crenças religiosas], editado por Snezana Lawrence e Mark McCartney. Oxford: Oxford University Press, 2015, pp. 121–144.

Livio, Mario. *Is God a Mathematician?* [Deus é um matemático?] New York: Simon & Schuster, 2009.

Palmerino, Carla Rita. "The Mathematical Characters of Galileo's Book of Nature" [Os caracteres matemáticos do livro da natureza de Galileu]. In *The Book of Nature in Early Modern and Modern History*, editado por Klaas van Berkel e Arie Johan Vanderjagt. Louvain: Peeters, 2006, pp. 27–44.

Plantinga, Alvin. "Theism and Mathematics". *Theology and Science*, 9, n. 1 (2011): 27–33.

Richards, Joan. "God, Truth and Mathematics in Nineteenth-Century England." *Theology and Science*, 9, n. 1 (2011): 53–74.

Voss, Sarah. "Mathematics and Theology: A Stroll through the Garden of Mathaphors." *Theology and Science*, 4, n. 1 (2006): 33–49.

Wigner, Eugene. "The Unreasonable Effectiveness of Mathematics in the Natural Sciences". *Communications on Pure and Applied Mathematics*, 13 (1960): 1–14.

Física: o princípio antrópico

Barrow, John; Frank J. Tipler. *The Anthropic Cosmological Principle* [O princípio cosmológico antrópico]. Oxford: Oxford University Press, 1986.

Carr, Bernard, ed. *Universe or Multiverse?* [Universo or multiverso?] Cambridge: Cambridge University Press, 2007.

Davies, Paul. *The Goldilocks Enigma: Why Is the Universe Just Right for Life?* [O enigma de Cachinhos Dourados: por que o universo é ideal para a vida?] London: Allen Lane, 2006.

Gribbin, John R.; Martin J. Rees. *Cosmic Coincidences: Dark Matter, Mankind and Anthropic Cosmology* [Coincidências cósmicas: matéria escura, humanidade e cosmologia antrópica]. New York: Bantam Books, 1991.

Holder, Rodney D. *God, the Multiverse, and Everything: Modern Cosmology and the Argument from Design* [Deus, o multiverso e tudo: a cosmologia moderna e o argumento do design]. Aldershot: Ashgate, 2004.

McGrath, Alister E. *O Ajuste Fino do Universo: em busca de Deus na ciência e na teologia*. Viçosa, MG: Ultimato, 2017.

Rees, Martin J. *Just Six Numbers: The Deep Forces That Shape the Universe* [Apenas seis números: as forças profundas que moldam o universo]. London: Phoenix, 2000.

Biologia evolutiva

Ayala, Francisco J. "Teleological Explanations in Evolutionary Biology." *Philosophy of Science*, 37 (1970): 1–15.

CIÊNCIA E RELIGIÃO: ALGUNS DOS PRINCIPAIS DEBATES CONTEMPORÂNEOS   **343**

Conway Morris, Simon. *Life's Solution: Inevitable Humans in a Lonely Universe* [Solução da vida: seres humanos inevitáveis em um universo solitário]. Cambridge: Cambridge University Press, 2003.

Dawkins, Richard. *The Blind Watchmaker: Why the Evidence of Evolution Reveals a Universe without Design* [O relojoeiro cego: por que a evidência de evolução revela um universo sem design]. New York: W. W. Norton, 1986.

Mayr, Ernst. *Toward a New Philosophy of Biology: Observations of an Evolutionist* [Rumo a uma nova filosofia da biologia: observações de um evolucionista]. Cambridge, MA: Harvard University Press, 1988.

Monod, Jacques. *O acaso e a necessidade*. Petrópolis, RJ: Vozes, 2006.

Psicologia da Religião

Fuller, Andrew R. *Psychology and Religion: Classical Theorists and Contemporary Developments, 4th ed* [Psicologia e religião: teóricos clássicos e desenvolvimentos contemporâneos, 4ª ed.]. Lanham, MD: Rowman & Littlefield, 2008.

Hood, Ralph W. "Psychology of Religion" [Psicologia e religião]. In W. H. Swatos e P. Kvisto, eds., *Encyclopedia of Religion and Society* [Enciclopédia de religião e sociedade]. Walnut Creek, CA: Altamira, 1998, pp. 388–391.

Kenny, Dianna T. *God, Freud and Religion: The Origins of Faith, Fear and Fundamentalism* [Deus, Freud e religião: as origens da fé, do medo e do fundamentalismo]. London: Routledge, 2015.

Lamberth, David C. *William James and the Metaphysics of Experience* [William James e a metafísica da experiência]. Cambridge: Cambridge University Press, 1999.

Paloutzian, Raymond F.; Crystal L. Park. *Handbook of the Psychology of Religion and Spirituality* [Manual de psicologia da religião e espiritualidade]. New York: Guilford, 2005.

Rydenfelt, Henrik; Sami Pihlström. *William James on Religion* [William James sobre religião]. Basingstoke: Palgrave Macmillan, 2013.

Sharvit, Gilad; Karen S. Feldman. *Freud and Monotheism: Moses and the Violent Origins of Religion* [Freud e o monoteísmo: Moisés e as violentas origens da religião]. New York: Fordham University Press, 2018.

Spilka, Bernard, Ralph W. Hood, Bruce Hunsberger, Richard Gorsuch. *The Psychology of Religion: An Empirical Approach, 3rd ed* [Psicologia da religião: uma abordagem empírica, 3ª ed.]. New York: The Guilford Press, 2003.

Taylor, Charles. *Varieties of Religion Today: William James Revisited* [Variedades de Religião hoje: William James revisitado]. Cambridge, MA: Harvard University Press, 2002.

Vanden Burgt, R. J. *The Religious Philosophy of William James* [A filosofia religiosa de William James]. Chicago: Nelson-Hall, 1981.

Watts, Fraser N. *Psychology, Religion, and Spirituality: Concepts and Applications* [Psicologia, religião e espiritualidade: conceitos e aplicações]. Cambridge: Cambridge University Press, 2017.

Wulff, David W. "Rethinking the Rise and Fall of the Psychology of Religion".[Repensando a ascensão e queda da psicologia da religião]. In A. L. Molendijk e P. Pels, eds., *Religion in the Making: The Emergence of the Sciences of Religion*. Leiden: Brill, 1998, pp. 181–202.

Ciência Cognitiva da Religião

Atran, Scott. *In Gods We Trust: The Evolutionary Landscape of Religion* [Confiamos em deuses: o cenário evolutivo da religião]. Oxford: Oxford University Press, 2002.

Barrett, Justin L. *Why Would Anyone Believe in God?* [Por que alguém acreditaria em Deus?] Lanham, MD: AltaMira Press, 2004.

Barrett, Justin L. "Cognitive Science of Religion: What Is It and Why Is It?" *Religion Compass*, 1 (2007): 1–19.

Boyer, Pascal. *Religion Explained: The Evolutionary Origins of Religious Thought* [A religião explicada: as origens evolucionárias do pensamento religioso]. New York: Basic Books, 2001.

Geertz, Armin W. "Brain, Body and Culture: A Biocultural Theory of Religion". *Method & Theory in the Study of Religion*, 22, n. 4 (2010): 304–321.

Guthrie, Stewart. *Faces in the Clouds: A New Theory of Religion* [Faces nas nuvens: uma nova teoria da religião]. New York: Oxford University Press, 1993.

Jong, Jonathan. "On (Not) Defining (Non)Religion." *Science, Religion and Culture*, 2, n. 3 (2015): 15–24.

Jong, Jonathan, Christopher Kavanagh, Aku Visala. "Born Idolaters: The Limits of the Philosophical Implications of the Cognitive Science of Religion". *Neue Zeitschrift für Systematische Theologie und Religionsphilosophie*, 57, n. 2 (2015): 244–266.

Maij, David L. R., Hein T. van Schie, Michiel van Elk. "The Boundary Conditions of the Hypersensitive Agency Detection Device: An Empirical Investigation of Agency Detection in Threatening Situations". *Religion, Brain & Behavior*, 9, n. 1 (2017): 53–71.

McCauley, Robert N. "The Naturalness of Religion and the Unnaturalness of Science. [A naturalidade da religião e a não naturalidade da ciência]" In *Explanation and Cognition*, editado por F. Keil e R. Wilson. Cambridge, MA: MIT Press, 2000, pp. 61–85.

Pyysiäinen, Ilkka. "The Cognitive Science of Religion" [A ciência cognitiva da religião]. In *Evolution, Religion, and Cognitive Science: Critical and Constructive Essays*, editado por Fraser Watts e Léon P. Turner. Oxford: Oxford University Press, 2014, pp. 21–37.

Taves, Ann. *Religious Experience Reconsidered: A Building-Block Approach to the Study of Religion and Other Special Things* [Experiência religiosa reconsiderada: uma abordagem fundamental para o estudo da religião e outras coisas especiais]. Princeton, NJ: Princeton University Press, 2011.

Leeuwen, Neil, Michiel van Elk, "Seeking the Supernatural: The Interactive Religious Experience Model." *Religion, Brain & Behavior*, 9, n. 3 (2019): 221–251.

Visala, Aku. *Naturalism, Theism, and the Cognitive Study of Religion: Religion Explained?* [Naturalismo, teísmo e o estudo cognitivo da religião: a religião está explicada?]. Farnham: Ashgate Publishing, 2011.

ÍNDICE

Academia Nacional Americana de Ciências, 28
ação divina, conceito de, 73, 177–191, 292
  através das leis da natureza, 178–180
  e o "motor imóvel", 182
  e o problema do mal, 185
  indeterminação, 188-189
  newtoniano, 178
  processo, *ver* filosofia do processo
  relatos bíblicos, 177
  tomista, 181
Addison, Joseph, "Ode", 204–205
Adler, Alfred, 139
Agostinho de Hipona, 258, 266, 335
  desafio para Aristóteles, 86
  De Trinitate, 304
  sobre a criação divina, 180, 198, 322
al-Ghazali, Abu Hamid, 182
Alexander, Richard, 284
alma, conceito de, 113-114
Alpher, Ralph, 89
analogia do ser, 160, 248–250
analogias, uso de, 32–38, 228, 238–259, 270–273, 321
  científicas, 243–247
  e a doutrina da criação, 258–259
  escolha, 273
  interpretação, 250
  limitações, 243
  religiosas, 247–255
  soteriológicas, 261
  ver também analogia do ser
Anselmo de Cantuária, 158, 262
  Proslógio, 206
Anthropic Cosmological Principle, The (Barrow e Tipler), 312
Aquino, *ver* Tomás de Aquino
árabes, intelectuais medievais, 45, 57, 164, 182
argumento do movimento, 161–162, 163
argumento ontológico, 159, 206
argumento teleológico, 162, 314, 316
  e Newton, 72
  e Paley, 166–173, 316
argumentos evolutivos de desmistificação, 199–202
  críticas de, 201
Aristóteles, 57, 69, 87, 104, 182
  críticas cristãs de, 86
  influência nas ciências naturais, 57, 87, 104
  redescoberta de, 57

Arrhenius, August, *Worlds in the Making*, 87
Ásia, 27, 287
Associação Britânica para o Progresso da Ciência, 47
  debate de Oxford (1860), 52, 282–283
astronomia,
  e a teoria do 'big bang', 89
  e mecânica celeste, 108
  ver também telescópios
Atanásio de Alexandria, 258
ateísmo, 173–174, 208, 335
  apologistas, 90
  científico, 18, 20, 158, 166, 317
  crenças não racionais, 159
Atkins, Peter, 110, 315
Atran, Scott, 335
Ayala, Francisco, 86, 318
Ayer, Alfred J., *Language, Truth and Logic*, 137

Bacon, Francis, 69
Bailer-Jones, Daniela, 228–230
Barbour, Ian G., 24–25, 27, 29, 30, 31
  e filosofia do processo, 184, 185–187
  obras
    Issues in Science and Religion, 25, 270
    Myths, Models and Paradigms, 270
    Religion in an Age of Science, 25
  realismo crítico, 108, 270
  sobre modelos, 270–273
Barrett, Justin, 332, 334, 335
Barth, Karl, 112
Baumeister, Roy, *Meanings of Life*, 20
Behe, Michael, *A Caixa Preta de Darwin*, 85
Bento XIV, papa, 193
Bergson, Henri, 115, 316, 319
Bhaskar, Roy, 109
biologia evolutiva, 111, 139, 265, 319
  e teleologia, 316–322
  metodologia, 112
biotecnologia, ética da, 21, 302
  ver também transumanismo
Bohm, David, 174
Bohr, Niels, 240
Bonjour, Laurence, 175
Bossuet, Jacques-Bénigne, 67
Bostrom, Nick, 302
Boyer, Pascal, 334, 335

Boyle, Robert, 191, 233
Brahe, Tycho, 58, 60
BBC, 52
Broglie, Louis de, 174, 240
Brooke, John Hedley, 44
Brower, Jeffrey, 268
Brunner, Emil, 247
Budismo, 23, 199
Buffon, Georges, 79
buracos negros, 237, 309

Calvino, João, 63–64, 336
  contribuição para as ciências naturais, 63
  Institutas da Religião Cristã, 37
Cantor, Geoffrey, 31–31
Cantwell Smith, Wilfred, 22
Carnap, Rudolph, *The Logical Construction of the World*, 137
Carr, Bernard J., 313
causação, 160–165, 182–185
  divina, *ver* causalidade divina
  de cima para baixo, 116, 190
  eficiente, *ver* causalidade eficiente
  primária e secundária, 181–183
causação todo-parte, *ver* causação de cima para baixo
causalidade descendente, 116, 190
causalidade divina, 182
causalidade eficiente, 162
Chalmers, Thomas, 85
Charles, Jacques, 233
Chesterton, G. K., 203
Ciampoli, Giovanni, 51, 64
ciência cognitiva da religião, 331–338
  modelos, 334–335
ciência medieval, 56–58
  visão de mundo geocêntrica, 59
  ver também filosofia natural
ciência-religião, abordagens à interface, 25–38, 280–339
  analogias/metáforas, 32–38
  criacionismo, *ver* criacionismo
  e interpretação bíblica, 55–56, 84–85
  estereótipos, 51
  falácia essencialista, 49–50
  histórico, 31–32, 42–45, 48
  modelo de conflito, 26, 30, 31
  modelo de diálogo, 29–30, 270–271
  modelo de independência, 27–29, 30
  modelo de integração, 30–31
    ver também metáfora dos Dois Livros de Deus

realismo crítico, 253–255
teologia natural, 208
ver também filosofia da religião; filosofia da ciência; e *cientistas e teólogos individuais*
ciência, definição de, 22
ciências naturais
biologia, *ver* biologia evolutiva
e explicação, *ver* explicação científica
física, *ver* física
metodologia, *ver* método científico, natureza do
revoluções nas, *ver* revoluções científicas
ver também ciência, natureza da
cientificismo, 32, 209, 288–295
enquanto filosofia, 293
racionalismo excessivo, 210-211
uso do termo, 289, 293
"Cinco Vias" de Tomás de Aquino, 158–163
críticas das, 163–164
Círculo de Viena, 136, 139
Clayton, Philip, 125, 190
Explanation from Physics to Theology, 125
complementaridade, princípio da, 240
complexidade, como argumento para a existência de Deus, 170
ver também Design Inteligente, movimento do; argumento teleológico
complexo edipiano, 328
Conway Morris, Simon, *Life's Solution*, 320
Copérnico, Nicolau, 60, 61
On the Revolutions of the Heavenly Bodies, 60, 107
Copleston, Frederick, 122
cosmologia, 56, 59–60, 88–91
abordagem indutiva para, 135
ateística, 90
e argumentos para a existência de Deus, 161–162
e diálogo ciência-religião, 160
e visão cristã tradicional da criação, 56
multiverso, *ver* multiverso, conceito de
ver também sistema solar, modelos de
Coulson, Charles A., 33
Science and Christian Belief, 33
Coyne, Jerry, 49
Craig, William Lane, 165
criação bíblica, relatos da, 18, 56, 257
conceito de imagem de Deus, 304, 310, 311
e Darwinismo, 56, 84–85
criação, doutrina cristã da, 45, 194, 249
como causação, 249

como ordenação da natureza, 257–258
e narrativa, 305
em contraste com o pensamento grego, 213
ex nihilo, 213, 259, 260, 298
influência nas ciências naturais, 211–214
modelos de, 258–260
papel humano na, 305–306
trinitária, 298
ver também relatos bíblicos da criação
criacionismo, 20, 84–85, 86
conflito com a ciência, 26
criacionismo da Terra antiga, 85
cristianismo católico, 64, 66–68, 328
analogia do ser, 248
doutrina da imutabilidade, 67
nos Estados Unidos, 29
cristianismo protestante, 67
interpretação bíblica, 56, 63
ver também Reforma Protestante
cristianismo, divisões internas, 23, 67
Crombie, Ian M., 138
Cupitt, Don, 108

Davidson, Donald, 116
Darwin, Charles, 27, 131, 132–134
crítica de Paley, 72, 76, 132–134
obras
Descent of Man, A Descendência do Homem, 54, 81, 83
Origem das Espécies, ver Origem das Espécies (Darwin)
preocupações acerca do sofrimento evolutivo, 296
sobre a raça humana, 83
sobre mistério, 265
uso de analogia, 243–245
viagem no HMS *Beagle*, 76–77, 133
Darwin, Erasmus, *Zoönomia*, 171
darwinismo, 31, 76, 86
controvérsia do século, 52–53, 76–78, 82, 172
e relatos bíblicos da criação, 56, 82
metafísico, 309
darwinismo universal, 19
Davies, Paul, 193, 195, 312
Deus e a Nova Física, 87
Dawkins, Richard, 26
cientificismo, 210
crítica de Paley, 81–82, 172, 316
e darwinismo, 19, 158, 295, 309
obras,
Blind Watchmaker, The, 81–82, 317
Selfish Gene, The, 173, 320
oposição entre ciência e religião, 26, 155

positivismo, 126
sobre mistério, 264
sobre sofrimento, 295
Dear, Peter, 117
deísmo, 73–74
cosmovisão estática, 76
e a mecânica newtoniana, 73
noção de ação divina, 179–180
propagação do, 74
demarcação, critérios de, 140
Dembski, William A., *Intelligent Design*, 85
Dennett, Daniel, 199, 309
Design Inteligente, movimento do, 85
design, argumento do, *ver* argumento teleológico
determinismo, 116, 189, 196
ver também reducionismo
Devitt, Michael, 99
dilúvio de Noé, história bíblica do, 77, 84
Dirac, Paul, 131
Dise, Nancy, 230
Dixon, Thomas, 46
Dois Livros de Deus, metáfora dos, 16, 36, 207
Draper, John William, *History of the Conflict between Religion and Science*, 26, 47
Driesch, Hans, 115, 319
Duhem, Pierre, 120, 141, 142
Dunn, James D. G., 114
Dyson, Freeman, "O cientista como rebelde", 45, 314

economia divina, conceito de, 250–252
Edwards, Jonathan, 179, 258
efeito fotoelétrico, 239
Einstein, Albert, 16, 17, 240
crença religiosa, 194
e a teoria quântica, 194–195
ética, 280–281, 285
modelo de efeito fotoelétrico, 239–240
sobre mistério, 265, 308
teoria da relatividade, *ver* relatividade geral, teoria da
teorias gravitacionais, 87, 104
elétrons, comportamento dos, 232–233, 236, 240, 250
e luz, 239–241
inferência de, 138
Ellis, George, 286
empirismo construtivo, 106
epistemologia, 109–113, 270
e ontologia, 291
e suposições, 141
pluralismo, 111
universal, 112–113
Era da Razão, 73, 248
escatologia, 138, 298, 300
especismo, 84

Estados Unidos da América, 27, 29
movimento de Design Inteligente, 85
normas culturais, 27
protestantismo do século, 82
Estrasburgo, relógio da catedral de, 72–73
ética, 20–21, 25, 280–288
biotecnologia, 21, 302
e especismo, 84
fatores culturais, 286–288
neurociência da, 284–288
Everett, Hugh, 174
evidência, natureza de, 176
evolução convergente, 320
evolução, teoria da, 45–47, 104, 157
como base para a ética, 282–284
desenvolvimento por Darwin, 78–81, 134
e filosofia do processo, 187
e sofrimento, 298
fraquezas, 80, 134
Lamarck sobre a, 83
previsibilidade, 320
resposta cristã a, 81, 82–84, 183
ver também teísmo evolucionário
visão da humanidade, 82, 265–266, 296
ver também biologia evolutiva; argumentos evolutivos de desmistificação; seleção natural, teoria da
evolucionismo, 26
ver também darwinismo
existência de Deus, argumentos para a, 23, 100, 154–176
como melhor explicação, 135, 314
complexidade, 80, 170
e darwinismo, 82, 199
e teologia natural, 120, 205–207, 208
ontológico, 159, 206
tradicional, 72, 123, 158–171
experiência religiosa, fenômeno de, 126, 322–327, 331
e religião organizada, 324–327
medição, 331
expiação, doutrina cristã da, 256, 260–263
explicação científica, 109–120, 126–128
abordagens epistêmicas, 119–120
abordagens ônticas, 119, 120
e causalidade, 119
ver também ontologia; realismo; método científico, natureza de
explicação religiosa, 122–126
e experiência religiosa, 126
tomista, 160
explicação, teorias de, 123–130, 156
científicas, ver explicação científica
religiosas, ver explicação religiosa
extinções, 77, 298, 300

evidência fóssil para, 79
significância para a seleção natural, 133

falsificacionismo, 136, 139–143
Farrer, Austin, 183, 268
fé, racionalidade da, 134–136
e o numinoso, 266
ver também teologia natural; teísmo
fenomenalismo, 103
Ferkiss, Victor, 302
Feser, Edward G., 293
Fílon de Alexandria, 147
filosofia da ciência, 98, 191
e realidade, 99, 184, 227–228, 253, 288
temas de, 98–148
filosofia da religião, 125, 141, 154–214
ação divina, ver ação divina, conceito de
definição, 154
existência de Deus, ver a existência de Deus, argumentos para
ver também deísmo; teodicéia; tomismo; e filósofos individuais
filosofia do processo, 184–188, 297
filosofia natural, 118
medieval, 56–58
Fish, Stanley, 175
física, 64, 87, 112
clássica, 71, 108, 237
e matemática, 307
e mistério, 264
experimental, 143
filosofias da, 131, 290
leis da, 124
princípio antrópico, ver princípio antrópico
reducionismo, 115, 116
subatômica, 115
teórica, 239
fisicalismo não redutivo, 113–115
físico-teologia, 204, 205, 208
Flew, Anthony, "Teologia e Falsificação", 141
Foscarini, Paolo Antonio, Letter on the Opinion of the Pythagoreans and Copernicus, 65
fósseis, 53, 79, 84
Foster, Michael, The Christian Doctrine of Creation and the Rise of Modern Science, 212
França, ateísmo científico na, 166
Frazer, Sir James, The Golden Bough, 125
Freud, Sigmund, 59, 323, 326–329
ateísmo, 335
e psicogênese, 326
estudo da obsessão, 327
obras
A Interpretação dos Sonhos, 327
Moisés e o Monoteísmo, 327

O Futuro de uma Ilusão, 327, 329
Psicopatologia da Vida Cotidiana, 327
Totem e Tabu, 326, 327
teoria da repressão, 327
Friedman, Alexander, 88
fundamentalismo, 18
ver também criacionismo

Galileu Galilei, 26, 48, 241
e ideias aristotélicas, 57, 87
sobre matemática, 309–311
e montanhas da Lua, 241–243
obras,
Letter to the Grand Countess Christina, 66
Mensageiro Sideral, 242–243
controvérsia com o papado, 31, 44, 48, 64–68
Geertz, Armin, 332
Geiger, Hans, 231, 232
generalizações indutivas, 194, 195
Gilkey, Langdon, Maker of Heaven and Earth, 28
gnosticismo, 259
Godfrey-Smith, Peter, 226–227, 269
Gore, Charles, 266
Gould, Stephen Jay, 19, 28
'Nonmoral Nature', 21
Grant, Edward, 57
Gregório Magno, 262
Griffiths, Paul, 202
Guerra dos Trinta Anos, 67
Guth, Alan, 315
Guthrie, Stewart, Faces in the Clouds, 334

Haidt, Jonathan, The Righteous Mind, 285
Hanson, N. R., 128, 142
Harman, Gilbert, 131
Harris, Sam, The Moral Landscape, 285–288
Harrison, Peter, 44, 49, 55, 191
Hartshorne, Charles, 187
Hefner, Philip, 305
The Human Factor, 305, 306
Heisenberg, Werner, 34, 110, 264
Herman, Robert, 89
hermenêutica, 65
ver também interpretação bíblica, desenvolvimentos em
Herschel, John, 265
Herschel, William, 142
Hertz, Heinrich, 239
Hinshelwood, Cyril, 253
Hobbes, Thomas, 73, 248
Hood, Ralph W., 330
Hoyle, Fred, 89
Hubble, Edwin, 88
Hume, David,
crítica de milagres, 192–195
influência de, 136, 195

raciocínio indutivo, 212
sobre causalidade, 165
sobre Paley, 170
Treatise of Human Nature, 281
Hutton, James, 78
Huxley, Julian, 283, 301
Huxley, Thomas H., 52, 80, 156, 282–283
palestra "Evolução e Ética", 282
Huygens, Christiaan, 237

Ian Ramsey Centre, Oxford, 253
idade moderna, início da, 45
ciência, 241
conceito de leis da natureza, 178, 191
matemática, 191
visão de milagres, 179–180
idealismo, 103–105
idolatria, 29, 336
Ilha de Páscoa, 321
Ilhas Galápagos, 76, 133
Iluminismo, 255
aversão a metáforas, 248, 255
como mudança de paradigma, 146
racionalismo, 112
inferência, 130–134
a posteriori, 321
abdutiva, 128, 207
da existência de Deus, 169, 170, 206
de entidades teóricas, 104, 138
e complexidade, 229
e verificacionismo, 138
inconsciente, 118
moral, 281
ver também inferência à melhor explicação
inferência à melhor explicação, 126, 130–132, 156
e a teoria da seleção natural, 132–134
e religião, 135, 202
teleológica, 321
Institute for Creation Research, 84
instrumentalismo, 105–108
interpretação bíblica, desenvolvimentos na, 55, 59, 62–63, 66–68
acomodação, 63, 65, 247
alegórica, 62–63
criação, *ver* relatos bíblicos da criação
dilúvio de Noé, 77, 84
e a controvérsia copernicana, 82
e a controvérsia de Galileu, 65
literal, 62, 63, 66, 82
modelos teóricos, 250, 263
protestante, ver sob cristianismo protestante
Terra jovem, 84–85

Jaki, Stanley L., 312

James, William, 102, 108, 156, 227, 323, 323
Varieties of Religious Experience, The, 323–326
Jastrow, Robert, 18
João Paulo II, papa, 29, 177
Jong, Jonathan, 333, 336
judaísmo, 22, 63, 257, 328
Jung, Carl Gustav, 329, 330

Kalam, argumento, 164–165
Kant, Immanuel, 103, 104
Kaufmann, Whitley, 287
Kavanagh, Christopher, 336
Keats, John, "Lamia", 209–210
Kekulé, August, 127
Kelvin, *ver* Thomson, William, 1º Barão Kelvin
Kenny, Chris, 31
Kepler, Johann, 60–61, 69
descoberta das órbitas elípticas, 61, 130
Harmonies of the World, 124, 310
Khayyam, Omar, 45
Kidd, Ian, 293
Kingsley, Charles, 172, 322
Kitamori, Kazoh, *A Theology of the Pain of God*, 147
Kitcher, Philip, 120
Koperski, Jeffrey, 189
Kuhn, Thomas S., *Structure of Scientific Revolutions*, 143–148

Laplace, Pierre-Simon, 166, 180
Le Verrier, Urbain, 129
leis da natureza, 178–184, 189–198
e evolução, 246
e milagres, 191–198
entendimentos históricos, 191–196
Leland, John, *The Principal Deistic Writers*, 73
Lenard, Philipp, 239
lente gravitacional, 104, 130
Lenzen Victor F., "Procedures of Empirical Science", 138
Leonardo da Vinci, 329
Lewontin, Richard, 289
linguagem, 49
antropomórfica, 319–320
aspectos culturais, 62
limitações da, 266
metafórica, 106, 319–320
religiosa, 57, 90, 154, 249, 251
ver também metáfora, uso de
Linnaeus, Carl, 78
Linné, Carl von, *ver* Linnaeus, Carl
Livingstone, David, 31
Locke, John, *Ensaio sobre o Entendimento Humano*, 73
Lonergan, Bernard, 207
Lovell, Bernard, 86
luz, natureza da, 237–241

analogia com som, 238
como onda, 237, 238
como partícula, 237, 237
fótons, 239, 240
Lyell, Charles, 54
Principles of Geology, 78

Mach, Ernst, 103, 104
mal natural, problema do, 185
mal, problema do, 182
defesa do livre arbítrio, 185
e escatologia, 298
natural, 297
ver também teodiceia
Marcel, Gabriel, 267
Marsden, Ernst, 231, 232
matemática, 122, 265, 294, 307–311
como linguagem, 310–311
geometria, 310
prova, 174
ver também princípio antrópico
materialismo, 289–291
ver também naturalismo filosófico
Máximo, o Confessor, 266
Mayr, Ernst, 319
McCauley, Robert N., 337-338
McFague, Sallie, 255–256
McGrath, Alister E., 109
Enriching Our Vision of Reality, 30
Territories of Human Reason, 109
McMullin, Ernan, 226, 292
Mendel, Gregor, 316
metáforas, uso de, 228
cristãs, 247–249, 255–256
interface ciência-religião, 32–38
ver também analogias, uso de
método científico, natureza do, 34, 90, 109–116, 143
avaliação/modificação de teoria, 130–132, 142–143, 156–158, 311
contraintuitividade, 337–338
e mistério, 265
e teleologia, 321
e valores morais, 280–282
geração de hipótese, 128
inferência, *ver sob* inferência
lógica da descoberta, 127, 128
lógica da justificação, 127–128
modelos, *ver* modelos científicos, uso de
mudanças de paradigma, 144, 145
observação, objetividade da, 142–146, 175
pressupostos, 211–214
raciocínio indutivo, 192, 195, 212
realismo, *ver* realismo científico
ver também prova, ambiguidade da
Michelson-Morley, experimento de, 238

Midgley, Mary, 36, 294–295
milagres, 179–180, 191–198
  e as leis da natureza, 191–192, 195
  Hume sobre, 192–195, 196
  Pannenberg sobre, 197–198
  visão moderna de, 179–180
  Ward sobre, 196–197
mistério, resposta humana ao, 247, 263–270
misticismo, 126, 324
  ver também a experiência religiosa, fenômeno de
Mitchell, John, 237
modelo cinético dos gases, 233–237
modelo cosmológico padrão, 56, 89–90
modelo de guerra da ciência e religião, 26–27, 32, 155
  e positivismo, 157
  invenção do, 45–48
  na Inglaterra vitoriana, 48, 52–54
  nos Estados Unidos, 27, 44
  questões, 27, 49–50, 54, 156
modelo de magistérios não interferentes (NOMA), 19, 28
modelos científicos, uso de, 226, 229–247
  como simplificação, 229, 231, 235
  comparação com modelos religiosos, 270–273
  escolha, 273
  limitações, 254
  risco de mal-entendido, 236, 243–245
  ver também modelos científicos individuais
modelos, uso de, 270–273
  científicos, *ver* modelos científicos, uso de
  distintos de metáforas, 271
  escolha, 273
  teológicos, 247, 255–256, 263–273
  ver também analogias, uso de
Moltmann, Jürgen, *Crucified God*, 147, 299
Monod, Jacques, *Chance and Necessity*, 318
Moore, Aubrey, 27, 183
  mal moral, problema do, 184
Morris, Henry Madison, 84
  The Long War against God, 26
movimento browniano, 104
multiverso, conceito de, 174, 315
Murphy, Nancey, 113–115

Nagel, Ernest, 105–106, 123
naturalismo filosófico, 289, 290
naturalismo metodológico, 289, 290
natureza humana, visões sobre, 301–306

"caída", 306
  como cocriador, 305–306
  cristã, 113–116, 306
  darwiniana, 81
  humanista, 301–302
  transumanista, 98
natureza, teologia da, *ver* teologia da natureza
Netuno, 143
neurociência, 115-116, 284–288
Newman, John Henry, 322
Newton, Isaac, 68–73, 337
  e o argumento do design, 72
  determinismo, 196
  teorias gravitacionais, 70, 105, 143, 309
  e as leis da natureza, 178, 191–192, 194
  teologia, 178
  obras
    Óptica, 237
    Principia, 177
  mecânica celeste, 47, 69–72, 143
Niebuhr, Reinhold, 304
Nola, Robert, 200

ocasionalismo, 182
Ockham, Guilherme de, 130, 163
ontologia, 120
  da luz, 240
  e epistemologia, 109–113, 291
  materialista, 290
Origem das Espécies (Darwin), 47, 76, 84, 172
  críticas, 52, 53, 80
  debate em Oxford, 52–53
  edições posteriores, 134, 183, 245
  resposta cristã a, 84–85, 172
  seleção natural, 79, 81, 172–173, 243–245
  uso de analogia, 243–247
  ver também seleção natural, teoria da
Orígenes, 257, 262
Ortega y Gasset, José, 17, 203
Osiander, Andreas, 107
Otto, Rudolf, *Idea of the Holy*, 266
Paley, William, 75, 176
  analogia do relojoeiro, 167–170, 180, 317
  crítica de Darwin a, 77, 132–134
  crítica de Dawkins a, 81–82, 172, 317–318
  influência de, 172
  Teologia Natural, 75, 166–173, 316
  sobre astronomia, 169
  sobre dor e sofrimento, 297
panenteísmo, 187
Pannenberg, Wolfhart, 197–198
paradigma, mudanças de,
  científico, 145–147
  teológico, 147
partículas subatômicas, 138, 227

elétrons, *ver* elétrons, comportamento de
  ver também teoria atômica
Peacocke, Arthur, 86
  realismo crítico, 108, 253
  sobre ação divina, 190
  sobre causalidade descendente, 116
  sobre evolução, 30
  sobre modelos, 253–255, 272
Peirce, Charles, 128
Penrose, Roger, 309
Penzias, Arno, 89
Peters, Ted, 32, 303, 305–306
Phillips, Dewi Z., 120, 125
Picard, Jean, 71
Pico della Mirandola, Giovanni, *Oração à Dignidade do Homem*, 301
Pigliucci, Massimo, 286, 288, 289
Pittendrigh, Colin S., 318
Planck, Max, 118, 155, 267
Plantinga, Alvin, 120, 173, 175, 292
Platão, *Timeu*, 259
Platonismo, 311
  interface com o cristianismo, 259
Polanyi, Michael, 157
politeísmo, 336
Polkinghorne, John, 99–100, 118
  epistemologia, 113, 174
  metaquestões científicas, 122, 208–211, 307
  realismo crítico, 108, 109
  sobre ação divina, 190
  sobre modelos teológicos, 254
  teologia natural, 208–209
Pope, Alexandre, 69
Popper, Karl, 20, 139–141
  A Lógica da Pesquisa Científica, 144
positivismo, 126, 157
  ver também positivismo lógico
positivismo lógico, 136, 141
  ver também verificismo
princípio antrópico, 209, 311–315
  exemplos, 313–314
  fenômenos, 91
prova, ambiguidade da, 173–176, 311
Przywara, Erich, 249
pseudociências, 139
psicanálise, 139, 326–328, 330
  dos sonhos, 327
  ver também Freud, Sigmund
psicologia da religião, 322–330
  escolas de pensamento, 330-331
  feminista, 330
  freudiana, *ver* Freud, Sigmund
  junguiana, *ver* Carl Gustav Jung
Ptolomeu, Claudius, 59, 144
  Almagesto, 60
Putnam, Hilary, 101

Radcliffe-Richards, Janet, 201

radioatividade, descoberta da, 231–232

Ramsey, Ian T., 250–252
  Christian Discourse, 263
  Models and Mystery, 251
  Religious Language, 251

Raven, Charles, *Natural Religion and Christian Theology*, 30

Ray, John, *Wisdom of God Manifested in the Works of Creation*, 75

Rea, Michael, 268

realismo, 99–103, 148
  alternativas ao, 103–108
  e o sucesso da ciência, 101
  e teologia, 108–109
  ver também realismo crítico; realismo científico

realismo científico, 99–100, 102, 253–255

realismo crítico, 102, 108, 253–255
  ver também realismo científico

Redhead, Michael, 100

reducionismo, 115–116, 189
  causal, 115
  explicativo, 322
  metodológico, 115
  ontológico, 115
  psicológico, 329

Rees, Martin J., 313

Reforma Protestante, 38
  como paradigma, 146
  controvérsias teológicas, 66
  e ciências naturais, 55, 64

relatividade geral, teoria da, 88, 129, 131
  capacidade preditiva, 309
  e falsificacionismo, 139

religião, definição de, 22, 199–200, 332
  como construção social, 199, 333
  ver também argumentos desmistificadores evolutivos

relojoeiro, Deus como, 72–73, 169–170
  e deísmo, 73, 178–180

Renascimento, 118, 207, 310
  e a revolução científica, 69, 258
  interpretação bíblica, 62
  teologia, 16, 36, 124, 258, 310
  ver também o início da idade moderna

revolução copernicana, 55, 59–62, 146

revoluções científicas, 143–148
  início da era moderna, 25, 45, 55, 56, 69, 72
  ver também teoria quântica; relatividade geral, teoria geral da

Rheticus, G. J., *Treatise on Holy Scripture and the Motion of the Earth*, 62

Rolston, Holmes, 299

Rose, Steven, 111

Rosenberg, Alex, 290, 294

An Atheist's Guide to Reality, 290

Royal Society de Londres, 47

Rufino de Aquileia, 262

Russell, Bertrand, 88, 122, 211
  Problems of Philosophy, The, 211

Russell, Colin, 46, 135

Russell, Robert John, 189

Rutherford, Ernest, 227, 231–233, 250

Ryder, Richard, 84

Salmon, Wesley, 119, 125

Sayers, Dorothy L., *The Mind of the Maker*, 258, 260

Schleiermacher, Friedrich D. E., 324

Schlick, Moritz, 136

Scholz, Heinrich, 112

Scofield, Bíblia de Estudo, 85

Scott, Eugenie, 291

Scruton, Roger, 307

Sebonde, Raimundo de,, 203
  Liber Creaturarum, 203

seleção natural, teoria da, 23, 26, 131
  críticas, 53
  desenvolvimento da, 76–77, 79
  e seleção artificial, 79–80, 243
  e teleologia, 80, 172, 318–319
  inferência à melhor explicação, 132–134
  influências ambientais, 116
  respostas cristãs a, 84–85, 172

Sidgewick, Isabella, 53

Singer, Peter, 84

sistema solar, modelos de, 59–62, 107, 146
  adaptação à teoria atômica, 250
  geocêntrico, 59–60, 62, 82
  heliocêntrico, 60, 62–63, 64–66, 107

Smith, Christian, 295

Sollereder, Bethany, 296, 299, 300

Soskice, Janet Martin, 271

Southgate, Christopher, *Groaning of Creation*, 297–298

Spinoza, Baruch, *Tractatus Theologico-Politicus*, 193

Spranzi, Marta, 241

superveniência, 116

Swinburne, Richard, 135
  Concept of Miracle, 195

tecnologia, função de, 306
  ver também biotecnologia

Teilhard de Chardin, Pierre, 184, 297, 317

teísmo clássico, 73, 336
  capacidade explicativa, 122–124, 135

teísmo evolutivo, 86

teísmo islâmico, 26
  medieval, 45, 181–182

teleologia, 80, 314

argumento da, *ver* argumento teleológico
  e seleção natural, 80, 172, 316–318
  em biologia, 316–319

teleonomia, 318

telescópios, 241–242
  em comparação com o olho humano, 170
  importância dos, 108, 142, 241
  limitações, 241–242
  observações da Lua, 242

Tennant, F. R.,
  Miracle and Its Philosophical Presuppositions, 195
  Philosophical Theology, 314

teodiceia, 295–301

teologia, cristã, 112–113
  enquanto estrutura intelectual, 118
  epistemologia, 112–113
  linguagem da, 249, 251
  medieval, 62–63, 147
  métodos de pesquisa, 112–113
  natural, *ver* teologia natural,
  papel explanatório, 120–122, 124
  sistemática, 337

teologia medieval, 62–63, 147
  ver também teólogos individuais

teologia natural, 32, 183, 203–211
  abordagens, 205–211
  e transcendência, 210
  uso do termo, 203–204

teoria atômica, 231–233
  e realismo, 104, 105
  modelos, 227, 231, 232–233

teoria da relatividade geral, *ver* relatividade geral, teoria da

teoria das cordas, 131

Teoria do "Big Bang", 86–90, 162
  desenvolvimento da, 86–89
  e narrativas cristãs da criação, 90, 183, 312
  e o argumento *kalam*, 164–165
  e o multiverso, 174, 315

teoria do "estado estacionário", 89–90

teoria quântica, 174, 188–189, 337
  abordagens deterministas, 189
  e complexidade, 195
  modelo de Copenhague, 188

teorias de "catástrofe", 77, 133

Thomson, J. J., 231, 250

Thomson, William, 1º Barão Kelvin, 234

Tindal, Matthew, *Christianity as Old as Creation*, 74

Tolkein, J. R. R., 305

Tomás de Aquino, 87, 122, 123, 180
  analogia do ser, 248
  "Cinco Vias", ver "Cinco Vias" de Tomás de Aquino
  influência de, *ver* tomismo
  sobre milagres, 193

obras
  Suma Contra os Gentios, 160, 249
  Suma Teológica, 123, 159, 249
tomismo, 181–183
Torrance, Thomas F., 108, 112, 338
  Theological Science, 112
Toulmin, Stephen, 106
transumanismo, 301–303, 306
Trindade, doutrina da, 248, 268–270, 337
Turner, Frank, 54
Tycho, supernova de, 58

uniformidade da natureza, 211
uniformitarismo, 78
Universidade de Pádua, 44, 57
universidades, medievais, 58
universo, idade do, 89–90, 127
  Modelo Lambda-CDM, 89, 127
Urano, 142
utilitarismo, 287

van Elk, Michiel, 335
van Fraassen, Bas, 106
van Leeuwen, Neil, 335
van Till, Howard, 86
verificacionismo, 136, 136–139
  escatológico, 138
Visala, Aku, 336
visão de mundo mecanicista, ascenção da, 72, 74
von Rad, Gerhard, 303
von Soldner, Johann Georg, 238

Wallace, Alfred Russell, 245
Ward, Keith, *Divine Action*, 196
Watts, Fraser, 323
Webb, C. C. J., 203
Weinandy, Thomas, 268
Weinberg, Steven, 90
Whewell, William, 124, 141, 311
  Philosophy of the Inductive Sciences, 118
White, Andrew Dickson, *History of the Warfare of Science with Theology*

in Christendom, 26, 48
Whitehead, Alfred North, *Process and Reality*, 184
  influência de, 185–187
Wigner, Eugene, *The Unreasonable Effectiveness of Mathematics*, 307
Wilberforce, Samuel, 52
  demonização de, 53
  resenha de *Origem das Espécies*, 53-54
Wilkins, John, 202
Williamson, Timothy, 294
Wilson, Edward O., *Sociobiology*, 283
Wilson, Robert, 89
Wittgenstein, Ludwig, 121, 125, 308
Wood, William, 269
Wright, Edward, 64
Wright, N. T., 102

Yandell, Keith, 120
Young, Thomas, 238